住房城乡建设部土建类学科专业“十三五”规划教材
教育部高等学校建筑类专业教学指导委员会建筑学专业教学指导分委员会规划推荐教材
高等学校建筑类专业城市设计系列教材

丛书主编　王建国

# Urban Design: Techniques and Methods

# 城市设计技术方法

李昊　编著

中国建筑工业出版社

**图书在版编目（CIP）数据**

城市设计技术方法 = Urban Design: Techniques and Methods / 李昊编著．—北京：中国建筑工业出版社，2021.5（2024.9重印）
住房城乡建设部土建类学科专业“十三五”规划教材 教育部高等学校建筑类专业教学指导委员会建筑学专业教学指导分委员会规划推荐教材 高等学校建筑类专业城市设计系列教材 / 王建国主编
ISBN 978-7-112-25996-0

Ⅰ．①城… Ⅱ．①李… Ⅲ．①城市规划－建筑设计－高等学校－教材 Ⅳ．① TU984

中国版本图书馆 CIP 数据核字（2021）第 047374 号

策划编辑：高延伟
责任编辑：王　惠　陈　桦
责任校对：张惠雯

为了更好地支持相应课程的教学，我们向采用本书作为教材的教师提供课件，有需要者可与出版社联系。
建工书院：http://edu.cabplink.com
邮箱：jckj@cabp.com.cn　电话：(010) 58337285

**住房城乡建设部土建类学科专业“十三五”规划教材**
**教育部高等学校建筑类专业教学指导委员会建筑学专业教学指导分委员会规划推荐教材**
**高等学校建筑类专业城市设计系列教材**
**丛书主编　王建国**

城市设计技术方法
Urban Design: Techniques and Methods
**李昊　编著**

*
中国建筑工业出版社出版、发行（北京海淀三里河路 9 号）
各地新华书店、建筑书店经销
北京锋尚制版有限公司制版
建工社（河北）印刷有限公司印刷
*
开本：880 毫米 ×1230 毫米　1/16　印张：15¼　字数：330 千字
2021 年 6 月第一版　2024 年 9 月第二次印刷
定价：89.00 元（赠教师课件）
ISBN 978 – 7 – 112 – 25996 – 0
（37260）

# 《高等学校建筑类专业城市设计系列教材》
# 编审委员会

# 总序

在2015年12月20日至21日的中央城市工作会议上，习近平总书记发表重要讲话，多次强调城市设计工作的意义和重要性。会议分析了城市发展面临的形势，明确了城市工作的指导思想、总体思路、重点任务。会议指出，要加强城市设计，提倡城市修补，加强控制性详细规划的公开性和强制性。要加强对城市的空间立体性、平面协调性、风貌整体性、文脉延续性等方面的规划和管控，留住城市特有的地域环境、文化特色、建筑风格等“基因”。2016年2月6日，中共中央、国务院印发了《关于进一步加强城市规划建设管理工作的若干意见》，提出要“提高城市设计水平。城市设计是落实城市规划、指导建筑设计、塑造城市特色风貌的有效手段。鼓励开展城市设计工作，通过城市设计，从整体平面和立体空间上统筹城市建筑布局，协调城市景观风貌，体现城市地域特征、民族特色和时代风貌。单体建筑设计方案必须在形体、色彩、体量、高度等方面符合城市设计要求。抓紧制定城市设计管理法规，完善相关技术导则。支持高等学校开设城市设计相关专业，建立和培育城市设计队伍”。

为落实中央城市工作会议精神，提高城市设计水平和队伍建设，2015年7月，由全国高等学校建筑学、城乡规划学、风景园林学三个学科专业指导委员会在天津共同组织召开了“高等学校城市设计教学研讨会”，并决定在建筑类专业硕士研究生培养中增加“城市设计专业方向教学要求”，12月制定了《高等学校建筑类硕士研究生（城市设计方向）教学要求》以及《关于加强建筑学（本科）专业城市设计教学的意见》《关于加强城乡规划（本科）专业城市设计教学的意见》《关于加强风景园林（本科）专业城市设计教学的意见》等指导文件。

本套《高等学校建筑类专业城市设计系列教材》是为落实城市设计的教学要求，专门为“城市设计专业方向”而编写，分为12个分册，分别是《城市设计基础》《城市设计理论与方法》《城市设计实践教程》《城市美学》《城市设计技术方法》《城市设计语汇解析》《动态城市设计》《生态城市设计》《精细化城市设计》《交通枢纽地区城市设计》《历史地区城市设计》《中外城市设计史纲》等。在2016年12月、2018年9月和2019

年 6 月，教材编委会召开了三次编写工作会议，对本套教材的定位、对象、内容架构和编写进度进行了讨论、完善和确定。

本套教材得到教育部高等学校建筑类专业教学指导委员会及其下设的建筑学专业教学指导分委员会以及多位委员的指导和大力支持，并已列入教育部高等学校建筑类专业教学指导委员会建筑学专业教学指导分委员会的规划推荐教材。

城市设计是一门正在不断完善和发展中的学科。基于可持续发展人类共识所提倡的精明增长、城市更新、生态城市、社区营造和历史遗产保护等学术思想和理念，以及大数据、虚拟现实、人工智能、机器学习、云计算、社交网络平台和可视化分析等数字技术的应用，显著拓展了城市设计的学科视野和专业范围，并对城市设计专业教育和工程实践产生了重要影响。希望《高等学校建筑类专业城市设计系列教材》的出版，能够培养学生具有扎实的城市设计专业知识和素养、具备城市设计实践能力、创造性思维和开放视野，使他们将来能够从事与城市设计相关的研究、设计、教学和管理等工作，为我国城市设计学科专业的发展贡献力量。城市设计教育任重而道远，本套教材的编写老师虽都工作在城市设计教学和实践的第一线，但教材也难免有不当之处，欢迎读者在阅读和使用中及时指出，以便日后有机会再版时修改完善。

主任：王建国

教育部高等学校建筑类专业教学指导委员会

建筑学专业教学指导分委员会

2020 年 9 月

# 前言

2008 年末，世界城市化水平突破 50%，城市成为地球上绝大多数人的生活聚落。2016 年联合国人居三大会发布《基多宣言》，“我们的共同愿景是人人共享城市，即人人平等使用和享有城市和人类住区”，当代城市终于回归其作为人人之家园的聚落本质。城市设计作为促进城市新陈代谢和空间品质提升的必然选择，应强化人在城市中的主体地位，在认知、实践和精神领域达成“真、善、美”的和谐之境。

2011 年末中国城市化水平突破 50%，城市建设的重点从增量扩张转向存量提升，对城市设计提出了更高的要求。面对覆盖区域、城市、街区等不同尺度，以及专题研究、规划政策、工程实施、社会行动等不同属性的城市设计实践，需要通过科学系统的方法体系和技术路径实现城市设计的价值。

城市设计是以现实问题和发展目标为导向，促成城市社会和物质空间健康发展的社会实践，通常包括现实问题研判、目标策略定位、行动方案设计、调控导则制定、实施管理运行、用后评估反馈等阶段。在开展具体实践工作时，应依据不同类型城市设计的目标和要求，运用科学的技术方法，引导城市空间的品质提升和健康发展。

本教材针对改革开放以来的建设现实和发展诉求，积极吸纳国内外学术研究和社会实践的最新成果，以存量空间的“品质提升”和“场所营造”为核心，对城市设计技术方法进行系统地介绍。旨在让学生形成正确的城市、生活、场所、设计观念，掌握综合研究的分析方法和解决问题的科学途径，从而具备开展城市整体空间、群体建筑空间、外部开放空间规划设计的能力。

本教材在框架结构的安排上强调“想法的生成”“方法的建构”“手法的习得”三个层次递进的关系，在内容上具有以下几个方面的特点。第一，强调学术前瞻性，积极吸纳国内外相关领域及城市设计领域已获得广泛认可的最新研究成果，将之与具体的设计方法结合。第二，强调策略在地性，针对中国城市历史与发展现实，尤其是近三十余年的建筑经验与教训，总结适应中国城市建设的城市设计技术方法。第三，强调设计方法论，系统阐述城市设计全过程，以“观念”为先导，“问题”为入手，综合“分析”，谋划“策略”，最终提出“设计”。第四，强调技术创新论，总结最新的技术方法，运用科学手段形成对问题的全面、客观认识与分析，提升设计成果的科学性。

本教材的编写工作历时两年多，编写组结合教学的实际需求形成初步框架。初稿在中国建筑工业出版社和王建国院士的指导下，经高等学校建筑类专业城市设计系列教材编委会的反复讨论、同济大学庄宇教授的审阅，最后根据各方意见修订成稿。

# 目录

# 第1章

# 城市设计语境

## 历 史 进 程 中 的 城 市 与 人

# 本章导读

## 01 本章知识点

- 城市形态的历史发展；
- 现代城市设计的观念演替；
- 人性的基本维度、需求特征以及对城市空间的诉求；
- 科技变革对城市发展的影响；
- 价值的转变与内涵；
- 世界其他国家和中国的社会转型。

## 02 学习目标

在了解城市空间形态历史演进的基础上，理解城市与人的相互作用与关系，以及现代城市设计的发生与观念演替。

## 03 学习重点

理解人性的特征、需求的特点和对城市空间环境的诉求。

## 04 学习建议

- 本章内容是城市设计的整体背景，包括历史、人与时代三个语境。历史语境介绍城市形态与城市设计观念的历史发展；人的语境介绍人性的基本维度、需求特征以及对城市空间的诉求；时代语境介绍影响城市发展的科技变革、观念转变和社会转型，城市设计三大语境是具体设计工作开展的前提。
- 本章需要相关知识背景的拓展阅读，理解城市伴随历史进程累积形成的价值特征，用发展的眼光看待城市。
- 对本章“人的语境”的学习可以参考城市社会学的相关文章和读物，深刻理解人的自然属性和社会属性、三个层次需求以及对城市空间的三个诉求，这是城市设计工作开展的基础。

## 1.1　历史语境

从“采集渔猎”的原始游牧社会、“田园牧歌”的农耕定居社会到“朝九晚五”的现代城市社会，人们不断探索适应生存发展的生产生活方式和聚落空间。聚落的选择与营建受到地理方位、气候特征、水文地貌等自然资源条件与生产力状况、科技水平、价值观念等社会发展条件的共同制约，人类社会在历史上形成乡村与城市两种主要聚落形式。城市以其创造性的组织结构和空间形态成为人类脱颖于自然世界的重要标志，记录人类文明的发展进程。2008 年，世界城市化水平首次突破 50%，这意味着城市终于在总体上超越了乡村，成为地球上大多数人的生活空间，城市时代已经全面到来。现代城市内在机制复杂，物质表象多元，历史层积丰厚，是一个社会－空间－时间复合的有机体，其空间发生规律和历史发展过程是开展城市设计首先需要了解的内容。

### 1.1.1　城市形态的历史发展

公元前 4500 年左右，接近幼发拉底河进入波斯湾的入海口，古苏美尔人建造的城邦开启了人类文明新纪元。随后，埃及尼罗河流域、古印度恒河流域、中国黄河流域相继进入以城市产生为标志的文明时代。不同于融入自然的农业定居点，城市聚落以其独特的空间形态成为人类脱颖于自然世界的主要标志，是人类文明成就的代表性成果。特定自然条件和历史背景下酝酿与生发的城市，其形态受到生产力水平、技术条件和价值观念等因素的影响，总体上可以概括为三种类型：有机主义、形式主义和功能主义，它们反映了特定地理区域和社会历史条件下人、社会结构与空间环境之间的内在关系。

1. 有机主义

有机主义遵循生物世界的形态法则，反映人的自然属性，又具备一定的社会组织特征。人类先民应对恶劣的自然环境，群而聚之，通过协力合作获得食物，第一次社会大分工之后，逐渐选择更有利于生存的农耕活动定居下来。定居点沿着水岸高坡或农田塬地等自然边界自由分布，形成自然有机的乡村聚落形态。

不同于自然世界的有机性，人类从一开始就建立了层级复杂的社会等级和共同意志。社会秩序直接映射在聚落营建上，无论是氏族社会时期部落中心的“大房子”、农业聚落的宗族祠堂、还是城市聚落的贵族宫殿、宗教庙堂，聚落营建通常围绕着这些象征着权力阶层的重要建筑开展。

在生产力推动下，交易之“市”与防御之“城”融合最终形成城市。依靠自然力的早期营建活动，只能尽可能利用既有条件如地形、水道和方位等进行建设，城市街道围绕重要建筑或公共空间自由生长，居民自行建造的住所、作坊、店铺分布其中。孕育于海洋文明的西方城市大多起源于交易之“市”，随着贸易扩大、人群聚

图 1-1 锡耶纳城市形态

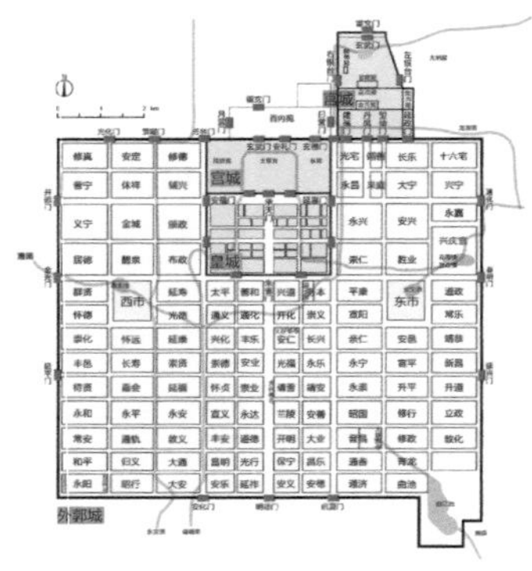

图 1-2 唐长安城市形态

集，因安全防御需要砌筑城墙。城市顺应多变的地形条件，自下而上生长演进，总体上呈现有机主义的特征。中世纪欧洲城镇也大都如此，主教和君主将围绕城镇、大教堂和城堡建造的防御城墙建好后，手工业者顺应地形建造房屋，城市整体形态有机自然，见图 1-1。

2. 形式主义

形式主义源自人的社会属性，强调社会秩序的组织逻辑，通过中央权力来强制形成预期的城市形式。通常以清晰的几何形态作为基础，通过自上而下的整体规划与控制建立正式的、具有等级特征的，轴向的或对称性的城市形态，代表权力或者宗教的绝对精神与权威理性。

形式主义需要通过典型的形态手法得以实现。轴线是形式主义的代表性手法，强调核心秩序的建立。同时利用均质的形态来限制多样性，方格网是形式主义的辅助性手法。方格网街区既能够有效支持核心秩序的建立，也能够满足城市其他功能的要求。它为土地自上而下的控制和管理提供了一种合理的路径，所形成的物质形态和社会秩序清晰，因此广泛出现于古代的军事防御型城市和现当代功能复杂的城市当中。

农耕文明背景下的东方城市，营建多开始于防御职能的“城”，在“筑城以卫君，造郭以守民”“居中为尊”“家国同构”等营城理念的影响下，形成了中轴线与相互垂直的方格状道路系统共同构成的方城模式，这样的形态能够最大化地实现城市的统治和军事职能。因此，以中轴线为核心的方格网城市成为中国古代城市的典型模式，尤其以平原地区的都城为代表，比如隋唐西安（图 1-2）、明清北京。

3. 功能主义

功能主义产生于工业革命之后，面对机器大生产带来的大规模人口集聚以及由此引发的城市混乱，期望通过理性的功能分区解决城市问题，倡导“形式追随功能”的基本原则，崇尚机械化的功能效率，试图建立一种简单明确的社会空间关系。

《雅典宪章》（1933 年）所倡导的功能主义原则适应工业城市迅速扩张带来的社会和空间需求，清晰的功能分区让城市的混乱无序得到了较大的改善。在技术革命的推动下，标准化的快速建造在很大程度上解决了城市的居住、工作和交通问题，现代城市获得了极大的扩张和发展。我们必须承认，当城市突破农业社会所能承载的人口阈值后，古代城市的诗情画意就永远成为过去时，高度集聚的现代城市组织系统复杂，需要基本的功能理性来维持基本的运转秩序。

功能主义用理性原则消解了人和自然的差异性，契合工业社会精神和组织特征，其自上而下的理论和实践迅速扩散到地球上的所有城市。但是，正如《马丘比丘宪章》（1977 年）所言，城市存在的基本依据是人们的相互作用与交往，过于理性的机械化空间忽略了多样性的意义，使城市患上“贫血症”。《北京宪章》（1999 年）

将 20 世纪称为大建设和大破坏时期，功能主义难咎其责，消弭社会文化差异化和社会活动多样性的建设行为是对地域文化的毁灭，同时也造成了城市活力的丧失，见图 1-3。

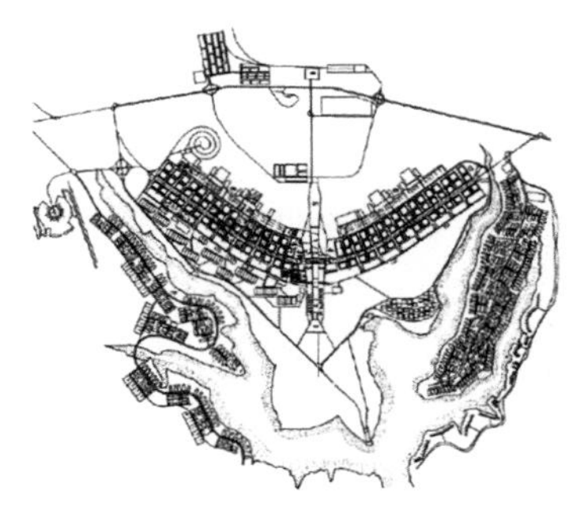

图 1-3　巴里利亚城市形态

### 1.1.2　城市设计的观念演替

人们在社会实践过程中不断认识城市、解决现实问题并引导未来发展，社会状况、技术手段和认知水平的差异影响不同社会发展阶段的设计观念。城市有机主义、形式主义以及“城市美化运动”所形成的形态美学观念，是现代城市设计的思想源泉，随着现代城市的快速发展，城市设计开始关注社会认知对空间形态的内在作用。当代城市设计则以“场所营造”为核心理念，应对城市现实问题，关注城市空间品质的综合提升以及对发展进程的积极引导。

1. 形态美学

形态美学观念是将城市作为放大“建筑”的狭义理解。它突出强调了城市设计的形态结果，注重城市空间的视觉质量和审美经验，而将文化、社会、经济、政治以及空间要素的形成等都置于次要地位。

工业革命之前，依托自然经济的农业城市空间尺度小、功能相对简单，只需要解决空间形态的问题，这一时期的城市规划实际上就是形态美学范畴的城市设计，以空间布局为主。现代语境下的城市设计研究开始于工业社会初期，在整个社会聚焦现代工业城市的功能理性和城市规划原则时，城市空间美学特征也开始受到一定的关注。卡米诺·西特从传统城市空间，特别是欧洲中世纪城市的视觉质量和审美体验出发，提取其艺术原则；勒·柯布西耶则是现代都市美学的大力倡导者，强调秩序和几何形态；20 世纪 50 年代卡伦从视觉感性的角度探讨城市空间的特征，他的理论是对当时弥漫整个欧洲的理性主义的回应，让人们重新关注城市视觉审美价值，见图 1-4。

奥地利建筑师卡米诺·西特考察欧洲传统城市中的不同尺度、比例和形状的城市空间、广场和街道，通过分析欧洲传统城市中的视觉审美特征归纳出一系列艺术原则，强调城市空间的艺术质量，并提出城市公共空间的基本属性，开启了城市空间美学研究的先河。

法国建筑师柯布西耶在其《明日的城市》一书中表达了秩序是其设计重心，而秩序的基础是几何。可以以几何形态为基础塑造纯净、简单的外形。

图 1-4　芝加哥规划

城市空间的视觉美学特征作为空间形态的主要组成，满足人们对空间的认知和审美需求，是城市设计研究和实践的主要内容。但是，就像现代理性主义对功能过度强调而诱发城市贫血症一样，单纯考虑城市视觉美学问题，而忽视空间背后的社会文化因素，会带来形式主义的泛滥。因此，20 世纪后半叶以来，在城市建设中片面关注城市视觉形象的做法遭到日益猛烈的抨击，开始出现了对城市设计更为深刻的社会价值的探索。

2. 社会认知

社会认知强调人的行为与空间的社会特征密切相关，它关注的是人如何使用与复制空间，尤其关注于对空间的认知和理解。在评价城市空间方面，城市设计不应是一种精英行为，而应该是大众经验的集合。在研究对象层次方面，城市空间设计需要研究人的精神意象和感受，而不只是城市的物质形态。

国际建协于1933年颁布第一部城市规划大纲《雅典宪章》，宪章反映了现代主义城市规划的价值观念，提出功能分区的规划思想，成为之后一个时期内（1933-1977）西方城市建设指导性纲领。

面对工业革命后，城市快速发展带来的现实问题，《雅典宪章》确立了现代主义城市规划的基本原则。然而，这种理性规划将城市视为工业产品，标准化的居住、工作、游憩和交通模块造成僵硬和冷漠的城市空间，日常生活的丰富性、多样性、复合性被功能分区所否定。在现代城市里，人对城市的情感依托和认同消失，原本作为“城市客厅”的公共空间被异化为超大尺度的“城市纪念碑”，城市吸引力和活力严重退化。

20世纪六七十年代，环境行为学的兴起对西方城市规划思想和城市建设产生了深远影响。人们开始更为深入地研究人的行为活动与空间的关联，极大地提高了城市空间作为物质功能的使用品质。简·雅各布斯的《美国大城市的死与生》（图1-5），凯文·林奇的《城市印象》，亚历山大的《城市并非树形》《建筑模式言语》中都表明了空间的社会功能，强调其作为日常生活的容器和社会交往的场所。

图1-5　简·雅各布斯《美国大城市的死与生》

3. 场所营造

场所营造综合了较早的城市设计传统，是上述两者的融合。“场所（place）”概念最早由荷兰建筑师阿尔多·凡·艾克提出并运用于建筑与城市设计中（1947年）。20世纪60年代构架于胡塞尔哲学思想的建筑现象学对场所理论的发展起到至关重要的作用，挪威建筑师诺伯舒兹在《场所精神——迈向建筑现象学》一书中系统讨论了场所的内涵，见图1-6。

场所就是特殊风格的空间，场所精神如同一种完整的人格，如何培养面对处理日常生活的能力，就建筑而言，意指如何将场所精神具象化、视觉化。而建筑师的任务，就是创造有意义的场所，帮助人们定居于世。

——诺伯舒兹

场所是人们为了生存与发展的需要，对所在的自然环境与空间进行不断适应、熟悉、调整、改造，最终形成的一个以人为主体的，具有意义的世界。场所不是抽象的地点，而是由具体事物组成的整体，一个具有某种清晰特征的空间环境。人在场所中才能发现自己的存在从而“定居”，选择一个场所就是选择一种自我存在的方式并积极地参与场所中的活动，在熟悉与经营的过程中赋予场所生活的意义，创造属于他们自己的世界，慢慢将先天的存在条件转化为自己熟悉认同的场所。

场所与空间的关系如同“家”与“房子”的关系：空间是场所的物质基础，而无情感需求和精神意义，和时间共同构成了人类社会客观存在的基本尺度；场所是空间的内涵和外延，包括场地因人的活动而形成的氛围、人具体的行为以及相关活动与记忆的累积。因此，场所包括三个基本要素：形式、活动和意义。形式是场所的空间本底，代表场所的物理属性；活动是人具体的行为发生，代表场所的功能属性；意义是所达成的情感价值，代表场所的精神属性。城市设计的根本目标就是在理解城市空间内在发生规律的基础上，对特定地区的空间环境进行适当干预，解决人们的需要与空间环境不匹配的矛盾，满足个体与群体对空间环境的物质、使用与情感需求，达成与过往记忆关联、在当下诗意栖居，并能够持续健康发展的空间环境。

图1-6　诺伯舒茨《场所精神》

## 1.2　人的语境

工业革命以来，不断更新的科技手段为人类社会的梦想插上了翅膀。在欲望、利益与资本的驱使下，城市的快速膨胀与蔓延，创造了地球上的聚落景观奇迹。然而蜗居在都市混凝土森林的人们，将时间奉献给拥塞的道路，让兴趣臣服于物质的诱惑，把个性丢弃在商品的洪流中，城市也在压迫和扭曲着人类社会存在的根本价值。2016 年人居三大会发布的《基多宣言》提出“我们的共同愿景是人人共享城市，即人人平等使用和享有城市和人类住区”。“人人”被置于城市的中心地位，城市开始回归其作为人人之家园的聚落属性，城市终于从宏大叙事走向日常生活，关切每个人的生活需要，关注城市空间为人的场所品质。人的特征属性、人群的差异性需求以及对城市空间的诉求是设计的出发点与归宿。

### 1.2.1　人性的基本维度

人本身是很脆弱的动物，遮风避雨、安全舒适的居室是人维持生存的基本条件。刘易斯·芒福德认为，城市的发展实质上就是人类“居室”日趋完备的过程。没有人的存在，没有对于自身居住环境的需要，也就无须论及城市的产生。作为人类所选择和创造的人工环境，城市应该充分考虑人性的基本维度，满足人的基本需要，为人的生存发展创造适宜的外部空间条件。

1. 人的自然属性

人首先是作为一个自然生命体而存在的，与自然界随时随地发生着物质、能量与信息交换，人拥有因生理本能而产生的动物所共有的种种欲望，即人的生物性。人的自然属性是构成人的本质的物质前提，决定了人与自然环境的内在关联，具体反映在两个方面。首先，人无法脱离群体，作为单独的个体生存，古希腊神话中狮身人面神“斯芬克斯”之谜，表达了人类对自己生命历程外在的和初步的认识；其次，人也无法脱离自然环境，必须维护自然生态的平衡与持续发展，以保障自身的生存。

2. 人的社会属性

人的自然属性与动物有相同之处，而人的社会属性则把人与动物完全区别开来，它是人的本质所在。人的社会属性指人作为社会存在物而具有的特征，如劳动、交往和意识及其所形成的各种社会关系等，其中生产关系是最基本的社会关系。马克思指出：“人的本质不是个人所固有的抽象物，在其现实性上，它是一切社会关系的总和。”社会行为促使社会成员更紧密地结合起来，它使互相支持和共同协作的机会增多了，在层次上包括家庭、邻里、社区、城市等，在关联上包括血缘、地缘、学缘、业缘等。

“人与人之间的相互关系和交往是城市存在的基本根据”。

——《马丘比丘宪章》

2008 年，世界城市化水平达到 50%，2012 年中国城市化水平达到 50%，世界上超过 1000 万人口的城市已达 13 座。

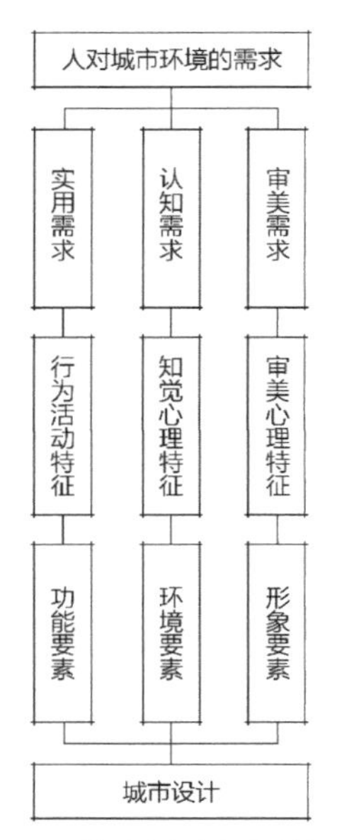


图 1-7　人的需求与空间设计要素

美国人文主义心理学家马斯洛在《人类动机理论》一书中提出了人的需求的层次论，见图 1-8。人类的需求由最基本的生理需求到心理需求，最终达到主体与客体的完美统一。“社会需求，是动态发展的，并且表现出一定的模糊性”。将朦胧的社会需求转化为具体的环境功能目标，是设计师的职责所在。

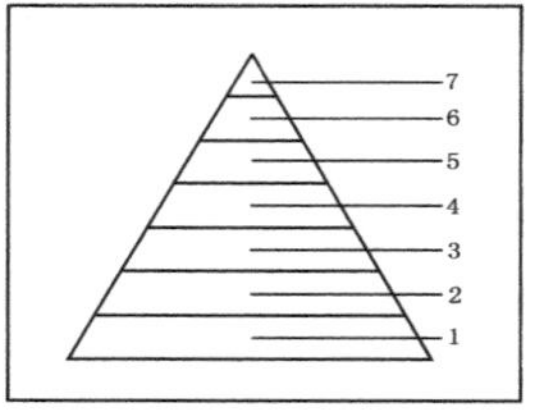


1 生理（温饱、睡眠、性等）
2 安全（自身的安全感等）
3 交往（爱情、友谊、交流等）
4 尊重（自尊及受人尊重等）
5 审美（现实美及艺术品欣赏）
6 求成（掌握技能、创造发明等）
7 自我实现（得到社会认可等）

图 1-8　马斯洛：需要层次金字塔
Maslow:The pyramid of need level

从人类社会总体发展来看，如果说人自身的生物进化过程已基本完成，人的社会进化过程还在持续，人的社会属性所固有的可塑性、可教育性都决定了人是一个未完成的社会存在物。人在本质上是有意识的、从事活动的社会存在物，唯有在社会交往的过程中才能实现存在的价值。

第一，人的社会属性在于其可塑性和可教育性。人是社会动物，作为实践主体，人既要改变客观世界，也要改造主观世界。根据现代教育人类学的观点，人刚生下来如同动物一样，只有自然性的本能，没有社会性的文化。因此，人必须通过学习、接受教育，才能成为有所为的社会人，完成社会生命的进化。即便是成人，也需要继续学习和接受各种形式的教育，以适应时代的变化和知识的更新。康德曾指出：“人是可以被塑造的，为了人的改变，他需要受教育，因为人能够成为人，只有通过教育。”

第二，城市环境对改造人的社会属性具有重要作用。人的生命进化有两条渠道：遗传和社会。人的生理生命起源于父母体内的细胞合成，人的社会生命起源于与外界的交流。人的语言、行为、观念及其他社会特征都是在与外界环境的交流过程中形成的。人类的历史进程和发展现实表明了人必须在社会环境中才能生存和发展，更何况对人进行生物性改造的工具、技术也存在于社会环境当中。因此，外界环境对人的成长和发育具有重要作用，人的发展正是以遗传禀赋为基础，在环境条件的影响下，通过不间断的学习和互动活动来实现。

### 1.2.2　人的需求特征

任何有机体的生存都依赖于与外界的物质、能量和信息交换，对外部环境条件的依赖就构成一种需求。人的各种活动都是由需求产生，需求成为推动人们活动的根本原因。当一种需求得到满足之后，又会生发新的需求，并且人的需求随着社会物质生活和精神生活的提高而持续向前发展。需求的不断丰富，正是人的本质的日益充实，所以人的需求是人的内在的、本质的规定，是人的全部生命活动的动力和根源。

1. 需求的层次性

我们把空间环境中能够满足人的一定需要的相互作用称为空间的功能。人们按照自己的目的来改造环境，也按照自己需要的满意程度来对环境功能做出各种评价。不同类型的空间环境包括不同层面的环境特征，对不同的人群而言，具有差异化的功能。从人对空间环境的不同需求来划分，包括实用需求、认知需求和审美需求三个层次，见图 1-7。这种划分反映了功能与人的不同需要之间存在的关联。

第一，实用需求。指的是通过人与环境之间的物质和能量交换，直接或间接满足人的某种物质需求。对应于马斯洛的需求层次论，实用需求属于基础层面，满足城市居民对城市空间场所的使用需求，见图 1-8。就总体功能而言，城市是人们的居住地、游憩地和工作地，承载着从日常生活、公共交往到社会生产的所有活动。就公共空间的使用需求而言，包括户外散步、小憩、零售摊点、动植物观赏、室外音乐会、舞池、艺术品展示及青少年和儿童的游戏、老人的晨练、节日联欢等内容。满足人们的实用需求是空间设计的主要目的，也是衡量城市职能和空间环境质量的主要指标，从发生学的角度来看，实用活动还是产生一切认知活动和审美活动的基础。

第二，认知需求。感觉和认知是人在空间环境中的需求得以满足的精神前提。认知是人的活动的心理定向，以便确认自身与空间环境的关系。空间环境满足人的认知需求是通过某些感官刺激使主体产生一定知觉或表象的心理过程来实现的。它属于一种心理需求，相对于物质需求来说，它又是一种精神需求。首先，人处在一定的环境中，会本能地通过自己的感觉从外界获取信息，了解、适应所处的环境，最终产生自我意识。人在新的环境中的第一个反应就是要知道自己在何处，以获得明确的感知，这是人与空间环境交互作用的前提。其次，人们在空间中展开活动，要能够清晰地感知与空间环境的关系。空间环境必须以它的外观提供足够的信息向人们展示，人们才有可能获得认知定向，来确定自己的行为。

第三，审美需求。审美的需求反映了对于人与世界关系的和谐与丰富性的要求。审美也是人的自我意识的情感化，它把世界作为自己的作品来关照。人的审美需求总是在摆脱了直接的生存困扰的前提下形成的，它的关照对象具有感性的特点。审美需求包括不同层次的内容，从形式感受获得的感官愉悦，到场所意蕴的领悟和情感价值的体验以达到精神境界的升华。而人的审美需求融合和渗透在人的日常生活之中，由此也使人们使用的物品和生活环境都成为人的价值和意义的一种表征。物质空间的使用、空间形态的认知到场所精神的体验，回应了人的需求的不同层次，空间设计需要解决使用、感受和感动的问题，形成可用的、视觉愉悦的和情感动人的城市空间场所。

2. 需求的差异性

人的需要是由人的本性所决定的。城市不断演变进化的过程也可以看作是人的需要不断发展变化的过程，人的需要结构和需要层次随着社会物质财富的增加不断发生变化。城市与人的需要之间的矛盾与冲突是社会生产力发展的动力源之一。

人的需求层次出现的先后表明，较低级的需求是优先的，越是高级的需求对于维持纯粹的生存就越不迫切，但是高级需求才能产生更大的幸福感和内心生活的丰富感。这些需要可以分成生存需要和发展需要，生存需要是人的生理机能所决定的，是发展需要的前提和基础；生存需要的内涵也不是一成不变的，随着收入水平的上升和生活方式的改进，人对生存质量的要求也处于变化之中。发展需要以生存需要为依托，同时又对生存需要有重要的影响。从人的需要的差异性来看，有以下几个方面特征。

图 1-9　图像反映时代的差异

图 1-10　不同人群的不同需求

图 1-11　南北方人的性格差异

第一，时代差异性。不同的历史阶段，人的需要结构有所不同，见图 1-9。在原始社会，人类主要是满足自身的生存需要；现代科技发展极大地推动了社会进步，工业革命以来产生了许多生活需要：享受需要、休闲需要、受教育需要等；信息社会后则进一步推动了发展需要：延长生命需要、创造力需要、实现自我价值需要等。当代社会科技发展迅猛，知识更迭加剧，代际间的需求差异更加显著。

第二，群体的差异性。社会是一个复合的构成，按职业可以划分为学生、工人、农民、知识分子等；按收入可以划分为高、中、低不同的收入阶层；按性别可以划分为男性和女性；按年龄可以划分为儿童、少年、青年、中年、老年。不同群体之间的需要结构都有所不同，见图 1-10，青年人的发展需要更为强烈，中年人对创造力需要更迫切一些。

第三，地区差异性。因为自然气候、地理位置、文化传统、风俗习惯、发展阶段、收入水平和生活方式的差异，不同地区人的需要也有一定差异，见图 1-11。我国幅员辽阔，地区差异较大，南方和北方，东部和西部，先发达与后发达地区，大城市和小城镇均存在着特定的需求，应当深入研究具体的差别。

### 1.2.3　人对城市空间的诉求

城市作为人类创造的一种聚落形式，以独特的物理空间形态支持着不同层次的人居诉求与活动，是人的主观行为与客观环境相互作用的结果。城市空间形态反映了特定地域在特定历史阶段人们的生存方式、生产方式和生活方式，它们在历史进程中累加并逐渐固化形成地方风土与文化特征，并持续地影响着后代的活动与建设。总体上讲，人对城市空间的诉求反映在生存环境、社会生活和文化情感三个方面，见图 1-12。

1. 环境诉求

人的自然与社会属性表明了人与周边环境具有不可分割的内在关联，自然环境是人类赖以生存的生态本底，人工环境是人类持续发展的空间基础。与自然共处在地球生态圈中的人类，其繁衍与发展离不开大自然，无论是基本的生态环境条件，如：阳光、温度、水等，还是基础的物质生活来源，如：食物、原料、能源等，都必须以大自然为依托和供给。

工业革命以来，人类社会对自然资源的过度攫取以及造成的环境污染已经在很大程度上影响了整个地球生态系统的平衡，并严重制约了社会的发展。自此，人们开始反思城市生态问题，并对生存环境的发展模式提出新的诉求，强化人与自然更加自觉的和谐状态，树立“天人合一”的协调发展理念，在尊重自然的前提下开展适度的建设活动，保持自然环境与资源的可持续发展。人工环境是人的行为和意识的产物，一方面体现了人化自然，满足了人和社会发展的需要，另一方面建成环境又影响人的行为，反映了文化的作用。因此，城市环境与人是一个不可分割的整体，需要从人类社会发展的长远利益和总体目标出发，把城市环境建设与人的自身利益联系起来，使之更加符合人类发展的基本需要。

2. 生活诉求

人是城市的主体，城市居民的日常生活、社会生活和公共生活构成了城市生活的多面性。生活蕴含着人的一切活动，包括价值观念、生活态度、行为动机、日常交往、生产劳动、分配交换、消费行为等内在和外在的活动要素。城市空间是生活开展的容器，就空间范围而言，包括家庭、邻里、社区、街道、机构、片区等不同类型，从住宅逐渐扩展到与之相关的整个城市空间区域。良好的生活空间与居住环境是日常生活的基本诉求，它为人们的行为活动和公共交往提供媒介，促进生活行为的展开。

人们不仅仅要求提供良好的居住生活环境，因为血缘、地缘、学缘、业缘等社会关系需要与周围人群进行物质、精神交流，还要求促进这些社会生活和公共生活开展的空间场所。各类活动场所不是孤立存在的，彼此之间存在着紧密联系，并与所处的环境达成一种和谐的状态。良好的人居空间要求良好的外部生态环境和完善的物质基础设施，在保护自然环境的基础上，积极为城市居民营造安全、便利、舒适的生活环境。并提供功能完备、配套齐全，使用便捷的城市服务设施，满足生活的各种需要。

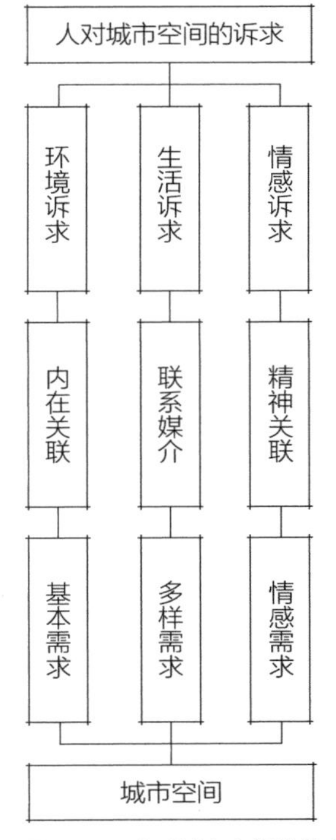

图 1-12　人对城市空间的诉求

3. 情感诉求

城市空间不仅仅是活动的载体，也是认知的对象。认知是个体建立与外部世界关联、开展活动及形成认同的出发点，当个体的认知经过社会化过程及时间的累加，转化为具有情感特征的审美，成为一种共同意识和集体记忆时，地方性的文化系统就开始形成，反映在城市空间上就是对地域性的追求。地域性指特定时间和地点背景下，经由城市自然风貌、居民生活习惯、传统历史文脉等因素共同作用所凝结的特征。地域性是人们建立城市认同感和归属感的前提，在全球化和城市化高速发展的今天，先发达地区的文化被广泛传播，导致城市空间形态、规划理念等不断趋同，造成城市地域性的丧失。

全球化时代的文化整合并不代表着本土文化的消亡。全球化与地域性的整合意味着城市空间的地域性不只是局限在一定地域范围内的传统建筑和空间形式的传承，一种狭隘的、与“世”隔绝的本土经验的传承，而是将自身的文化经验纳入到“全球化”视野下重新审视。因此，地域性的城市空间塑造不是一个简单的地域性符号的形式问题，核心价值在于理解城市在精神层面的意义，为特定地域生活的人营造适宜的场所，满足他们的情感诉求。

## 1.3 时代语境

当代世界正处于极为深刻的全球巨变和社会转型之中，人类的社会实践与生存方式经历着深层次的转变。推动这种全球巨变和社会转型的动力首先是发端于 20 世纪 70 年代，以信息技术为先导的全球市场化、信息化与知识化，其次是 2013 年德国汉诺威工业博览会上正式推出的工业 4.0，即智能化时代的到来。伴随全球化开始与发展，1978 年我国实行改革开放政策也将中国带进了新的历史时期，以现代化为主要特征的“社会转型”已经成为我国社会最基本、最重要的历史事实。改革开放四十年来，经济建设进入正常轨道，人们的基本物质生活达到了一定水平之后，社会转型的意味显现，社会变革已经进入深层结构，而许多社会问题的出现正是根源于社会转型这个复杂的历史进程。我们需要了解全球转型的整体格局、我国社会在发展进程中所处的位置以及面临的机遇和挑战。

### 1.3.1 科技变革

“我们有更充分、更客观的理由认为，我们正在经历一个历史变迁的重要时期。而且，这些对我们产生影响的变迁并不局限于世界的某个地区，而是几乎延伸到了世界的每一个角落。”

——《失控的世界》（RUN AWAY WORLD）

城市物质空间是社会大系统在大地上的投影，不同时代的价值观念、技术水平和生活方式决定了空间形态的特征。科技进步推动生产力变革，在历史发展进程中，技术的重大进步给城市发展带来巨大的影响。从蒸汽技术革命的工业 1.0 到智能技术革命的工业 4.0，科技变革通过改变生产方式进而改变生活方式与社会关系，并直接影响着空间营造技术的改变和城市的发展。

1. 蒸汽技术革命

18 世纪 60 年代中期，从英国发起的技术革命是技术发展史上的一次巨大变革，它开创了以机器代替手工工具的时代，即工业 1.0 的“蒸汽时代”。第一次科技革命直接导致了第一次产业革命的发生，从棉纺织业到采掘业、冶金业、机械业、运输业等行业都发生了规模空前的变化，商业市场为标志的机器大工业开始取代了以手工劳动为基础的工厂手工业，生活资料以空前的品种和数量涌向市场，并进入日常生活，使人们的生活方式发生了翻天覆地的变化，人类社会开始步入由农业经济社会向工业经济社会转变的历程，见图 1-13。

图 1-13 第一次工业革命

科技的进步使资本和人口向城市集中，开启了近代城市化进程，城市的发展主要表现为以制造业的规模经济和集聚经济为基础的集中化趋势，技术的先进化也为建筑空间的自由化、合理化提供了技术保障，引起了建筑形式的变化，生铁建筑、铁和玻璃结合的轻型结构等开始出现。

2. 电力技术革命

19 世纪 70 年代到 20 世纪初，随着科学技术的进步和工业生产的高涨，电力、钢铁、铁路、化工、汽车等重工业开始兴起，世界由“蒸汽时代”进入工业 2.0 的“电气时代”。资本主义国家的工业体系由以轻工业为主导转变为以重工业为主导，大机器生产使得人类获取生活资料的能力得到了极大提高，人们的物质生活得到了前所未有的改观，见图 1-14。电灯、电车等的出现极大地影响了人们的生活方式，录音机、电视机、电影放映机等视听设备的发明和运用将人们的日常生活变得丰富多彩。

图 1-14　第二次工业革命

交通运输的变革使得大量的农村人口涌向城市，城市化进程加速，推动了传统落后的乡村社会向近代先进的城市社会转变；汽车的普及引起了城市郊区化，城市的结构正在从单一集中向周边扩散。随着工业的飞速发展，社会急需各类功能实用、建造快捷的建筑，钢和钢筋混凝土、新型结构的建筑相继产生，且施工技术提高、速度加快，摩天大楼迅速在各个城市拔地而起。

3. 信息技术革命

20 世纪四五十年代以来，在原子能、电子计算机、微电子技术、航天技术等领域的重大突破，标志着信息技术革命的到来，即工业 3.0 的“信息时代”。计算机及其网络技术和现代通信技术使网购 B2C、B2B 在家办公等成为可能，信息技术广泛地改变着人们的生活、学习和工作，见图 1-15。

图 1-15　第三次工业革命

信息革命将再次打破集中化的生产方式，使劳动重新分散化、小型化，全球性的联通网络将逐渐形成，并淡化城市的界限，城市空间结构由集聚走向集聚与分散并重，部分工业职能外迁使其功能结构得以纯化，空间区划更为明晰，大城市和特大城市的信息中心职能也将日趋加强。现代信息技术与现代建筑技术的结合，赋予了现代建筑全新的概念和更多的功能，智能大厦、可持续的绿色建筑开始出现，各种复杂网络技术和三维制作技术在建筑中的应用正在促使空间营造向新的领域发展。

4. 智能技术革命

21 世纪将掀起以人工智能、物联网、虚拟现实、量子信息技术、清洁能源以及生物技术等为突破口的智能技术革命，即工业 4.0 的“智能时代”，实现工业化、城市化、信息化的同时推进，见图 1-16。这不仅会改变我们的所作所为，也会改变我们是谁。它将影响我们的身份和与之相关的所有问题：隐私感、所有权观念、消费模式、生活方式和社会关系等等。

图 1-16　第四次工业革命

城市将向可持续、智慧化的方向发展，涵盖如智能医疗、智能交通、智慧社区等各种智能应用系统，“未来城市”“城市大脑”等的出现将一步步引发城市的彻底变革，技术将成为改变城市形态、城市类型和提高城市竞争力的重要因素。与此同时，对生态环境的重视和绿色理念的深化使得人、自然、城市的和谐共生成为未来城市发展的必然趋势。空间营造也将向智能化、信息化、人性化、绿色节能、可持续等方向迈进，3D 打印、装配建筑等的出现预示着城市空间将成为更加人本化、定制化和智能化的空间场所。

### 1.3.2　价值转变

从农业社会到工业社会，从工业社会到知识经济社会，人类的价值观念不断被

"20世纪既是人类从未经历过的伟大而进步的时代，又是史无前例的患难与迷惘的时代。"
——《北京宪章》1999

奥地利批判理性创始人波普尔（Karl Popper）明确提出，所有的知识，不仅是科学知识，在实质上都是"猜测性知识"，都是我们对于某些问题的暂时回答，都需要在以后的认识活动中不断地加以修正和反驳。因此，没有一种知识可以被一劳永逸的获得，科学知识所谓"终极的解释"（ultimate explanation）是根本不存在的。

突破与超越。自然主义、神本主义、个人主义、集体主义、理性主义、非理性主义等精神形态，在历史进程中展示了自身的力量与存在的根据，也暴露了各自的缺憾与问题。

1. 绝对意识的衰落

所谓绝对意识是指人类精神指向某种终极实在，即指向无限和完善完满历史结局的一种乌托邦式渴望。面对千差万别、千变万化的世界，人类试图凭借自身的至上性获得绝对的、确定的、终极的真理认识，即关于支配人类的全部思想和行为的最终的普遍原则，借以展开其他一切的思维和实践活动。

农业社会时期，生产力水平低下，依托自然的生存方式让人们对"上天"充满敬畏与感激，神明成为整个农业社会时期的绝对精神，不允许一点点质疑与忤逆。工业社会时期，工业革命给人类来了无限的希望与动力，"理性"取代信仰。城市文化开始成为社会的主导文化，这不仅是理性在实践上征服自然界的标志，而且也是精神上统治自然界和乡村的象征。然而，工具理性的无限放大造成了人性的根本迷失。现代工业文明在取得巨大社会进步的同时，也导致了诸多的社会问题，其中环境恶化、资源短缺、世界大战、政治危机、意义丧失等无不意味着现代社会陷入严重的危机，促使人们反思现代社会的价值观念，绝对的技术理性也开始显露出自身的极限性。

2. 极限意识的生成

1972年，老三论指系统论、信息论、控制论，于1948年左右诞生，1960年代以后得到重大发展。系统论由奥地利生物学家贝塔朗菲（Ludwig Von Bertalanffy）创立。信息论是由美国数学家香农（Claude Elwood Shannon）创立的。控制论是著名美国数学家维纳（Norbert Wiener）创立。新三论包括协同论、耗散结构理论和突变论，协同论是20世纪70年代联邦德国著名理论物理学家赫尔曼·哈肯（Hermann Haken）在1973年创立的。耗散结构理论是比利时物理学家普利高津（Ilya Prigogine）于1969年提出来的。突变论是法国数学家（R. Thom）1969年提出的。

进入后工业社会以来，以"老三论"和"新三论"为代表的现代科学方法的创立，为人类认识世界提供了有力的思想武器。以往绝对的、静止的、终极的知识体系被打破了，取而代之的是相对的、动态的和实证的新知识构架。20世纪中后期以来，人们的科学观念发生根本的变化。与此同时，现代工业文明带来的负面效应促使人们的反思，经济增长无限性的观念遭到了挑战，经济、社会、生态之间协调持续发展的概念被提出。当代科学哲学对人类知识体系的解释以及人与自然环境关系引发的对生存价值的整体反思，促成了"极限意识"的形成。

所谓极限意识是指人对自身生命存在、价值存在以及外部认知有限性的积极肯定。包括三层涵义：第一，人作为具有自由和超越的生命体存在，永远不会达到完善完满的境地；第二，不存在决定人的终极命运、决定世界的一切方面终极力量；第三，外部世界因人的文化差异性和认知水平而呈现不同的景象，概念、符号与范畴都是一定文化的产物，不反映事物的本质，世界因人的不同而不同。人的有限和缺憾的存在境遇深刻地反映了人的存在状态，而这种境遇正是人的自由的基础，为人的不断超越和不断创造新价值提供了可能性。从绝对意识到极限意识，是人类精神所内含的终极关切的根本性转向。人类社会的复杂性存在决定了生存价值的相对性，当代社会已经从对终极目标的追逐转为对现实存在的关注，回归日常生活的当代哲学表明人类精神不再追逐宏大的终极理想，而是从人的活动本身来理解人的世界，关注人对特定历史困境的具体超越，为人类不断设定可以逐步实现又逐步超越的合理的和有限的目标。摆脱了人类整体的宏大叙事，现实人特定的社会、文化、历史语境就显得非常重要，这些决定了阶段性目标、运作机制和实施策略的差异性。

3. 新的精神整合运动

从农业社会神的圣殿到工业社会英雄的舞台，进入知识社会以来，人的主体地位才得以确认，城市开始向人人之家园回归。新的精神整合需要吸纳历史的经验与教训，规避大一统的价值形态，精神的本性永远是超越与创新，精神的形态永远是五彩缤纷的。重新确立人的生存方式和本质性活动，并以此为基础建立有限的、合理的目标与人之不断超越的创造性活动之间的动态平衡，揭示不同精神导向的内在的本质的契合点，由此为人之存在奠定合理的精神依据和价值源泉。由人文精神和技术理性构建的人类精神由进入知识经济社会以来，面临再次的整合，包括以下四个方面：

第一，个体与类的统一。知识经济时代要求个体跳出狭隘的自我利益的视野，从人类整体的角度去思考问题，正视人类所面对的时代困惑。正如高清海先生指出的："人类在经历了群体本位、个体本位之后，正在走向类本位的时代。"个体与类的统一解决了人类自身的价值定位问题，充分分化和全面发展的自由个体是价值建构的基础，并以个体的创造性活动不断修正和超越特定的类关系和重塑给定的整体，建立个体和类的动态的、开放的统一。

第二，人与自然的协调。自然不只是人类存在的背景环境，而就是人类自己。当代生态文明首先建立在人类对自然世界和生态规律更加深入的理性认识基础上，对人与自然和谐关系的合理把握，从根本上说有赖于人的现实实践活动上的文化自觉，随着人类文化实践活动的深化，我们会在更高层次上感悟到人与自然和谐的悠远意蕴。

第三，感性和理性的整合。理性思维和感性思维在人的思想活动中发挥不同的作用。感性是人自在的生成，强调主观对客观的感受，具有鲜明的个性特征，表现为具象思维和形象思维，属于艺术世界。理性是人自为的过程，强调客观性和普遍性，表现为抽象思维和逻辑思维，属于科学世界。人的实践活动包括了这两个方面共同作用，个体的感性活动既是人类创造力的巨大源泉，也带有不可避免的局限性。从个体的感性体验入手，经过理性的分析与判断，是实现个体与类相统一的基本途径。

第四，地域与全球的共生。人类历史并非简单的线性发展，任何一个民族都有其独特的生命智慧和生存理念，只是缺乏交流的机会和平台。全球化给世界文化的交流提供了机会，而人类共同面临的生存问题——地球自然生态和人类精神生态和谐提供了很好的平台。从生态视角看待文化的多元问题会有新的认识，同质化会导致生态系统的崩溃，只有保存尽可能多样的差异性才能最有效地维持整体的生态和谐，这既是自然生态学的基本规律，同样也适用于文化生态学。和而不同的文化价值观目的在于

1972 年，罗马俱乐部的福罗斯特（J.W. Forrester）和米都斯（D.L.Meadows）完成了《增长的极限》（LIMITS TO GROWTH）的报告。报告用大量的数据和简单的逻辑，论述了地球有限论：由于地球的容积是有限的，人类向自然的扩张必然有其限度。如果当前的这种趋势继续下去的话，就必定使社会从自然界和人类两方面达到极限，从而引起生态失衡与社会关系的危机日趋恶化。

"人是类存在物，不仅因为人在实践上和理论上都把类——自身的类似以及其他物的类——当作自己的对象；而且因为——这只是同一件事情的另一种说法——人把自身当作现有的、有生命的类来对待，当作普遍的因而也是自由的存在物来对待。"

——马克思

《1844 年经济学—哲学手稿》

"在即将到来的时代里，生物学和活生生的动物将要求受到更多的尊重，而且作为一种必然的结果，人类的自然观念也将重新回到对其丰富而具体的多样性、其由自身所确定的自由、其特定的深度复杂性甚至神秘性、其内在意义和价值方面的认识上去。简而言之，这将是一个有机论的时代。"

——［美］唐纳德·沃斯特

《自然的经济体系》

营造一个积极有效的沟通平台，取长补短，并为多元文化的和谐创造条件。

### 1.3.3　社会转型

社会转型泛指一切社会形态的质变和飞跃。社会革命、社会发展进程中的重大变革和变迁都可以被视为社会转型的实行。在历史上，每一次社会形态的更替，都经历过社会转型期。从总体的发展进程看，社会转型就不仅局限于西方一般意义上的农业社会向工业社会的过渡，作为一个社会学专有名词，专指社会发展中前进的、上升的变迁，“社会转型”就是社会从传统结构向现代结构的整体性转变。

1. 世界转型

进入当代社会以来，科技进步对世界发展的推动力愈发明显，今天，经济增长比任何时候都依赖于知识的生产、传播和应用，“知识经济”应运而生。知识经济概念的诞生，标志着人类社会进入了一个以智力资源和知识的占有、分配、生产与消费为基本特征的新时代，也标志着人类社会继工业革命之后的又一次突破性发展。

美国学者怀特对此做过精辟的概括“科学是根据事物的普遍性去处理事物的特殊性，艺术则是根据事物的特殊性去处理事物的普遍性”。

21 世纪以来，知识经济作为一种新的经济形式，在信息技术的快速推动下，已经开始对社会的各个领域产生显著的影响，并以其巨大的发展潜力得到了人们的认可，成为进入现代社会的国家和地区的向往与追求，并引起全球新一轮的社会转型。它不仅在国民经济的宏观领域中有所表现，直接影响我们的日常生活，生活在当下的人们无不体验到生产方式和生活方式正在发生的巨大变化。在知识经济时代，经济的高度发达和生产的高度智能化让人们从工作中解放出来，获得经济收入已非首要目标，人们更加注重生活的质量，渴望表达自我和从事有意义的工作，以实现自我价值和社会认同。经济的增长依然很重要，但是人们已不再一味追求经济增长而牺牲社会公正，更不会因为发展经济而降低生活质量。

表 1-1　人类经历的三个经济时代

| | 农业时代 | 工业时代 | 知识经济时代 |
|---|---|---|---|
| 主要财富 | 谷物 家禽 | 原料 | 知识 |
| 创造条件 | 季节 天气 | 资本 劳力 | 网络 智能 |
| 知识基础 | 经验 历法 | 训练 手册 | 各种信息资料 |
| 地点 | 田野 | 城镇 | 任何地方 |
| 生活形态 | 自给自足 | 时制工效 | 信息高速公路 |
| 流动性 | 较小 | 需要部分移动 | 固定和移动均可 |
| 社会单位 | 大家族 | 家庭 | 个人 / 家庭 |
| 社会主流 | 最有效率的人 | 资本家 政客 | 高知识智能人 |
| 成功特质 | 力气 | 流通 | 高科技运用 |

从混沌初开的石器时代、信仰神明的农业时代、崇拜英雄的工业时代，人类再一次走到大变革的时期，知识经济社会带给人类不仅仅是生产方式、生活方式和价值观念的变革，更为重要的是：真正的“人”的时代来临了（表 1-1），人成为整个社会的第一资本、第一资源和第一目的，城市也开始成为真正的属于人人的家园。

2. 中国转型

社会转型作为一种整体的社会结构变动，不仅意味着经济结构的转换，同时也意味着社会、文化、行为方式、价值观念等的转变，是一种全面的社会变迁。一般意义的社会转型是建立在传统社会和现代社会的基础上，是传统社会向现代社会的过渡过程。然而，“现代”是一个动态的概念，作为不同于工业化的新型生产力——信息化浪潮席卷全球，正在快速地改变着全球发展的动力系统，它使人类社会的生产力结构和需要发生了从物质型向信息、智能型，即以“知识为基础的发展”的根本转变。

在全球化的影响下，我国的现代化不仅要实现工业化，也要实现信息化、网络化、知识化。如果说发达国家的工业化、知识化是历时态的两个过程，体现为两次社会转型的话，那么中国的现代化既将经历从农业社会向工业社会的转型，也将经历从工业社会向知识社会的转型，体现为“农业社会—工业社会—知识社会”三分范式的“双重社会转型”，见图 1-17，而且在这种双重转型中作为带动性的、先导性的力量无疑是信息化、知识化、网络化。

双重社会转型是机遇也是挑战，我们面临全新的变革和转折。社会转型必然会在很多方面对旧的社会带来冲击，尤其对于社会的价值观念，它是社会实现现代化的基本标准。在新的价值观念尚未形成之前，整个社会在一定程度上存在着价值失范现象。这一点对于物化人类社会活动的城市来讲尤为突出。我国当代城市几乎直接建立在传统的农业城市基础上，没有经历工业化的充分发展，城市本身存在很多方面的问题，进入城市化的快速发展阶段以来，这些问题显现得更为明显。面临当前从“农业社会—工业社会—知识社会”三分范式的“双重社会转型”，如何构建当代中国的城市精神气质与城市物质空间品质是需要解决的核心问题。

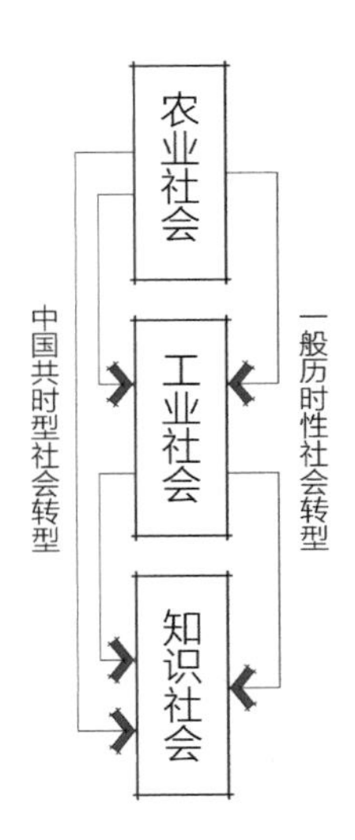


图 1-17　中国双重社会转型

## 课后思考

1. 城市设计的观念演替对当下开展城市设计有何启示？
2. 人的需求特征包括哪些？
3. 人对城市空间的诉求体现在哪几个方面？对空间设计有何启示？
4. 科技革命对城市发展和空间设计造成了哪些影响？当今时代我们该如何应对？
5. 社会转型对于城市设计来说意味着什么？

## 推荐阅读


1. [美]刘易斯·芒福德．城市发展史——起源、演变和前景[M]．倪文彦，宋俊岭译．北京：中国建筑工业出版社，2008.
2. [英]埃比尼泽·霍华德．明日的田园城市[M]．金经元译．北京：商务印书馆，2010.
3. [美]斯皮罗·科斯托夫．城市的形成：历史进程中的城市模式和城市意义[M]．单皓译．北京：中国建筑工业出版社，2005.
4. [英]埃蒙·坎尼夫．城市伦理：当代城市设计[M]．秦红岭，赵文通译．北京：中国建筑工业出版社，2013.
5. [澳]亚历山大·R·卡斯伯特．城市形态：政治经济学与城市设计[M]．孙诗萌，等译．北京：中国建筑工业出版社，2011.
6. [英]帕特里克·格迪斯．进化中的城市：城市规划与城市研究导论[M]．李浩，等译．北京：中国建筑工业出版社，2012.
7. [挪]诺伯舒兹．场所精神：迈向建筑现象学[M]．施植明译．武汉：华中科技大学出版社，2010.
8. 张庭伟，田莉．城市读本[M]．北京：中国建筑工业出版社，2013.
9. [美]约翰·J·马休尼斯，文森特·N·帕里罗．城市社会学：城市与城市生活[M]．姚伟，王佳译．北京：中国人民大学出版社，2016.
10. [美]马克·吉罗德．城市与人——一部社会与建筑的历史[M]．郑炘，等译．北京：中国建筑工业出版社，2008.
11. [美]艾琳．后现代主义城市[M]．张冠增译．上海：同济大学出版社，2007.
12. [美]凯文·林奇．城市形态[M]．林庆怡译．北京：华夏出版社，2001.
13. 李昊．城市公共空间的意义——当代中国城市公共空间的价值思辨与建构[M]．北京：中国建筑工业出版社，2016.

# 第2章

# 价值内涵解读

城 市 设 计 能 够 发 挥 什 么 作 用

# 本章导读

## 01 本章知识点

- 城市设计概念；
- 城市设计的自然环境要素；
- 城市设计的建成环境要素；
- 城市设计的人群活动要素；
- 城市设计之真；
- 城市设计之善；
- 城市设计之美。

## 02 学习目标

在了解城市设计概念发展的基础上，理解城市设计的基本要素，掌握城市设计的价值内涵，为设计开展建立基本的价值体系。

## 03 学习重点

掌握城市设计的价值内涵。

## 04 学习建议

- 城市设计的定义是一个发展的概念，学生需要在了解不同社会背景和学科背景下的概念内涵。
- 城市设计要素所涵盖的三个方面具有不同的层次性，在设计中发挥的作用不同，需要加以界定。
- 价值内涵是城市设计的基本出发点，学生需要在对主客体关系认知的基础上形成基本的价值判定，特别是需要了解城市设计的价值系统构成的内涵特征，从类本质、群体本质和个体本质的基础上建立完善的价值意识和价值目标。

## 2.1　概念认知

城市设计思想方法孕育于城市的历史进程中，现代城市在大机器生产的推动下迅速扩张，伴随着城市规划与建设问题的凸显，有意识的设计系统和学科体系在工业革命之后开始出现。现代城市设计发起于美国芝加哥的城市美化运动（1909 年），直到 1960 年代城市设计问题被再次提出，逐渐成为显学。1965 年美国建筑师协会（American Institute of Architects）出版的《城市设计：城镇的建筑学》（*Urban Design: the Architecture of Tewns and Cities*）一书中讲到："建立城市设计概念并不是要创造一个新的分离的领域，而是要恢复对一个基本的环境问题的重视"。由此，城市设计的研究与实践全面开展起来，到目前为止，依然未形成明晰的、普遍接受的定义，但就其内涵的共识已基本达成。

城市设计是三维空间，而城市规划是二维空间，两者都是为居民创造一个良好的有秩序的生活环境。

——沙里宁（E. Saarinen）（美）1943 年

城市设计包括城市中单个物体的设计。然而，城市设计最基本的特征是将不同的物体联合，使之成为一个新的设计；设计者不仅必须考虑物体本身的设计，而且要考虑物体与其他物体之间的关系。

——《市镇设计》（英）1953 年

城市设计是当建筑进一步城市化，城市空间更加丰富多样化时对人类新的空间秩序的一种创造。

——丹下健三（日本）1975 年

城市设计是一种空间、时间、意义和交流的组织，城市的形态应该建立在社会、文化、经济、技术、心理感受交织的基础上。

——拉普卜特（A. Rapoport）（美）1977 年

城市设计处理时间、空间模式，并以人们对这些模式的日常体验作为证明。它不仅处理大的事物，也处理任何影响聚居环境特性的小的事物，如椅子、树木或者前面的门廊。

——凯文·林奇（K. Lynch）（美）1981 年

一个良好的城市设计绝非是设计者笔下浪漫花哨的图表与模型，而是一连串都市行政的过程，城市形体必须通过这个连续的决策过程来塑造。因此城市设计是一种公共政策的连续决策过程。

——乔纳森·巴内特（J. Barnett）（美）1981 年

城市设计是指为达到人类的社会、经济、审美或者技术等目标而在形体方面所做的构思，它涉及城市环境可能采取的形体。

——《不列颠百科全书》1981 年

城市设计是为人们创造场所的艺术。它包含场所作用的方式和社区安全、形象的问题。它关注人与场所之间、运动与城市形态、自然与建成肌理的关系，以及保证乡村、城镇和城市成功发展的途径。

——英国建筑与建成环境委员会（CABE）2000 年

城市设计和其他的设计过程一样，是理性的方法和灵感的结合。是一种经济的、政治的、美学的以及功能的过程，经常夹杂着各种参与者思想变化的倾向。

——《走向城市设计——设计的方法与过程》（英）2001 年

城市设计概念是广义的，强调为人创造场所。更准确和更现实地说，强调城市设计是一个为人创造较佳场所的过程，而不仅仅是“生产”它们。这一定义的重点可以分解为四个主题并贯穿全书：首先，城市设计是服务于人并围绕着人的；其次，它强调“场所”的意义与价值；第三，城市设计是对“现实”世界的操作，其领域必然受到经济（市场）和政治（调控）的界定和影响；第四，城市设计是一个过程。

——《公共场所 城市空间：城市设计的维度》（英）2003 年

城市设计是关于全部生活、经过和使用该场所的人的场所设计。

——《城市设计与人》（美）2009 年

城市设计，是根据城市发展的总体目标，融合社会、经济、文化、心理等主要元素，对空间要素做出形态的安排，制定出指导空间形态设计的政策性安排。

——《城市规划原理》（第四版）2010 年

城市设计主要研究城市空间形态的建构机理和场所营造，是对包括人、自然、社会、文化、空间形态等因素在内的城市人居环境所进行的设计研究、工程实践和实施管理活动。

——王建国 2015 年

综上，城市设计是以人为主体，以城市空间建构的发生机理为研究基础，以时间和空间的整体性为原则，以城市社会生活的场所营造为主要内容，以提高人群生活质量、空间环境质量、场所特色品质为基本目标，融入建成环境领域三大学科建筑学、城乡规划学和风景园林学的空间形态研究、工程设计实践、社会行动实践以及规划政策编制活动。

## 2.2　要素解析

人们在特定的自然地理空间和建成环境中生活与交往，建立彼此关联，物质环境以特定的形式、功能满足人们在时间和空间上的需要，并不断发展演进。从早期定居点、贸易集市、农业乡村、封建城池到现代都市，人群活动、建成环境与自然环境之间的相互作用产生了不同形式和运转方式的人类聚居地。三个范畴中任何要素的变化都会改变其他要素的内容和重要程度，见图 2-1，人群活动在其中扮演相对主导的角色，持续发展的社会经济和不断提升的生活水平对空间场所提出更高的要求。城市设计着力场所营造，需要研究三类要素的内在发生机理和彼此关联机制，以建立良性有序的空间形态和适宜多样的生活场所。

### 2.2.1　自然环境要素

自然环境要素是人类赖以生存的基本条件，没有任何一个聚落场所可以脱离其自然环境本底而存在。在可持续发展理念已经成为当代人类社会发展的核心价值的背景下，差异化的自然环境特征既是开展城市设计工作需要了解的基础资料，也是设计需要回应的主要内容以及进行干预引导的环境结果。自然环境要素主要包括：方位、气候、地形、地质、水文、空气、生态系统等方面，见表 2-1。

### 2.2.2　建成环境要素

建成环境被称为第二自然，庇护人类的生存发展，使人们能够在适宜的环境中开展各项活动。结合特定地域的自然条件，经过时间累加形成的建成环境反映了历史进程和地方风土，是人类文明成就和地域文化系统的重要内容。从建筑单体拓展到整个区域环境，承载不同类型、规模的使用功能，在空间中发挥不同的作用，构成了一个相互关联的大系统。建成环境要素主要包括：建筑、地块、街区、街道、综合体、停车设施、邻里、片区、城镇和区域等，见表 2-2。

### 2.2.3　人群活动要素

城市是人类的聚落形式，承载人类生存发展的基本需求，一直以来，人们不断探求在衣食住行、工作学习、邻里交往、休闲娱乐、社会活动等各方面的具体内容、开展途径以及与之匹配的空间场所。人类对幸福美好生活的追求，无不落实在日常生活环境、社会交往场所、城市公共空间当中。活动塑造这些场所，而这些场所的物质空间和形态特征反过来又影响我们的行为，在型塑的过程中推进空间场所的持续发展。人群活动要素包括居住、工作、交易、服务、休闲、出行等，见表 2-3。

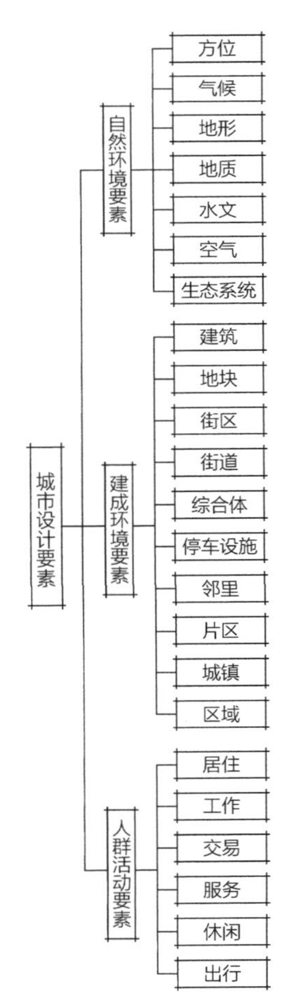


图 2-1　城市设计要素

表 2-1 自然环境要素

| 要素 | 内容 | 特征 |
| --- | --- | --- |
| 方位 | 纬度、海拔等地理位置因素 | 方位是人类聚落选址的前提要素，人类文明发源地齐聚北纬 20° ~ 30° 之间说明了方位对于人的重要性，地理纬度形成了特定的太阳高度角和主导风向等，季节性变化明显。地面高于海平面的垂直高度称为海拔，海拔越高，空气越稀薄，气压也越低，温度越低。方位对于人居环境的舒适性和能源消耗影响显著 |
| 气候 | 温度、湿度、降水和风力等大气物理特征 | 气候主要是由于纬度差异形成的，大气环流、洋流、海陆分布、地形地势、人类活动等也都对气候产生影响。地球大致分为热带、亚热带、温带、寒带四个气候区，不论在全球还是地方尺度上，人们都只能够影响但不能控制自然环境中的气候，人类活动在一定程度上造成了气候的恶化 |
| 地形 | 地势、坡度、水体等地物形状和地貌特征 | 就大尺度而言，地形包括平原、高原、丘陵、盆地、山地等五种类型；就小尺度而言，地形联系着众多的环境因素和环境外貌，是建立空间形态和感受的基础，它反映某一区域的美学特征，影响景观、排水、小气候、土地的使用以及特定场地的功能用途，聚落营建需要因借地形地势进行场地评估 |
| 地质 | 地球的物质组成、结构、构造、发育历史 | 地质对于聚落格局产生的最大影响在于地震、海啸和火山喷发，对于具体场地的影响在于地质构造、断裂带、土壤条件、承载力、地下水分布等。需要规避不良地质条件对聚落选址的影响或提前建立应对措施避免灾害损失，充分了解土壤条件和地质构造能够为建设实践形成准确的预判和准备 |
| 水文 | 自然界水的时空分布和变化规律 | 水文包括流域和水系，是城市聚落营建的决定性前提。国民经济和社会发展对水资源保护利用、防洪防涝、生态环境可持续利用方面的要求越来越高，同时需要考虑水体景观的空间营造。既要避免采用人工化的水岸硬化渠化，造成生态系统的破坏，也要注重营造良好的城市水岸环境，促成环境和谐发展 |
| 空气 | 地球大气层气体和杂质的构成特征 | 空气是生命存在的基本条件，影响人类的生存与发展。空气质量都在一定程度上影响城市居民的行为活动和生活质量，生活与生产方式的选择反过来影响空气质量的优劣。影响空气质量的有害物质包括粉尘类（如炭粒等），金属尘类（如铁、铝等），湿雾类（如油雾、酸雾等），有害气体类（如一氧化碳、硫化氢、氮的氧化物等） |
| 生态系统 | 生物与环境在一定空间范围所构成的整体 | 生态系统是由生物群落及其生存环境共同组成的动态平衡系统。需要保证一定时间内生态系统中的生物和环境之间、生物各个种群之间，通过能量流动、物质循环和信息传递，达到高度适应、协调和统一的状态。人类活动对生态系统的影响巨大，对生态系统的重建与恢复已经成为一个重要问题 |

表 2-1　自然环境要素

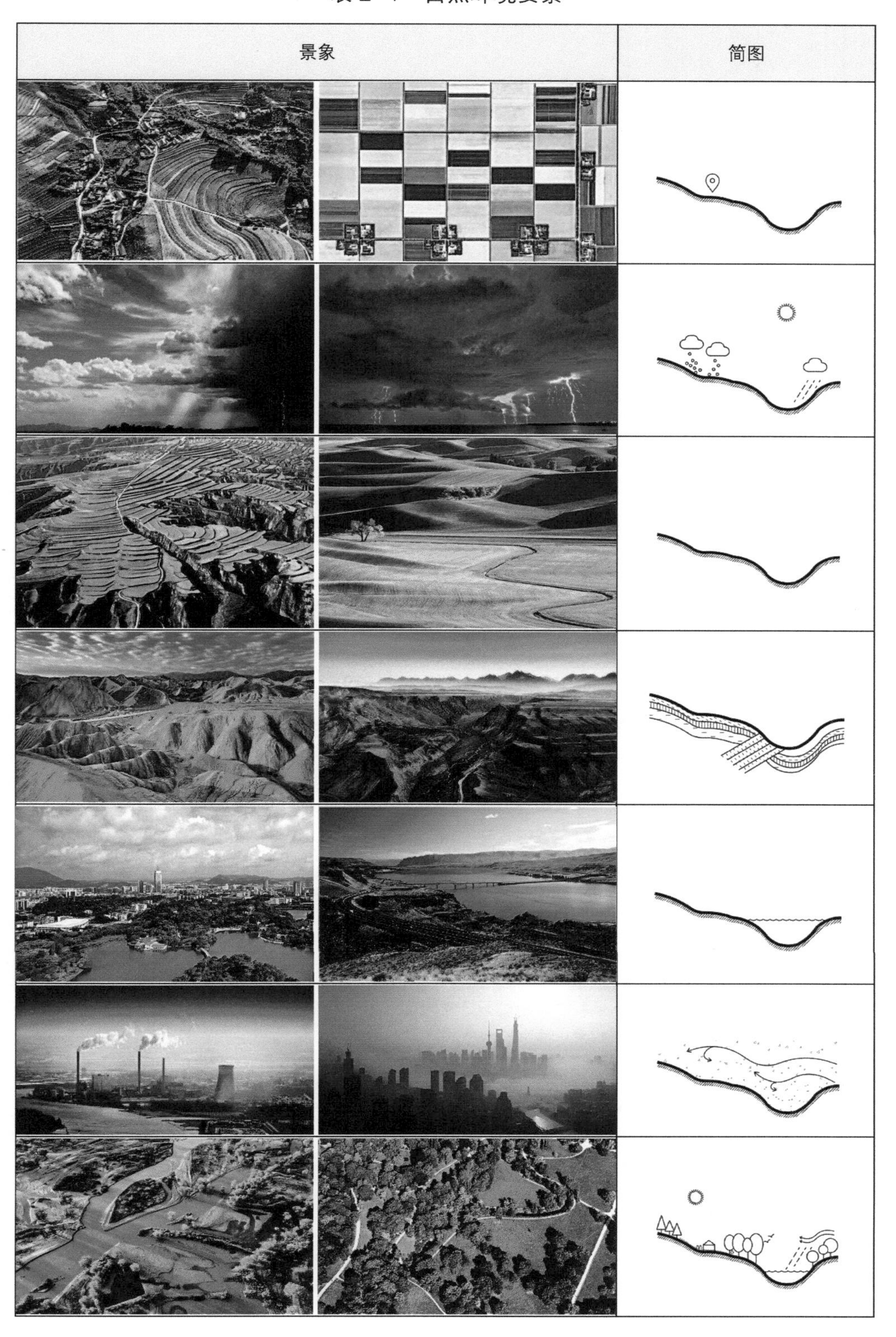

表 2-2 建成环境要素

| 要素 | 内容 | 特征 |
| --- | --- | --- |
| 建筑 | 构建城市空间的实体存在和基本单元 | 以功能实用性、结构耐久性和特定场所性为主要特征，占据一定规模的场地。其使用性质、功能组成、建造的历史年代、周边环境与自身价值等要素决定了其性格；长、宽、高构成的形态、公共空间的限定、出入口方位、停车位、天际线等决定性空间要素以及材质、楼梯、照明等其他细节要素决定了其空间品质 |
| 地块 | 用地产权归属、城市规划管理的基本单元 | 由规划部门确定地块的开发建设指标，包括性质、强度、容量、退界距离、出入口、停车场等，这些共同决定了建筑单体的基本形态。从大型地产项目的连片地块到狭小的独立地块、甚至破碎化的地块，城市中不同地块的大小和形状各不相同，具有不同的产权归属 |
| 街区 | 道路所包围的区域，是城市结构的基本组成单位 | 地块及其上的建筑通常以街区的形式组织在一起。街区的规模和形态反映其建设时期的规划观念与时代特征，通常与自然地形条件、土地权属、用地性质、建设方式、价值观念等相关联。主要道路的通达度决定了各个街区之间的联系度，次要道路的密集度决定了街区内部建筑的可达性 |
| 街道 | 供车辆和行人通行，且具有公共空间属性的道路 | 街道是一个整体的存在，是建筑、地段、街区和街道组合中最富有活力和影响力的部分，它们决定着更小尺度空间的质量和功能。街道一般包括人行道、机动车道、非机动车道、绿化和家具设施等，在城市中因功能差异可形成不同类型的街道，如生活性街道、商业性街道、交通性街道等 |
| 综合体 | 当代城市高度集聚化的产物，多功能复合空间 | 将城市中的商业、办公、居住、展览、会议、文娱和交通等空间中的三项以上进行组合，并在各部分间建立一种相互依存、相互助益的能动关系，从而形成一个多功能、高效率的综合体，使孤立的建筑、地块、街道、街区通过完整的设计建造，在功能内容和空间形态上形成一体化综合的结果 |
| 停车设施 | 机动车为主的停车场地或停车场所 | 按照停车场的建造类型主要可以分为地面停车场、地下停车场（库）、立体停车楼三种。其中老城以地面停车为主，城市新区或大型交通及商业枢纽以地下、立体停车为主。车辆停放时间、人的步行距离等可以反映不同目的出行对停车场使用的特性，不同停车设施在特定环境中有其自身的存在特性，满足了不同场地的停放需求 |
| 邻里 | 地缘相邻并构成互动关系的城市社会基本单位 | 邻里通常由或多或少聚合在一起的居住区和合理的可识别边界组成，它们可能主要为单户家庭，或主要为多户家庭，又或者以其他某类人口统计学群体为主要特征。邻里的物质空间形态与其人口、社会动力以及创造它的各种开发力量一起相互作用，共同形成一定范围的社会关系网络 |
| 片区 | 拥有商业、办公或其他活动的街区和街道的组合 | 人群的主要活动与片区的核心功能占片区的支配地位并且代表其特征。城市中各种活动的组合构成了不同的功能片区，主要包括：中心城区、城市边缘区、社区或大型邻里中心、多功能交通廊道、商务办公区、商业购物中心、工业区、大公园、大学或综合研究中心、会展中心或文体娱乐中心等 |
| 城镇 | 非农业人口为主，具有一定规模工商业的居民点 | 城镇不仅仅只是空间尺度的概念，还与自然、社会、经济有着密切的联系，即具有一定人口规模，人口、劳动力结构与产业结构达到一定要求，基础设施达到一定水平的空间聚落。城镇化是城市发展的一个过程，随着人口的持续上涨和产业结构的优化，城镇将会变成城市 |
| 区域 | 城市和周围地区间的一种特定的地域结构体系 | 区域由很多具有不同规模和特点的城镇组成，这些城镇通常散落在未形成整合的、较低密度的郊区或郊区化的乡村地区。一个区域的城镇由与不同类型的交通廊道联系在一起的邻里、地区组成，交通廊道将城市的各个节点、中心以及与其他和城镇相关的点串接在一起。区域的凝聚力或整体意识源于其自然环境和其中的大尺度基础设施 |

表 2-2　建成环境要素

| 景象 | 简图 |
| --- | --- |
|  | 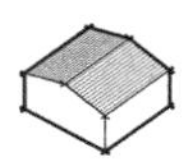 |
|  | 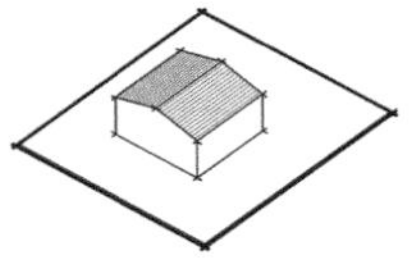 |
|  | 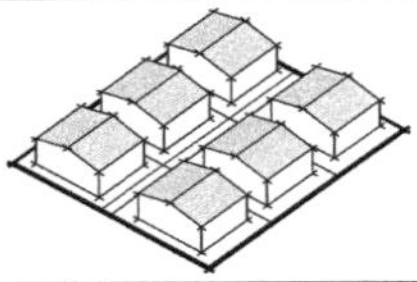 |
|  | 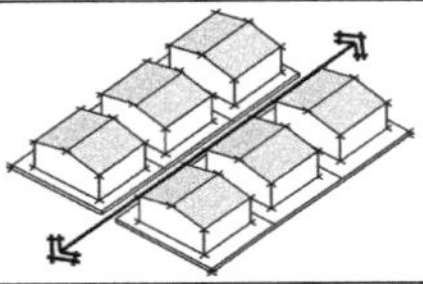 |
|  | 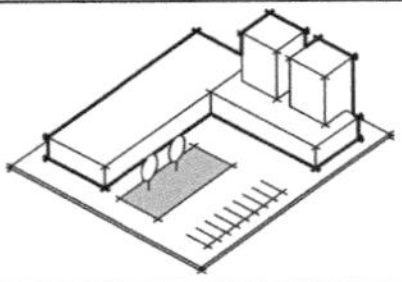 |
|  | 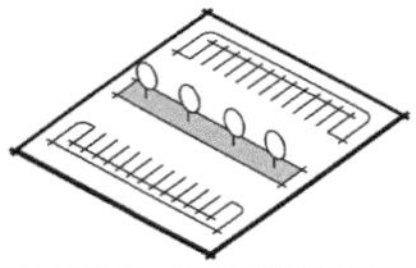 |
|  | 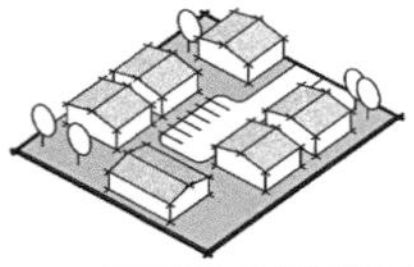 |
|  | 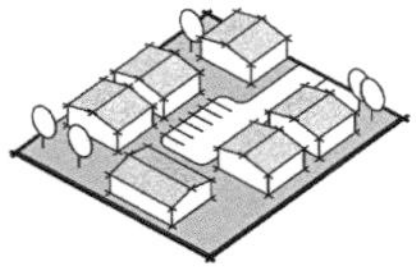 |
|  | 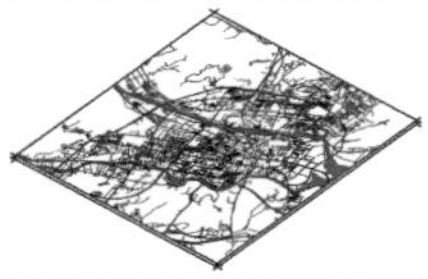 |
|  | 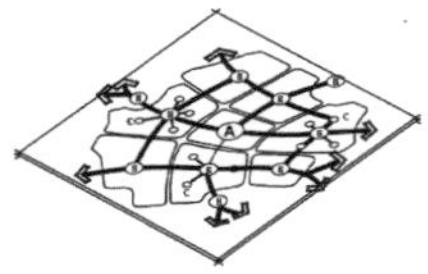 |

表 2-3 人群活动要素

| 要素 | 活动 | 特征 | 空间 | 土地利用 |
|---|---|---|---|---|
| 居住 | 就餐、就寝、盥洗、如厕、休息、生育 | 家庭生活作为社会系统的基本单元，具有典型的私密属性。家可以不受天气变化影响，提供睡觉、吃饭、休憩的场所，以及一个包含爱、生育、希望和祷告的地方，往往是一个抵御外部世界敌对和挑战的庇护之所 | 集合住宅、公寓、SOHO、宿舍、联排别墅、棚屋 | 住宅、商住 |
| 工作 | 制造、服务、投资 | 个人以及个人的集合通过对外输出劳动来生产和制造其所需要的生活的物质基础，即是工作，是人维持自我生存和自我发展的唯一手段。工作所创造的文化和技术让人类得以延续至今。工作场所被建造以满足这一行为的物理需要，保证生产资料转化为生活资料这一过程的顺利进行 | 办公楼、商场、工厂、商务区、商业街、购物中心、工业区、混合功能区 | 行政办公、文化设施、教育科研、体育、医疗卫生、商业、商务、娱乐康体、工业、物流仓储、公用设施 |
| 交易 | 购入、卖出、交换、营销、自动贩售、网购 | 人们进行的最为原始和耗时的活动，以维持人类生存。交易过程中形成信息、钱财和社会关系的交集，不同的交易场所提供了各种人群交换、聚会的地点。人们不仅仅是为了生存得更好而交换物品，观念、文化的相互作用也在交易过程中得以传播 | 广场、公共空间、商店、街道、市场、综合购物广场、跳蚤市场、网络 | 商业、商务、混合用地 |
| 服务 | 服务、学习、教学、健康、管理、享受、福利、信仰、礼拜 | 提供各种服务的场所，以补充、提高和改善人们自我供给的能力、从事交易的能力和满足其核心的吃、住、庇护和健康需求的能力，并提升人们的精神素养，满足人们价值需求，保障人们的权利，提供更加舒适且有温度的生存环境 | 学校、医院、研究机构、政府机关、宗教建筑、户外机构 | 行政办公、文化设施、教育科研、医疗卫生、社会福利、宗教设施 |
| 休闲 | 聚会、运动、散步、野外娱乐、参加节庆活动、参观、逛街 | 人们一直追求并珍惜娱乐放松的时间，这是一段让人身心吸收、自我放松、远瞻、自洽、充实、幻想、希望、渴望的时间，这些追求和社会本身一样久远。休闲时间和休闲活动能够给人们提供自我满足的精神享受，使人类社会的有效运行更加高效 | 公园、广场、体育场、市民中心、博物馆、音乐厅、购物集中地、自然地 | 文化设施、体育、商业、娱乐康体、公园绿地、广场 |
| 出行 | 步行、骑车、开车、公交、地铁、轻轨、火车、高铁、飞机、轮船 | 人们需要从一个地点到另一个地点，从居住地到工作地，从工作地到交易地或者任意场所之间移动，并选择采用某种交通方式，如步行、车行、坐船等。出行所需要花费的时间、金钱对行为的作用力逐渐增长，出行方式的改变也影响了城市的发展 | 街道、人行道、自行车道、车行道、公交站、地铁站点、火车站、高铁站、机场、码头 | 道路、轨道交通、交通枢纽、交通场站 |

表 2–3　人群活动要素

| 场景 | | 特征 |
|---|---|---|
|  |  |  |
|  |  |  |
|  |  |  |
|  |  |  |
|  |  |  |
|  |  |  |

## 2.3 价值体系

价值观念是城市设计工作的出发点和依据，反映了不同历史发展阶段的主体认知水平和社会实践状况，如何确立主体的核心地位，在认知、实践和精神领域达成“真、善、美”的和谐之境是人们追求的永恒目标。真、善、美所指向的价值认识论、实践论、情感论构建了城市设计价值体系。人们通过认知活动，发现城市的内在规律，期望达成主客体在价值观念上的统一，从认知到方法实现对于“真”的把握；通过实践活动，以自身的需要为依据，期望达成主客体在价值实践上的统一，从实践到观念实现对于“善”的把握；通过审美活动，在他所创造的世界中直观自身，期望达成主客体在价值情感上的统一，从情感到创造实现对于“美”的把握。

### 2.3.1 从认知到方法：求真的城市设计路径

“真”指向物质和意识的疏离，期望达成主客体在价值观念上的统一。客观物质世界有其内在的规律性，不依赖任何人的意识而真实存在。人的主观能动性通过意识不断接近客观物质世界的真实。面对具有生命特征的城市对象，城市设计是在进行空间诊断的基础上进行的场所修缮和品质提升，城市自身的发展规律和内在机理是诊断及修缮的前提，“求真”代表着人们对城市内在机理的不断发现和认知，具体表现为新理念、新方法对认知的呈现与应对。“真”的价值在于发现，强调从真实的社会语境出发，关照人群的现实需求；“真”的结果在于呈现，强调对现实问题的研判并提出具体策略。以“真”为指向的价值认识论引导城市设计路径的建构，包括以系统方式认知复杂城市对象；以实存的角度发现新问题；以动态的策略应对发展变化，见图 2-2。

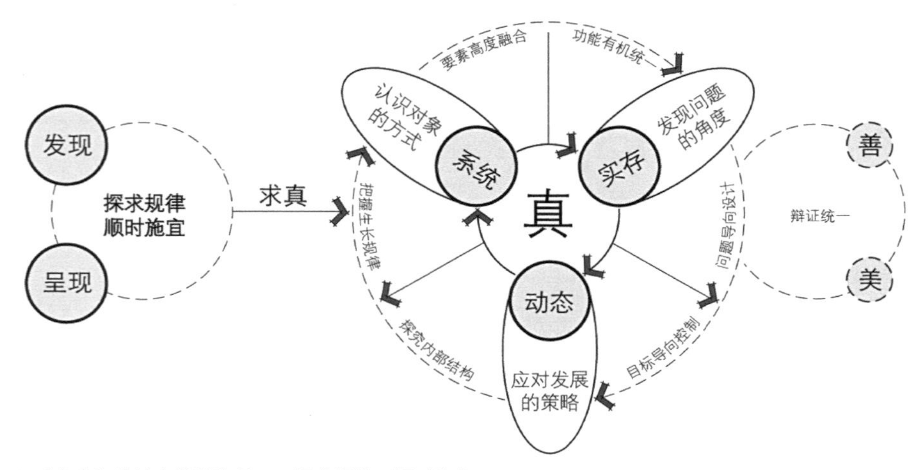


图 2-2 “求真”的城市设计路径——探求规律，顺时施宜

1. 系统：认识对象的方式

城市是由自然生态、建成环境、社会文化、经济流通等组成的一个复杂巨系统，各系统扮演不同的角色，相互协调，推动城市的有序发展。 自然生态系统是城市大系统的自然环境基底，建成环境系统是城市大系统的物质空间表征，社会文化是城市大系统的组织调和枢纽，经济流通系统是城市大系统的发展动力源泉。“求真”的城市设计路径更强调科学性与规律性，设计者应当系统地认知设计对象。

系统性的城市设计有助于将复杂的城市要素清晰简单化，首先要求设计师了解城市发展规律和空间问题的本质，树立社会经济与城市生活环境协调统一的发展观，只有厘清城市社会经济发展战略的总体目标和城市各个阶层的日常生活状况，才能在城市功能、空间形态和人文环境等方面对症下药；其次力求经济增长、社会公平和环境保护之间的动态平衡，从可持续发展的角度认识自然环境问题，树立人与自然和谐共处的永续观，以保障人类生存和城市发展的根本动力；最后需要搭建起城市中建筑景观、交通市政等不同领域问题之间的关联性，从不同角度研读城市内部运作机制，树立以城市为主体的多层次整体观，力求达到城市内各要素的自我平衡，以满足城市有序发展的总体要求。

2. 实存：发现问题的角度

城市空间作为现实生活的空间载体，具有相对的稳定性，必然存在与持续发展变化的生活诉求不匹配的情况。设计的根本意义在于创造性解决问题，从实存的角度发现城市中存在的新问题，以强化城市设计的实施性及设计目标的可达性。

首先发现和梳理宏观上位规划的主要缺陷并进行针对性的研究，从空间本体或社会经济发展的角度挖掘现实问题的根源所在，并以设计的可操作性和问题的可解决性为原则指出上位规划中亟待解决的主要问题；明确主要问题之后应合理安排实施计划与策略，对接相关规划和行政管理部门，多方合作讨论研究问题原发的关键要素；然后根据研究结论对不同要素进行专项分析，并反馈到现实问题中。了解问题根源之后，再对设计本体进行当前可见的具体问题研判，有的放矢，并以成果落实为目标进行设计管控，保证城市设计步骤的顺利延续。概括地说，实存即发现问题实际存在的根本因素，是“求真”城市设计科学性的重要体现。

3. 动态：应对发展的策略

城市是持续生长的有机体，面对当前高速的城镇化转型，城市的环境、社会、经济、文化和人的思想、需求都在剧烈变动。因此需要引入动态设计的思想，以“动态”应对“变化”以提高现阶段的城市设计水平，回应城市发展中现存的各类问题。

倘若停留在单纯的静态思维中去设计城市，可能会导致城市中的物质环境跟不上社会经济发展的需要，或是过于注重物质秩序而破坏生活秩序，从而丧失许多人性化的、本源的价值。动态的城市设计要求在了解城市物质形态和社会经济的基础上，探究城市内部各种结构关系的运转，清楚影响城市的要素组成，并充分理解城市发展的客观性，即对城市的诞生探本溯源，理清城市在不同发展阶段和发展模式下所产生的必然现象，在设计时应当综合考虑城市整体的价值内涵、城市空间和社会群体的利益诉求，学会分析并把握影响城市的各要素的变化规律和城市的运动发展规律，制定合理的城市设计目标，为城市未来的变化预留可持续的发展空间，并对空间环境和人的需求进行合理的调配，才能一步步地引导城市修成正“果”，使城市中的各个要素在城市“生长”过程中达到一种动态的平衡。

### 2.3.2　从实践到观念：从善的城市设计原则

“善”指向必然和自由的疏离，期望达成主客体在价值实践上的统一。必然是客观发展规律和外在约束；自由则是主体人基于主观意志和“趋善避恶”的人性而展开的应然性价值诉求，也是对必然的掌握和对客观世界的改造。城市设计通过具体的实践活动达成应然和实然的和谐统一，从“善”代表实践策略的伦理观，崇尚以人为本的精神，满足主体日常行为需要。“善”的价值在于适应，强调城市设计应然的内在要求和基本原则；“善”的结果在于适宜，强调人的主体性，创造适宜的生活场所，达成正义、包容、富有活力的空间环境，见图 2-3。城市之所以存在的目的也是为人类提供良好的生活环境，这就要求在进行城市设计时多加关注人的物质需求、日常行为、心理认知、精神寄托各方面，并且突破空间设计表面的局限转而站在平民视角挖掘更深层次的内容，实现社会公平正义，倡导以人为本的核心价值观。

1. **包容：尊重生命之存在**

“包容”这一概念的提出最早是为了解决经济单极发展所导致的社会矛盾，现在已成为政治、社会、文化、生态多个领域的发展价值取向，通过规划设计促进人

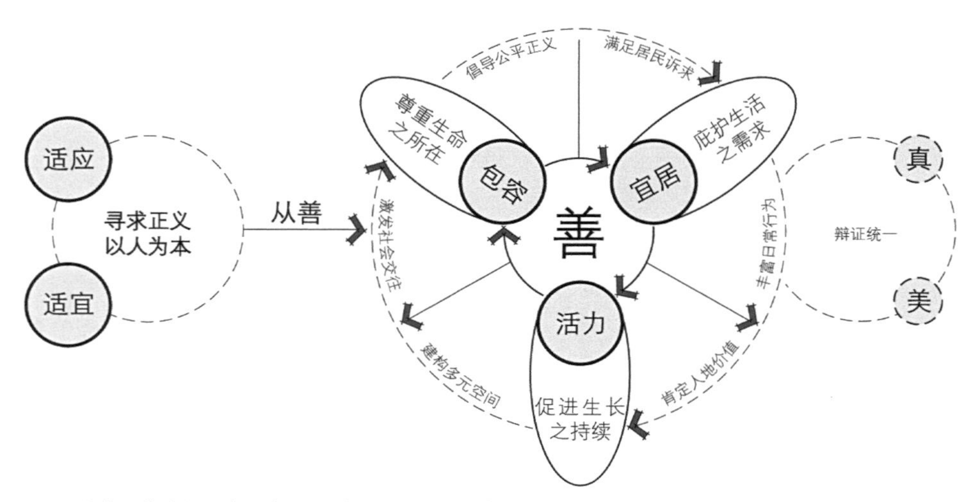


图 2-3　“从善”的城市设计原则——寻求正义，以人为本

与自然、社会的协调共生发展，这就要求我们在关注经济可持续与自然环境保护的同时，还要关注社会群体，尤其是弱势群体的生活与生存，将社会公平与空间正义放在关注点的首位，最大化地消解城市中的社会不公与社会排斥问题，强调共享空间与共享经济的开发和使用，倡导公众参与，人人享有参与权。基于包容性发展理念的城市设计要求设计师不再从经济层面和个人的角度，而是应该站在百姓的立场，以社会包容、机会平等的目的为出发点，对城市空间以及社会权利进行合理而公正的安排，在保证城市整体利益的同时注重个人利益的公平分配，优化城市公共政策的同时充分满足市民的各项合法权益，满足居民诉求的同时也要协调好整体与个人之间利益关系的平衡，引导城市的均衡发展。

2. 宜居：庇护生活之需求

“安全、健康、舒适、便利”是宜居性城市设计的核心内容，它涉及城市的物质环境、基础设施、环境质量、人文因素和人的自身需求与心理感受。设计宜居城市强调创造环境友好的交往型公共空间，丰富城市中传统的日常生活（如传统节日、专业市场等），鼓励步行友好街道、提倡公共交通，关注弱势群体以避免两极分化，尊重城市历史文脉、保护自然资源，使人与城市、社会、自然高度融合，和谐共生。如今国内诸多城市争先打造“智慧城市”，这也是宜居的一种体现，宜居城市也被认为是可持续的、智慧型的并且可以被监测的城市。事实上，适宜居住的城市就是居民幸福感强、满意度高的城市，由复杂人地关系组合而成。基于“宜居”理念进行城市设计，体现了对人文的关怀和对人的价值的肯定，为庇护百姓日常生活、实现社会公平提供了强有力的保障与支持。

3. 活力：促进生长之持续

城市空间是为公众提供社会活动的场所，不同的人在此交往并与外部环境相互影响，人的行为和目的丰富了城市空间的内涵，构成了多样性的城市空间，产生积极的正能量并通过场所传递给使用者使其感到心情愉悦。这是城市活力给场所使用者的正反馈。简·雅各布斯曾提出城市多样性理论，她认为城市活力的来源是以人真正的生活为主题的设计。然而传统的城市设计在自上而下的宏观政策引导调控之下过于强调物质空间形态的塑造，对人的行为活动考虑不足，从而造成空间活力缺失。“从善”的城市设计应站在城市生活的角度，在经济、社会与文化多个方面的相互协调和支持下营造活力，摒弃宏大而庞杂的“非真”思想，多加关注场所内的社会群体行为活动规律与日常需求，探寻自下而上的物质空间对城市活力的反馈机制，为市民的社会交往提供更多可能的、适宜的场所来激发社会活动，以促进场所日常活动的持续发生和城市活力的持续生长。

### 2.3.3　从情感到创造：尚美的城市设计目标

“美”指向感性和理性的疏离，期望达成主客体在价值情感上的统一。感性认知建立在主体对客体生动而直观地获得，具有具象性、直接性和片面性的特征；理性认知则是对客体本质的反映，具有抽象性、间接性和全面性的特征。城市设计是创造性解决城市空间问题的过程，也是主客体对于“美”的追求过程。对“美”的追求是最高层次的情感境界，既是表象的，也是内涵的。表象是“表美”，是在地和时代等基本精神；内涵是“真美”，是“善”，是人本、和谐、仁义，亦是“真”，是功能、规律、寓意。“真善美”相互制约又共生共存，各具独立价值却又存在整体的辩证关系，如何在设计中探寻“真善美”之间联结的纽带至关重要，这就要求设计师抱有追求真善的观念和追求真知的态度来追求“美”的品质，从人、地、时三个维度进行城市空间的在场营建，见图 2-4。

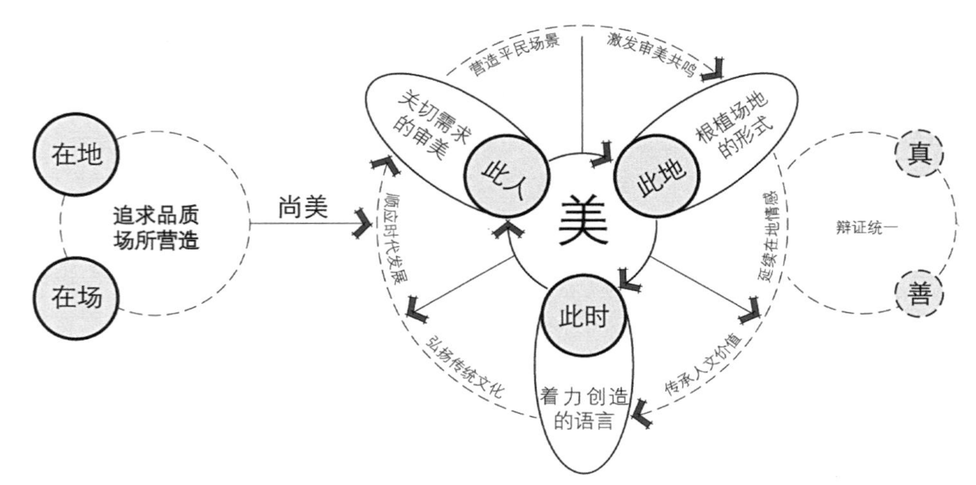


图 2-4 “尚美”的城市设计目标——追求品质，场所营造

### 1. 此人：关切需求的审美

城市设计以广泛的市民群体为使用者，其设计理应以多数人的需求作为标准；如果设计师不进行调查评估，充分了解人的感知与需求，仅仅凭借个人观点做城市设计，闭门造车的作品很难贴合公众的实际需要，很难引起市民共鸣。部分发达国家常常通过引导公众参与决策的方式来进行设计意见的展示与交流，设计作品切实提高了居民的生活品质，同时也实现了居民的自身价值。反观我国仍有部分城市建设过于重视塑造宏大场景，利用“城市设计”作为树立政绩的工具，市民在设计过程中往往只是旁观者，不是参与者，其审美需求得不到应有的关切，这也是许多公众提出一些城市场景作品“无法理解、难以接受”的主要原因。“以人为本”是城市设计永恒的价值站点，好的城市设计应站在人本主义的角度致力营造平民百姓视野下的生活空间，“好”并非意味着优秀的设计理念和惊艳的空间场景，而是设计者、管理者和使用者审美的共识，更是对市民日常生活的关怀。

2. 此地：根植场地的形式

“人”和“地”是场所最主要的两个属性。人作为城市的最主要使用者，是在地氛围的感知主体。一定范围的城市空间，人们在其中生活的过程中，通过记忆、感官、意识、情感、想法的相互交织，赋予其情感上和功能上的内涵，产生了在地属性，演化成截然不同的另一个空间，这一空间便成为当地人文风情和传统风尚的载体。而“地”体现在城市的自然环境、文化环境和空间环境三方面，城市设计中对“地”的回应实则是对整体环境要素的综合考虑，既包括气候条件和水文地质等自然要素，也涵盖社会经济和历史文脉等人文要素以及建筑肌理和街区尺度等空间要素。经过长期生活与文化的不断积淀，使得人们对城市产生了地方认同感和依恋感，城市也具有了独特的地方性和价值内涵，设计最终由“回应此地”转变成为“适应此地”。设计者应站在城市内涵与日常生活的角度，将功能技术理性的设计思想转向对城市人文价值的关怀，回归此地、弘扬传统、传承文化。

3. 此时：着力创造的语言

时代在不断发展变化，百姓日常的生活方式和审美观念也随之改变，这导致既有城市空间环境不能完全匹配新的物质与精神需要。新的需要是设计的出发点，创造性则是设计的艺术追求。设计应积极地响应变化中的价值观念和审美情趣，满足当代人的精神追求与文化品位，创造属于这个时代的作品。面对杂糅拼贴的既有空间、密集异质的城市人口和多元复合的当代生活，城市设计的创造性具有更多元的概念来源、实现路径和形态支持，而非凭空想象的形式臆测。城市空间不只有形式本身，更应注重其所传达的形式内涵，设计者应当注重设计的关键所在，明晰城市作为人居场所的基本属性，了解其深层结构与内在动力；应当从关注外在形象转向内在品相，充分考虑人的认知和情感。基于自身的美学取向追求纯粹的空间形式，就会落入自我世界的泥沼和形式美学的陷阱，导致设计的谬误。因此，创造性设计并不意味着对城市传统文化和在地情感的摒弃，而是继承与发扬、发现与呈现。当代语境下城市设计，如何在满足基本需求和在地特征的基础上，创造当代的空间语言是城市设计师需要回答的关键问题。

## 课后思考

1. 城市设计的内涵特征?
2. 城市设计包括哪些要素? 它们之间有什么关系?
3. 人群活动与空间设计有什么关联?
4. 现代城市设计的价值取向是怎样的?
5. 以人为本体现了怎样的城市设计内涵?

## 推荐阅读

1. [美]埃德蒙·N.培根. 城市设计[M]. 黄富厢，朱琪译. 北京：中国建筑工业出版社，2003.
2. [美]唐纳德·沃特森，艾伦·布拉特斯，罗伯特·G.谢卜利. 城市设计手册[M]. 刘海龙，等译. 北京：中国建筑工业出版社，2006.
3. [英]玛丽昂·罗伯茨，克拉克·格里德. 走向城市设计——设计的方法与过程[M]. 马航，陈馨如译. 北京：中国建筑工业出版社，2009.
4. 王建国. 城市设计[M]. 北京：中国建筑工业出版社，2009.
5. [美]伊恩·伦诺克斯·麦克哈格. 设计结合自然[M]. 黄经纬译. 天津：天津大学出版社，2006.
6. 美国城市规划协会. 城市规划设计手册——技术与工作方法[M]. 祁文涛译. 大连：大连理工大学出版社，2009.
7. 金广君. 当代城市设计探索[M]. 北京：中国建筑工业出版社，2010.
8. [美]艾伦·B·雅各布斯. 美好城市[M]. 高杨译. 北京：电子工业出版社，2013.
9. [美]简·雅各布斯. 美国大城市的死与生[M]. 金衡山译. 南京：译林出版社，2006.
10. [美]凯文·林奇. 城市形态[M]. 林庆怡译. 北京：华夏出版社，2001.

# 第3章

# 方法路径建构

城市设计工作应当如何开展

# 本章导读

## 01 本章知识点

- 城市设计的发生动力；
- 城市设计的利益主体；
- 城市设计的技术路线；
- 城市设计的公众参与；
- 城市设计的实践体系；
- 城市设计的编制管理。

## 02 学习目标

- 了解城市设计的发生动力和两种作用方式的成因、影响；
- 理解城市设计利益主体的站点和需求，理解城市设计公众参与的主体、目的、层次和基本渠道；
- 掌握城市设计技术路线三阶段、三环节的工作内容；掌握城市设计实践体系的构成类型及各类型的基本任务和内容；建立城市设计体系的系统认知框架。

## 03 学习重点

掌握城市设计技术路线三阶段和三环节的工作内容及各阶段之间的运行机制；
理解公众参与的目的、层次和一般方法，了解公众参与的引导策略、手段。

## 04 学习建议

- 本章内容是城市设计技术路线的体系建构部分，与第 4、5、6 章关联度较高，学习者需要建立整体的思维方法和知识框架。
- 本章的学习需要更多的思考，对动力因素、利益主体的解读存在很多不同角度的考量，学习者可根据“推荐读物”提供的资料，广泛阅读和思考讨论。
- 对于本章“实践类型”“技术路线”的学习，学习者可以从建筑学、城乡规划、风景园林三个专业学科领域进行对比，来详细拓展了解本专业学科视角下城市设计的工作内容和相关方法。

## 3.1 发生动力

城市设计干预是促进城市新陈代谢和社会发展演替的必然选择，多种动力因素影响其发生。处在成长期的城市，为满足社会发展与空间增长需求，以扩张建设为主；处于成熟期的城市，内涵建设和品质提升成为其核心诉求，以存量更新为主。应对不同的发展阶段和城市问题，城市设计的动力因素来自于自下而上和自上而下两个方面。

### 3.1.1 自下而上的动力

城市既是物质空间的层积，也是人们生活的家园，相对稳定的物质空间无法持续匹配不断变化中的社会生活。物质空间自身的去废更新和人们对幸福生活的追求产生自下而上的动力，通过物质空间的优化和环境品质的提升满足城市居民生活的需要。

1. 物质空间的自然衰败

无论是建筑实体的自然寿命，还是空间机体的用进废退，作为生命体的城市在发展进程中必然会出现衰败，导致城市机能衰退，见图 3-1。城市设计正是通过空间改造和提升，替换衰败的物质空间，使其焕发新的活力。既有城市空间环境在物理性能上的衰败并不意味着文化价值的丧失，无论是代表个体情感的场所认同，还是代表集体记忆的文化传承，城市设计需要研究建成环境的遗产辨识问题，避免造成文化的断裂；其次是活化再利用的策略问题，从建成环境的价值出发确立适宜的利用方式。

图 3-1 底特律物质空间的衰败

2. 生活质量的改善提升

生活方式具有鲜明的时代性，衣食住行反映了人们社会生活的基本水准，无论是日常生活还是公共生活，伴随社会经济发展、生活水平提高，其需求层次、消费结构、活动内容都在发生变化。新人居关系下的空间需求尤为迫切，城市设计在改善空间质量方面的积极作为，能够有效地提高人们的生活质量。城市由不同的人群构成，作为社会整体，其价值在于让无力者有力，让悲观者前行，让强者愈强。生活质量的提升改善需要关照所有人群的实际情况，规避社会分异现象的发生，达成社会和谐发展。

3. 功能使用的升级换代

空间的功能配置符合特定时期的社会经济特征，城市发展必然会带来社会空间和产业空间的升级换代，从土地属性到空间利用，都需要进行资源配置的优化调整，为城市发展提供持续的动力源泉和物质基础，见图 3-2。20 世纪 90 年代后期，我国城市顺应产业转型，“退二进三”的土地置换在各地广泛开展。2010 年以来城市更新勃兴，在空间改造的同时，更多的是调整功能业态，这些行动促进了城市土地的集约利用，引起城市土地利用模式的改变，空间形态随之发生相应的变化。

图 3-2 拜克社区更新

### 3.1.2 自上而下的动力

无论是基于公共利益的整体平衡，还是城市的持续健康发展，多元复合、高度集约的当代城市在社会、经济发展的历史进程中担当关键角色，城市发展带来自上而下的动力，推动城市空间拓展、资源再平衡和品质优化。

1. 城市发展的总体诉求

城市不同于以农耕为主的农村“自然聚落”，是以聚集经济效益为特点、推动社会进步为目标的一个集约经济、集约社会、集约文化的地域空间系统，追求用最佳的方式实现经济繁荣、社会和谐、文化昌明。进入一定发展阶段的城市，社会经济发展总体目标会对物质空间环境提出新要求，见图 3-3，城市设计成为城市自我调节机制中的重要环节，也是其突破发展瓶颈，提升既有空间品质、开拓新发展空间的有效手段。城市设计师需要在历史与现实综合研判的基础上，开展城市物质空间环境的创造性提升，形成持续发展的、适应新的社会经济条件的城市新功能、新形式和新模式。

图 3-3 外来人口对城市的冲击

2. 政府决策的实施推动

我国进入快速城市化阶段以来，招商引资发展经济成为地方政府的工作重心，既有城市空间显然不能实现政府的宏大蓝图。在经济杠杆的带动下，无论是新区建设，还是旧城改造，基本以开发为主，以取得土地的最大效益。城市空间的规模容量和空间形象不仅仅是地方经济发展的重要指标，也是地方政府政绩的主要体现，作为引导城市建设的各类规划编制得到地方政府的高度重视。城市设计对城市未来图景的模拟和展示能够满足政府的需要，实现社会大众的共同想象，成为城市规划编制体系中最受青睐的内容。政府的决策很大程度上推动了城市的发展与建设，改变和塑造城市新的空间形象。

3. 重大事件的影响带动

重大事件包括正面和负面的两种类型，正面事件指大型体育赛事、重大国际会议等，负面事件指自然灾害、恐怖袭击等，对城市空间发展都会带来非常规的影响。由于重大事件的特殊性和突发性，它会对城市原有功能、环境和运转秩序产生一定的冲击，需要通过城市设计引导具体的城市建设。在全球城市竞争日益激烈的今天，举办重大活动是一座城市乃至一个国家对外开放和经济发展的重要良机，如 2008 年北京奥运会和 2010 年上海世博会对两座城市带来显著影响，在很大程度上加速了城市发展，见图 3-4。自然灾害一方面造成了城市的人财物损失，另一方面，在相对完善的应急机制支持下，灾后援建同样能够改变城市建设的时序，比如汶川灾后重建，在中央人民政府的大力支持下，具有鲜明地域特征的新汶川拔地而起。

图 3-4 上海世博会

## 3.2　利益主体

城市空间配置体现了各种利益主体进行社会与经济利益博弈的结果。城市设计关涉的利益主体包括：政府、经济组织、公众，他们都拥有自身的利益取向，在城市建设中发挥不同的作用。城市设计师扮演中立的角色，平衡政府、经济组织与公众的利益，以公共利益为指向，实现城市建设的经济效益、环境效益与社会效益的共赢，见图 3–5。

### 3.2.1　公众

公众代表个体利益，他们既是城市物质空间环境的最终使用者，也是城市所有阶层的基础来源。依据性别、年龄、民族、受教育程度、职业分工、地域分布、利益关系等差别，可以划分为若干种阶层。城市居民作为城市基本的社会单位和经济单位，其对居住环境、公共服务设施（商业、文化娱乐、医疗卫生、教育、体育等）、工作就业场所、游憩休闲环境等的需求是城市建设的基础推动力。

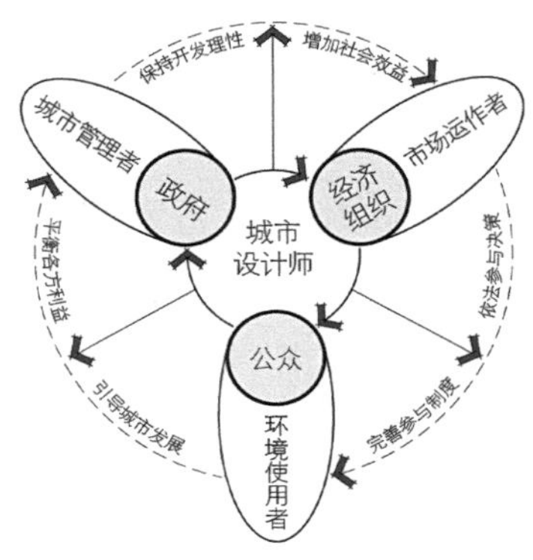


图 3–5　利益主体关系图

从理论意义上讲，城市建设的目标是为了公众的利益，但是由于存在相关约束制度不健全、城市建设急功近利等“政府失灵”现象和开发商对经济利益的过度追求、市场机制不完善等“市场失灵”现象，公众利益常常遭到侵害，居民在城市建设中处于弱势地位，公平、公正无法在现实中得到保障。随着法制的不断健全及社会文明的持续进步，公众借助政策和法律的援助，保护私有财产的合法地位和自身城市权利的意识逐渐增强，居民参与城市建设的能动性显著提高。居民的主观能动性是社会进步的内在动力，公众参与是实现居民主体地位的基本途径，因此需要积极推动公众参与制度的完善，由最初对城市建设的知情、告知逐步过渡到依法合理参与城市建设的决策，从而依法为自身谋求合理的效用。

### 3.2.2　经济组织

经济组织代表集体或集团利益，是具有着相同或相似的个体利益的集合体，在一定契约下谋求集体或集团利益最大化。他们的组织性和凝聚力较强、利益关系突出，利益目标明晰、组织系统完整、行动计划周密，对地方政府的政策制定有很大的影响力，对于社会各方面的影响范围大，且有一定的深度。

经济组织是市场经济下城市土地投资和建设市场运作的主体，随着经济体制的转变，我国城市建设经济组织由单一的公有单位变成国有、集体、合资、联营、股份、个体等多种经济成分并存。经济组织以实现其权力和利益的最大化为目的，看重的是个体利益和集团利益的满足及财富的积累，不仅重视城市中的建成环境在生产和资本积累过程中的使用价值，更看重城市建设本身所能形成的市场需要，以获得利润回报，而较少关心城市的整体环境效益和社会效益。在缺乏政策和法律制约的情况下，势必会造成损害公共利益和其他利益主体利益的结果。经济组织在市场运作中受到的约束主要来自两方面：市场机制与法治的约束。约束使开发商在一定的规则与秩序下保持城市开发的理性，避免由于片面追求经济效益而损害环境效益与社会效益，这是保证城市利益分配公平合理的必然选择。

### 3.2.3 地方政府

地方政府代表地方利益和地方决策层意志，是城市中平衡不同群体公共需求的行政机构，行使着国家赋予的管理地方的权力，通过行政力对资源和物质资料进行重组和再分配，具有发展管辖区域内政治、经济和文化事业的特权以及协调社会平衡发展的、独立的利益主张和利益追求。

政府是导控城市建设的主体，拥有控制城市建设的权力，负有引导城市科学发展的责任。作为城市社会整体利益的代言人，他们确立发展目标、筹集建设基金、组织编制实施，在城市空间的规划和建设过程中应发挥核心作用。以政府行为的方式介入社会发展过程，以公共利益为出发点和归宿协调土地、空间资源的分配，体现社会所期盼的公正性和有效性。其终极目标是维护社会安定，促进经济发展，构建民主、文明的和谐社会。市场经济背景下的政府职能在于经营城市，为城市营造良好的投资环境，提高政府的财政收入，进而提高城市的竞争力。对于开发商而言，政府的职能在于为其创造良好的投资环境，搭建公平的投资平台，同时为了避免开发商的投机行为，政府对其还有监督职能。对于公众而言，政府的职能在于以人为本，执政为民。

### 3.2.4 城市设计师

在城市设计相关基础研究、工程实践、社会行动和政策制定过程中，城市设计师通过专业化的策划设计、行动组织，顺应社会经济运行规律，关照生态环境与公众需求，维护公平正义，在保证多数人利益的前提下实现城市空间品质提升的总体目标。

城市设计师具有多重角色，平衡公众、政府、开发商三方利益，既要为政府部门控制与引导城市建设提供咨询服务，又要为开发商从事项目开发提供决策依据和具体设计，同时还要满足公众的需求，为公众塑造良好的城市生活环境。因此，对城市设计师的职业素质要求较高，作为技术专家，需要了解法律、经济、公共政策、管理及工程技术等方面的基本知识和技术方法；作为空间设计师，要具备对城市发展规律的认识与判断能力、对环境因素的理解和利用能力、对城市形态的分析与创造能力；作为社会行动推动者，要具备对社会发展的分析研判能力、社会大众的引导启蒙能力、实践活动的组织实施能力。

## 3.3　公众参与

城市设计是为人营造良好场所的过程，场所品质的优良判定与生活其中的使用者直接关联。设计师对设计客体——城市空间形式的追求，对空间效益——开发商经济利益和政府宏大蓝图的应对，都不能忽略设计的问题本体——普通使用者的场所需求。对于城市的环境建设和未来发展，任何一位城市居民都具有同等的表述自己想法和意图的权力，而不只是被动的接受。公众参与就是为了纠正和防范设计方案制定和实施过程中的公众缺位，形成让大多数使用者满意的集体行动方案，而对设计编制程序、决策规则和实施行动进行改善的一种有效途径。公众参与不是一个制度形式，比如公示告知的简单做法，而是真正体现城市作为人人之家园的内涵所在，以家园营造者的身份介入设计的全过程，从而达成对空间场所更为深入的认同和归属。

### 3.3.1　公众参与的特点

在现代城市社会生活中，公众参与具有两个层面的特点。就社会整体而言，包括由不同年龄、性别、民族、阶级、地域、职业、经济地位、受教育程度等划分的社会群体，要素、数量庞大，彼此差异且地位不平等。良性的社会运转需要理顺和协调这些要素之间错综复杂的关系，需要调动社会各方面积极因素的参与，通过沟通和交流化解争端和矛盾。就社会公众而言，通过参与政策制定过程，提出自身观点并充分考虑他人的偏好，根据条件修正自己的理由，实现偏好转移，批判性地审视各种政策建议，从而赋予决策以合法性。在此过程中，应实现国家、组织和公民个人各方利益的兼顾和共赢。市民参与公共生活和公共事务不仅是公民权的体现，同时也进一步培育了市民的公共意识和公共精神。

当前我国城市设计的公众参与制度建设应在两个方面开展工作，一方面通过社会启蒙和专业教育提高社会整体认知水平，从普通市民、政府部门、经济组织到专业人士，为公共参与奠定知识基础；另一方面在于机制建设，公众参与机制建设决定了公众参与的实际效果。应进一步完善参与机制、建立互动机制和激励机制，发挥公众参与的实际效用。其中，参与机制的完善是核心内容，包括以下几个环节。

第一，多元化的参与主体。公众参与并非是公民个体的参与，而是作为社会不同阶层或利益集团（知识分子、工人、农民、企业家、宗教界人士、少数民族等以及社团、行业组织、社会中介组织等非政府组织）的代表来表达意愿的。因此，应进一步健全城市设计中公众参与的组织机构，对城市设计各个阶段的公众参与主体、内容、程序等进行细化，体现城市设计公共政策的属性。

第二，全过程的参与机制。设计过程主要包括三个阶段：①研判策划，设计组织和实施运作。公众参与包括价值诉求和意愿参与、利益平衡与决策参与、争议裁决与监督参与等方面，贯穿策划、设计、实施的全过程。研判策划阶段，公众参与的重点是如何反映其所代表的阶层合理合法的利益诉求和真实意愿，并督促有关当局在设计编制中加以落实。②设计组织阶段，公众参与方案的可行性分析以及空间方案的选择，维护和保障其具体权益。③实施运作阶段，公众通过对项目的具体落实情况的追踪，对设计的实施效果和程度进行评估，保证项目的完整进程。

第三，多途径的参与方式。城市的规划建设涉及城市生活和空间建设的各个方面，公众参与方式应结合实际，灵活掌握，既要通过一定的组织机构保障公众参与的程度和实效，也要建立广泛的沟通机制，实现更大范围的交流。在实践中应充分利用网络平台和自媒体等信息时代的传播工具，建立富有成效的参与途径。

### 3.3.2　公众参与的层次与方法

公众参与已形成相对完备的系统层次和实施方法，我们可以借鉴西方社会比较成熟的工作路径，针对中国的实际情况选择性开展工作。

1. 公众参与的层次

实践过程中，公众参与城市设计的程度常常是不一样的，谢莉·安斯汀（Sherry Arnstein）在《市民参与阶梯》一文中将其划分为 3 个层次 8 种形式，见表 3-1。

表 3-1　公众参与的等级和层次

| 公众参与的等级 | | 层次 |
|---|---|---|
| 1 | 市民控制（Citizen Control）：市民直接管理、规划和批准 | 实质性参与 |
| 2 | 权力委任（Delegated Power）：市民可代政府行使批准权 | |
| 3 | 合作（Partivership）：市民与市政府分享权力和职责 | |
| 4 | 安抚（Placation）：设市民委员会，但是只有参议的权力，没有决策的权力 | 象征性参与 |
| 5 | 咨询（Consultation）：民意调查、公共聆听等 | |
| 6 | 提供信息（Information）：向市民报告既成事实 | |
| 7 | 教育后执行（治疗）（MTherapy）：不求改善导致市民不满的各种社会与经济因素，而要求改变市民对政府的反应 | 无参与 |
| 8 | 操纵（Manipulation）：邀请活跃的市民代言人作无实权的顾问，或把路人安排到市民代表的团体中 | |

目前，我国的公众参与还处于谢莉·安斯汀总结的《市民参与阶梯》中，即“象征性参与”阶段，不管是市民、利益集团还是设计人员均只有参议权而没有决策权，且随着设计项目的增加和级别的提高，公众参与的难度随之加深。

2. 公众参与的方法

要使得公众参与真正发挥应有的作用，不仅要在制度上保证，还需要更多更灵活的方法促进参与。公众参与不只有问卷、访谈等传统形式，在互联网技术日益发达并且已经和日常生活紧密关联的当下信息社会，各类网络平台，如网站、微信公众号、QQ、微信等成为服务部门与公众之间交流联络最普遍、最便捷的途径。互联网大数据分析也是了解大众行为与需求特征，实现一般性公众参与的有效途径。在城市设计项目的不同阶段，需要考虑使用不同的方式推动公众参与的开展。在我国，依据参与设计制定的程度及影响力的不同，可划分以下三种不同类型，见表 3-2。

表 3-2　公众参与的方式和常用方法

| 参与方式 | 常用的参与方法 |
| --- | --- |
| 信息交流 | 公示、社区简报、新闻发布、互联网咨询、民意调查、公众论坛等 |
| 民主协商 | 公民听证会、申诉员制度、共同愿景创建、关键公民接触等 |
| 共同决策 | 邻里委员会、社区发展信托公司、社区自治、志愿者行动等 |

信息交流作为空间规划建设组织方的政府与公民之间实现有效的信息流动的方式，包括政府为满足公民的知情需要而进行的单向信息传递，如公示、新闻发布等，和政府与公民之间的双向信息互换，如民意调查、公众论坛等。信息交流的及时、有效、全面是公众参与决策、进行合理判断的基本前提。民主协商是政府通过多种方式与公民就政策问题的形成、备选方案的拟定、设计方案的选择等进行磋商和谈判的过程，如召开公民听证会等。在这一层次的公民参与中，公民能够通过与政府的互动和交流，对政府的决策形成一定的压力，但政府仍是最终决策主体，公民参与公共政策制定的作用仍然有限。共同决策，即政府与公民同为决策主体，共同制定公共政策和提供公共服务，如邻里委员会、社区自治等。在这一层次的公民参与中，公民对政策制定的影响是最大的。

### 3.3.3　公众参与引导方式

目前我国的城市设计以及公众参与，前期的社会调查（包括民意调查），多是一种单向的信息反馈，缺乏真正的互动交流，后期成果的公示往往仅借助于规划展览，将已制定好的规划效果图供大众“参观”，而在设计过程中往往缺乏与公众的互动，不能实现公众对设计项目的实际参与，因此也造成公众参与积极性不高等问题。针对这些不足，城市设计应该努力实现以下四个转变：参与过程的转变——从事后参与到全过程参与；参与角色的拓展——从专家参与到多角色参与；参与方式的创新——从被动参与到主动参与；参与模式的变革——从程序参与到内容互动。要实现这些转变，必须要注重以下几个方面：

1. 合理引导和拓展公众参与的渠道

让公众参与设计过程、共同建立设计目标、理解设计进程是城市设计工作顺利开展的基础。针对目前设计过程与公众参与的隔离状态，应根据不同群体、不同阶段的特点，提供有针对性的公众参与方式，增大公众对设计信息的接触面，并保证最新资讯的及时传达，为其合理发挥参与能力提供基础；应拓展公众参与和回应的渠道，提供多元的意见征集方式，在城市设计的不同阶段，开展针对不同重点的参与方式和内容，如专题民意调查活动、专题意见征集板块、网上公告评论、公共电子邮件信箱等，使公众能方便、迅捷地表达自己的诉求。

2. 实现设计过程与公众的回馈和互动机制

目前设计展览、宣传教育以及规划设计成果公示等参与模式，基本都属于“后半程”的被动式参与，只能起到“参观”和“咨询”的作用，无法让社会公众真正参与设计决策。互动式的城市设计应在保障公众充分了解设计内容并拥有通畅回应渠道的基础上，完善公众参与城市设计的互动机制，以开放、包容心态去倾听民声，尽可能获得公众认同和支持，以利于城市设计的后期实施。在梳理公众的意见后，须向公众通报汇总意见，对采纳和不采纳的意见都进行原因说明。公众了解反馈结果，就与政府之间形成了“参与—反馈”过程，有利于公众对政府产生信心，增强参与意识，在下一步规划工作中积极、主动参与，形成“参与—反馈—再参与”的良性循环互动机制。

3. 协调不同角色公众意见的平衡机制

城市设计的目标是多重的，这些目标不可能在设计中全部得到最优的结果，不同群体目标诉求之间的冲突在所难免。面对城市设计的多重目标和实践中不同层次、不同角色的参与者，既要充分发挥参与角色的平衡能力，以大多数人的利益为协调的站点，同时又要有明确的讨论规则，如采用罗伯特议事原则，形成有效的意见讨论。在此过程中也应注重科学的统计和分析方法，明确细分参与利益主体，顾全大局并确定优先级别，避免由于众说纷纭而导致设计止步不前。

4. 确立城市设计公众参与的规则

城市设计虽然是非法定规划，但作为关系到公众利益的规划工具和空间研究方法，应打破设计专业壁垒，确立让公众参与表达决策的规则。例如香港规划成果多是经过详细研究和广泛咨询公众意见后制定的，立足于“以民为本，谋求共识”，力求规划成果贴近民意。因此，确立公众参与的规划制度和设计规则，才能从根本上为公众参与提供政策并保障决策的合法性，确保公众在城市设计实践中的知情权、参与权和管理权、监督权甚至决策权，增强设计管理的公开性、民主性和开放性。

## 3.4　实践体系

伴随我国城市建设向纵深发展，对城市设计的要求越来越高，已经形成多类型并存的实践体系。涵盖整个城市区域、城市街区、城市公共开放空间等不同规模的城市设计，以及研究专题、规划政策、工程实施、社会行动等不同属性的城市设计。因此，在开展具体实践工作时，应依据不同类型城市设计的发展目标和内容要求，充分发挥其刚性与弹性互补的作用机制，对城市空间进行有效的引导干预，提升场所品质。

### 3.4.1　体系构成

我国城市设计编制系统主要包括总体城市设计、区段城市设计、地块城市等类型，见表 3-3。

表 3-3　我国城市设计编制系统

| 层级 | 要求 | 内容 |
|---|---|---|
| 总体城市设计 | 基本任务 | 整体地保护自然山水空间架构，传承历史文脉，塑造城市整体空间意象，引导城市健康有序发展 |
| | 主要内容 | 明确城市风貌与特色定位，确定城市总体形态格局、城市景观框架和公共空间系统，划定城市设计重点地区并提出实施措施与建议 |
| 区段城市设计 | 基本任务 | 根据区段自然和人文特点，塑造反映历史文化特征，符合公众审美，体现城市特色和活力的空间环境，满足城市发展建设需求，增强区段的整体性和可识别性 |
| | 主要内容 | 重点地区城市设计的基本内容：特色定位、空间结构、景观风貌系统、公共空间系统、建筑群体与建筑风貌、环境景观与市政设施协调、实施措施与建议等；<br>非重点地区城市设计，可在明确景观风貌、公共空间和建筑布局等基本要求的基础上，因地制宜适当简化 |
| 地块城市设计 | 基本任务 | 依据控制性详细规划要求，对建设项目所在的地块，提出详细设计方案，提升地块的空间环境品质，提升公共空间的人性化、艺术性 |
| | 主要内容 | 开放空间、建筑群体、交通组织、环境景观与市政设施等 |
| 专项城市设计 | 基本任务 | 落实相关城市规划和城市设计的具体要求，以问题或目标为导向，根据实际需要，对城市及其所在区域的特定风貌要素或特色系统，进行专项研究与设计。其编制内容可结合项目实际情况决定 |

### 3.4.2　实践类型

综合国内外城市设计实践工作，可以分为研究专题型、规划政策型、工程实施型和社会行动型城市设计四种类型。

### 1. 研究专题型城市设计

城市设计是以认知城市发展规律为前提的技术实践，研究专题型城市设计的本质不是“设计”而是“研究”。其根本目的是研究发现城市空间形态的内在机理和现实问题，进而确立认知城市形态的路径和寻找解决城市空间问题的途径。研究专题型城市设计并非法定的实践形式，其设计不受严格意义上的法定编制约束，可以有相对自由的开展方式，这也是其优势所在。因此，作为一个相对开放的系统，根据不同的城市特征和现实问题，研究型城市设计的编制过程和所用的方法有所区别。研究专题型城市设计针对特定问题展开工作，同样不强调整个设计系统的完备性，也不是一种线性终端的实施进程。

研究专题型城市设计可以从城市整体角度出发，关注城市特色、城市风貌，或城市人行交通系统、城市公共空间系统、城市绿地景观系统以及城市色彩等城市环境空间要素设计等为研究对象所进行的城市设计指引工作。“指引”不是进行具体方案设计，是应用城市设计的法则，对城市空间环境和体形的设计、营造和管理提出指导性的规定和建议，是城市规划、园林规划、建筑设计及环境艺术设计等共同应用城市设计法则实现城市设计目标的指南。为未来城市空间形态的总体框架与发展思路提供依据，并为下一步的城市规划工作的开展提供指南。

研究专题型城市设计亦可针对城市既有空间开展，通过大量的调查研究、文献收集、社会访谈掌握地段的详细信息，通过分析整理、假设论证、对比研究等工具形成对特定研究对象的充分认知，在此基础上形成专题化的研究成果。随着研究的深入，各个步骤总是根据反馈回来的信息不断地进行修正，从而形成一种决策—反馈—决策的往复过程，如重庆历史风貌研究等。

研究专题型城市设计对应的不仅是城市宏观控制层面，还有中观、微观层面的控制指引。其成果表现以指引性文字和具有指导意义的示意图纸及表格形式为主，侧重于对整体空间的营造进行设计指导，更多的起到指引作用而不是提供具体的开发设计和实施措施，如南京总体城市设计专题研究、香港城市设计指引、天门市城市设计指引、旧金山城市设计导引等。

近年来，研究专题型城市设计实践也取得丰富成果，有效促进了城市设计在城市规划编制体系中的系统融入，从而使城市设计有可能转变为各层级规划管理的技术支持和管控依据。

### 2. 规划政策型城市设计

城市设计是落实城市规划、指导建筑设计、塑造城市特色风貌的有效手段，贯穿于城市规划建设管理的全过程。从城市总体空间形态构架、片区群体建筑布局到具体地块环境设计问题，都需要进行整体空间的统筹和具体形态的控制。尽管城市设计尚未纳入法定编制体系，但已经成为引导城市空间形态良性发展的重要编制内容，是城市规划管理部门的政策依据。

规划政策型城市设计在此背景下逐渐形成并进一步发展，在城市规划编制中起到了很大作用。随着城市建设的快速发展，大尺度城市设计的意识、观念和方法出现突破性进展，并逐渐进入到城市总体规划的编制系统中；街区和地块层级的城市设计导则以空间形态模拟成为控制性详细规划的量化依据，在城市建设中发挥着重要作用；各类专项城市设计为城市建设提供很好的政策依据。上述实践有效促进了城市设计在城市规划编制体系中的系统融入，从而使之成为各层级规划管理的技术支持和管控依据。

规划政策型城市设计与控制性详细规划密切相关。虽然城市设计与控规两者的出发点与法定地位均不同，但其核心均是以城市空间资源的再分配为手段，以实现有效的规划控制为最终目的。在城市规划实施管理过程中，鼓励将两者合理有效结合，互为依据与校验，终结其“各行其道”的规划控制局面，以更好地统筹规划资源，满足我国城市建设在新形势下对规划控制的基本要求。

一方面，控规偏重刚性指标控制，需要结合城市设计研究，进行指标优化落定。城市设计对社会、经济、文化、空间等多维度的考量可以有效弥补控规对空间形体环境研究的不足，通过城市空间的意向性设计反推控规的规划控制指标，以及为重要城市地段提供详细的空间方案，有助于控制性详细规划成果的直观化与具体化，使其在不断完善的市场经济环境下也能够对城市的开发建设控制切实有效、游刃有余。

另一方面，城市设计偏重弹性控制，需要依托控规作为法定平台实施管理。控规作为规划控制的法定依据，能够通过更加规范化、量化与可操作化的成果将城市设计研究的内容转化为强制要求，作为连接城市设计与规划管理的枢纽，通过指标控制的方式落实城市设计的空间意图，促进城市设计进入国家法定规划体系，进而更好地实现城市设计的实践操作性，提升其公共管理效能，见图 3-6。

规划政策型城市设计成果表现以图表、导则及政策条律为主，在实践设计及实施过程中重视公众参与，且其编制成果具有一定的法律效力，在设计的实施和管理中起到引导和控制的作用。需要注意，这一类型的城市设计编制成果必须建立在城市设计观念深入人心，城市设计控制体系的高度公众认同的基础上，才能有效地转化为规划管控的现实决策过程，并引起城市物质空间形态及环境的积极转变。

3. 工程实施型城市设计

工程实施型城市设计针对特定地段的实际项目需求和空间建设开展，同样涵盖从分析研究、目标策划、方案设计到工程实施的全过程。与前两类城市设计的最大区别在于其方案实施性和空间体验感，对于城市设计理论的发展完善，空间实践的操作引导都具有非常重要的意义，一般包括开发型、更新型和社区型三种类型，见表 3-4。

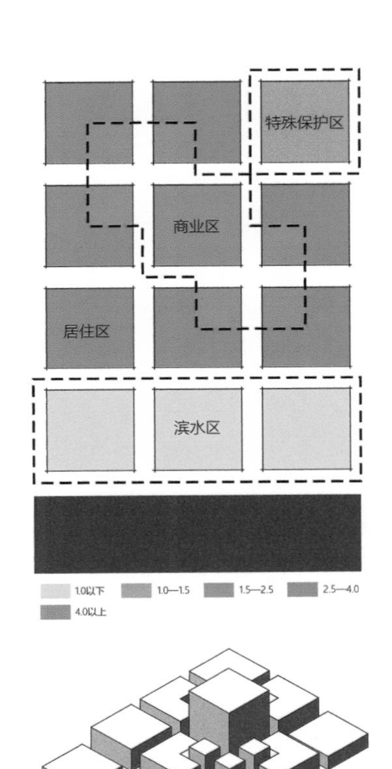


传统容积率控制的空间形态示意

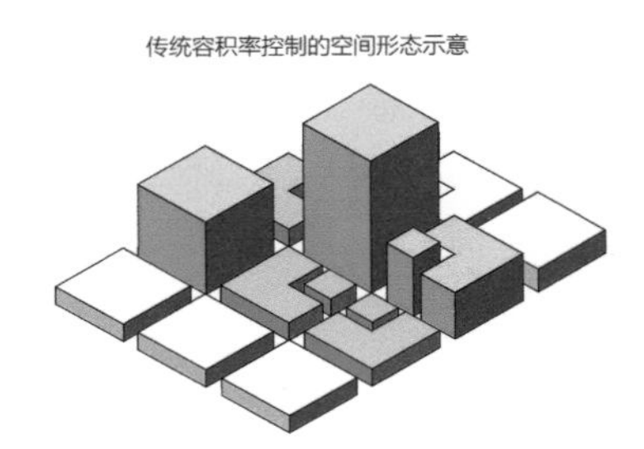

结合总建筑量的容积率控制示意图

图 3-6　结合总建筑面积的容积率弹性控制示意图

表 3-4　城市设计类型与特征

| 类型 | 特征 | 典型案例 |
|---|---|---|
| 开发型 | 针对新区或者旧建筑完全被拆除的既有城市片区设计。其主要目的在于适应新的城市生活方式和发展需求，塑造新的城市形象，促进城市建设与经济发展。实施内容包括街区的整体格局、建筑群体布局及外部空间设计等。开发型城市设计要求为片区带来明显的增值效应，城市设计主要关注于如何将市场要求与开发环境、公共空间、市政设施等具体要求联系起来，达成所期望的经济效益 |  西安曲江创意谷 |
| 更新型 | 针对城市既有片区或者历史街区的保护和更新设计。这里的保护和更新应包括对自然风貌和历史文化遗迹的保护及其邻近地区有限合理的更新或再开发，以此促进历史地区的活力。更新型城市设计往往是通过多项执行内容（如对建筑高度、体量、轮廓线、色彩等）对保护区域的风貌维护和更新加以引导，对再开发项目加以限制、维护或强化这一区域的城市文化价值和自然价值。典型案例是成都的宽窄巷子，北京的南锣鼓巷，上海新天地等 |  成都宽窄巷子 |
| 社区型 | 针对以居住生活为主要内容的地段或片区城市设计。注重市民参与和社会调查，把居住功能与城市环境、公共设施及所在地区的社会等级、经济水平、文化层次等多项背景资料综合起来，统筹考虑片区的整体功能布局、建筑群体布局及外部空间设计等设计内容。这类城市设计强调社区居民的参与，最重要的是充分尊重居民对居住生活的要求和风俗习俗，并在设计过程中倡导公共参与，以期形成出入相友、守望相助、疾病相扶的社区氛围 |  深圳万科城 |

4. 社会行动型城市设计

城市设计作为人们对自身所处生活环境的有意识物质改造和客观建构活动，是一种有特定具体形式的“人的对象性活动”，因此，城市设计就其本质而言是一种社会实践活动。社会行动型城市设计把城市空间环境作为一种公共生活场所，是由“场所”和“参与公共生活的市民”共同建构的，而非单纯的物质空间实践，包含市民参与的“公共行动”，这种行动的目的是为追求公共福利和伸张公民的空间权力。

社会行动型城市设计包含的主要行动者有土地所有者、投资者、建设方、各类专业人士、城市管理部门和使用者等，其中，地方政府也是重要行动者之一。其成果更加注重过程性和计划性，一般会制定项目清单，采取公众参与的方式制定出适合本项目特色和组织构成的营造方案，并配合项目进度计划表，以确保社会行动计划工作的有序开展。这种方式帮助人们摆脱形式化的协商程序的束缚，创造出参与的多种可能性，并且指导城市设计结合当地的环境与需求量身定制参与的计划。

社会行动型城市设计的过程具有策略性和操作性，有明确的目标目的、实施内容和进程步骤，行动者在各阶段中的贡献都不同，所以不同步骤中所采取的方法也不同。概括起来包括以下几点：搭建城市设计顾问研究会的平台，邀请相关机构和市民团体等加入，对问题的论证和最终目标、方针、成果的形成提出建议并实施监督；建立为一般公众发表意见的论坛，召开情况报告会和公众听证会收集公众意见；组织公众形成居民顾问委员会、讨论小组，对未来愿景进行设想，表达意见；进行直观设计，由兴趣不同的各方代表在项目开展前表达看法，也可在设计师的帮助下直接参与设计；利用官媒进行方案表决，利用电视、广播、报纸等途径使市民了解规划中的建设项目情况并获得反馈。

综上所述，社会行动型城市设计首先以使用者为导向，重视基础的互动沟通，尤其是弱势群体的需求。其次让民众成为真正的设计参与者，用其擅长的方式，加入设计方案生成与实施的讨论过程，成为方案的决策者和执行者。最后要调整专业人士的指导、服务角度，与民众站在同一水平，平等对话，促进形成共学、共知、共感、共做、共成的协作模式，真正让空间生产的过程变成地方公共事务的培育过程，使其在日常生活中形成新的轨道、新的习惯。

社会行动型城市设计在我国发展起步较晚，目前还只是在局部范围有一些零星的尝试，尚未形成在制度和实践上的全面推广，如2011年开始的深圳趣城计划、2016年的行走上海计划、北京海淀实践等。社会行动型城市设计是一个环环相扣的复杂难题，也是一个渐进的、动态的历史过程，它与一个地方的制度体系、经济发展、社会环境息息相关。它的发展需要社会、公众、集体的转变，这种转变必须是正向的，这需要适当的参与过程，才能创造出一种新的行动模式、新的想象力、新的未来目标。

## 3.5 技术路线

城市设计不只是具体的空间操作和形态设计，而是以现实问题和发展目标为导向，促成城市社会和物质空间健康发展的动态过程和社会实践。就其一般性的技术路线而言，包括三个主要阶段，即研判定位阶段、方案设计阶段和实施管理阶段，以及三个链接环节，策略制定环节、导则制定环节和评估反馈环节。三个阶段和三个环节既是围绕问题解决的正向推动过程，也需要反向的验证反馈调整，形成切合实际需求并适应发展变化的设计路径。尽管不同类型和尺度的城市设计各有侧重，但大都涵盖了这六个方面内容。

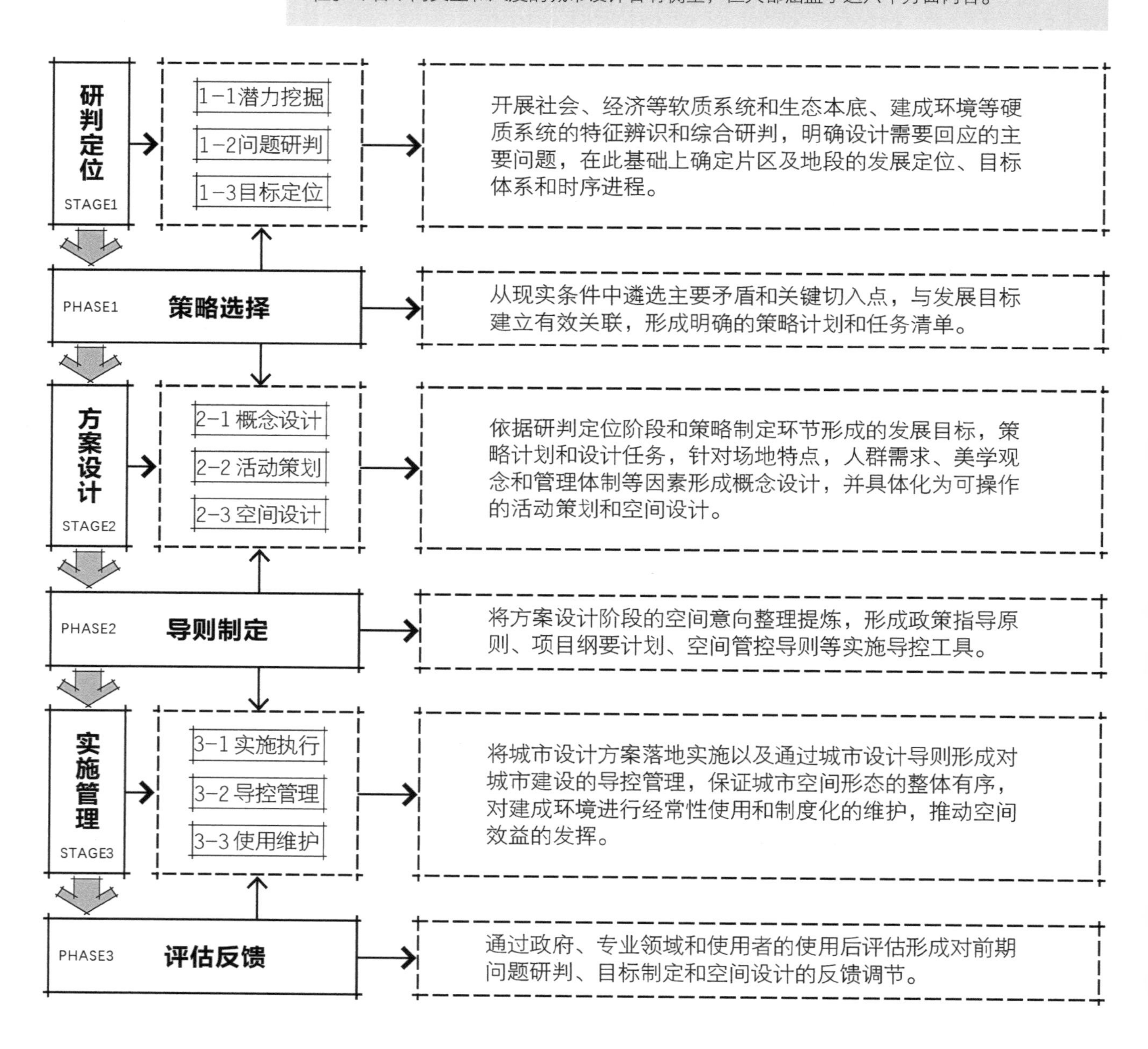

### 3.5.1　研判定位 + 策略选择

研判定位阶段是综合经济、文化、社会等多方面现实因素和发展条件，通过具体的分析方法形成基本的认知判定、发展定位、目标体系的过程。总的来说，此阶段的核心是通过对项目进行全面分析，逐步实现对项目有目标、有计划、有步骤的全过程控制。此阶段包括潜力挖掘、问题研判和目标定位三个步骤。

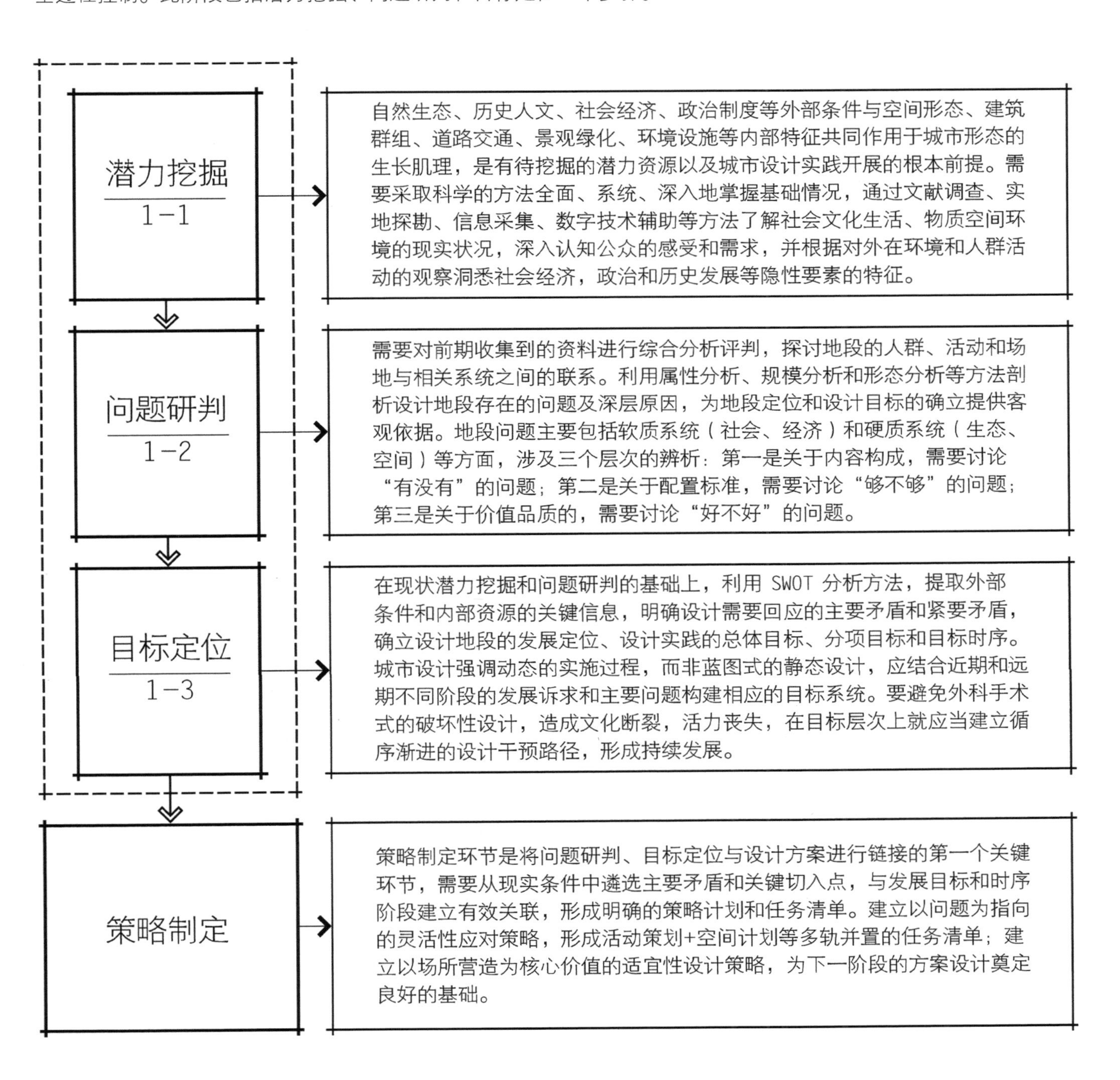

### 3.5.2 方案设计＋导则制定

方案设计阶段是通过对设计过程恰当的组织，全面考虑地段特点、市民需求、设计美学、管理体制等因素，将概念设计具体化为一系列可操作的活动策划和空间设计的过程。城市设计的方案设计阶段是专业人员核心参与的阶段，应解决专业领域的重点问题。此阶段包括概念设计、活动策划和空间设计三个步骤。

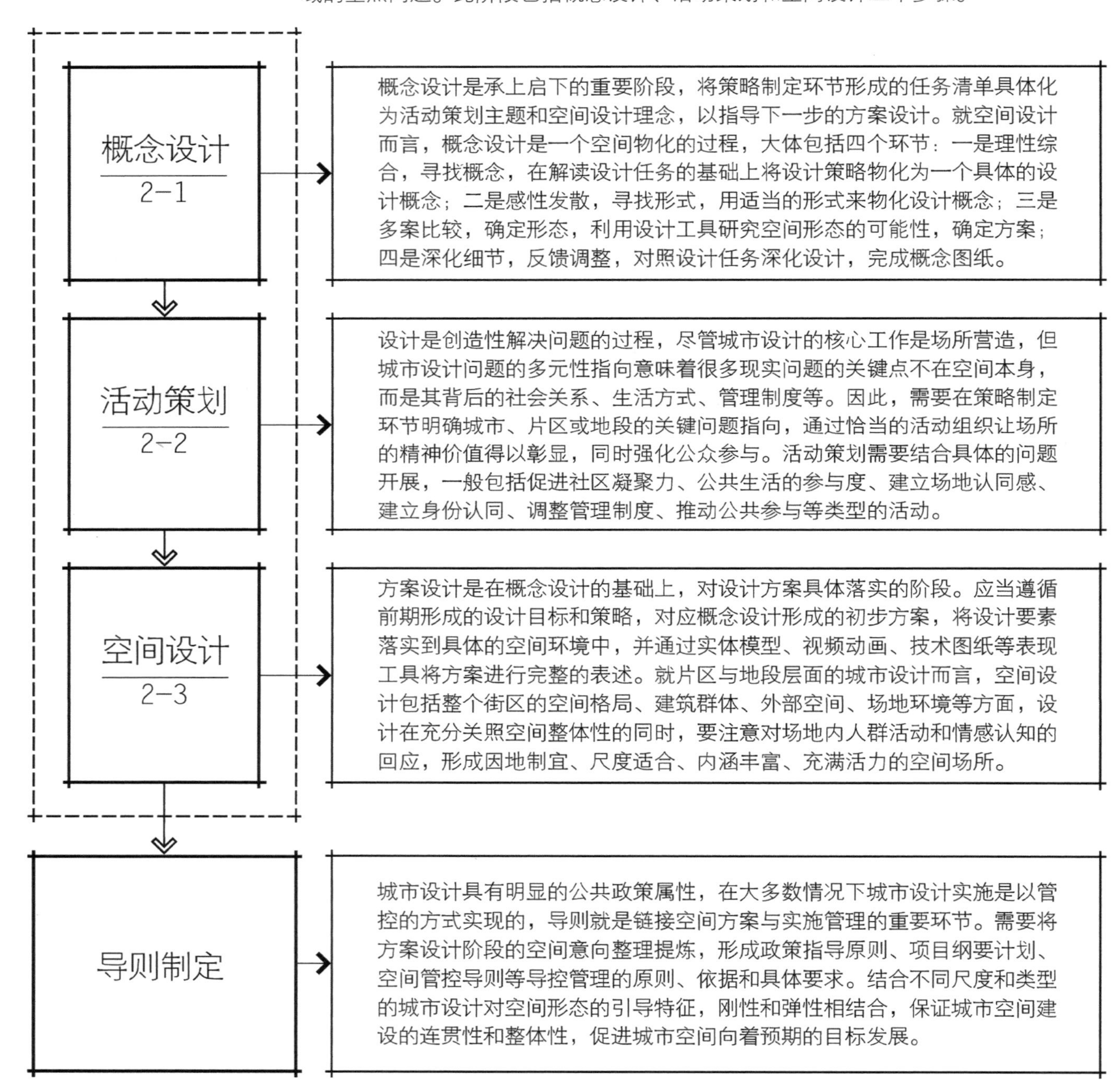

### 3.5.3　实施管理 + 评估反馈

设计的根本目标在于实施应用，城市设计的实施管理即包括具体项目的落地实施，也包括通过城市设计导则形成的对城市建设发展的管控实施，科学、合理的实施系统是设计完成度的最大保障，同时还需要对建成的物质环境做经常性和制度化的维护。此阶段包括实施执行、导控管理和使用维护。

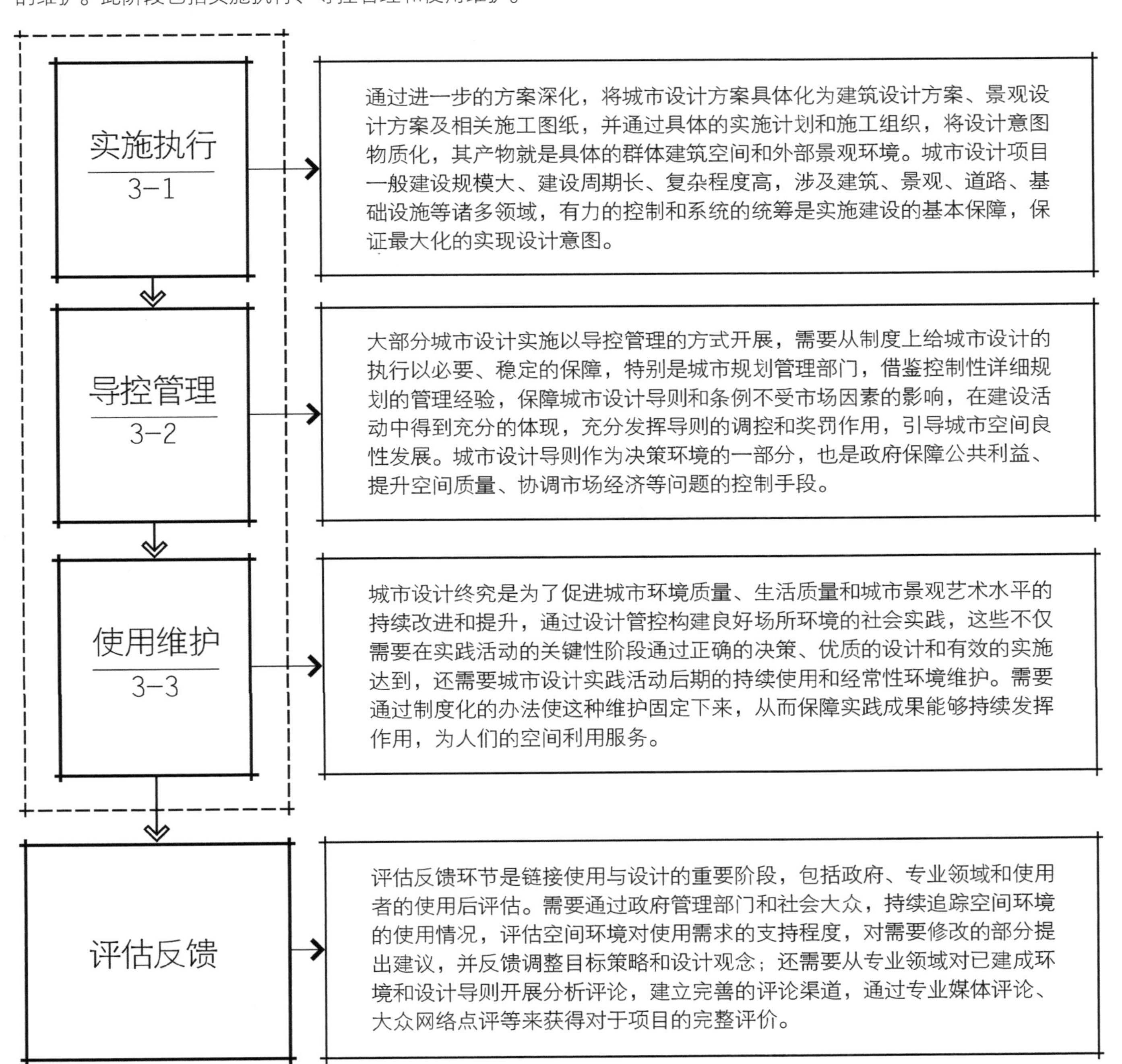

## 课后思考

1. 如何看待城市设计在我国城市建设中的作用？
2. 城市设计的动力机制是什么？包括哪些方面？
3. 城市设计公众参与的渠道和路径是什么？
4. 总体城市设计、区段城市设计、地块城市设计和专项城市设计四者的区别是什么？
5. 不同属性的城市设计各自侧重点是什么？

## 推荐阅读

1. 王建国. 城市设计 [M]. 南京：东南大学出版社，2011.
2. [美] 多宾斯. 城市设计与人 [M]. 奚雪松译. 北京：电子工业出版社，2013.
3. 陈振宇. 城市规划中的公众参与程序研究 [M]. 北京：法律出版社，2009.
4. 刘宛. 城市设计实践论 [M]. 北京：中国建筑工业出版社，2006.
5. 庄宇. 城市设计的运作 [M]. 上海：同济大学出版社，2003.
6. 杨一帆. 为城市而设计——城市设计的十二条认知及其实践 [M]. 北京：中国建筑工业出版社，2016.
7. 吴志强，李德华. 城市规划原理 [M]. 北京：中国建筑工业出版社，2010.
8. 上海市城市规划设计研究院. 城市设计管控方法——上海控制性详细规划附加图则实践 [M]. 上海：同济大学出版社，2018.
9. 王世福. 面向实施的城市设计 [M]. 北京：中国建筑工业出版社，2005.
10. 唐燕. 城市设计运作的制度与制度环境 [M]. 北京：中国建筑工业出版社，2012.

# 第4章

# 现状条件研判

问 题 导 向 下 的 城 市 设 计 站 点

# 本章导读

## 01 本章知识点

- 背景条件要素；
- 调查认知方法；
- 分析研判方法；
- 现实问题辨析。

## 02 学习目标

- 了解城市设计工作开展的背景条件，理解各层面现状要素的内涵特征，形成设计前期调查研究的基本认知框架；
- 了解城市设计前期调查研究的一般程序、分类和特征；
- 理解并掌握城市设计文献调查、场地踏勘及信息采集的具体技术方法；
- 理解并掌握城市设计问题分析研判的基本途径和主要方法；
- 了解城市现实问题的类型特征、关注重点和判断依据。

## 03 学习重点

建立问题导向的城市设计思维路径，掌握各类型调查、研究技术方法的适用对象、应用场景和局限性。

## 04 学习建议

城市空间的影响要素丰富且相互交织，形成一个非常复杂的环境系统。因此，在本章论述的城市设计前期工作中，应当抓住城市空间的主要矛盾，解决城市空间的核心问题。具体应该注意以下几个方面：

- 学习者可对照第 3 章的整体方法路径理解本章内容所属的工作阶段，进一步明确学习目标和重点。
- 设计背景综合调查和分析研究要分层级分类型进行，不同层次和类型的城市空间其主要影响因素不尽相同。学习过程中可以结合社会学、城乡规划、风景园林等相关学科的调查研究方法，拓展对研究视角、工作内容和理论方法的认知。
- 各类型城市空间问题的成因是多元的，可在学习和实践过程中结合自身的日常生活经验和专业知识阅读进行广泛的观察、发现和思考，尝试分清核心问题、相关问题及从属问题，抓住主要矛盾，思考解决策略。

## 4.1　要素条件

城市地段并非自在自为的孤立存在，它处在一定的时空当中，一方面与外部的自然生态、历史人文、社会经济、政治环境及建成空间发生着人群、活动与资讯的交流，另一方面在内部的空间形态、建筑群组、道路交通、景观绿化及环境设施等方面呈现集中的发展诉求与潜力，深刻地影响着城市地段的功能与空间属性。

### 4.1.1　隐性软质要素

影响城市设计的隐性软质要素主要素涉及了城市的历史沿革、人文风俗、人群特征、产业经济及政策制度等，这些要素都直接影响对城市设计项目的市场定位、容量控制、功能组成、开发强度和后期经营的考量，是一个城市设计项目是否可行、能否成功的关键。

1. 地区历史沿革

任何一个城市空间均是在历史的不断更迭、演进中逐渐发展、积淀而成的，这些往往是见证了城市发展并具有多元功能复合的地段，见图 4-1。并且，在长久的历史演进过程中，积淀了丰富的经验与智慧，这些是当代城市设计的重要价值基础与理论来源，更是值得当代人重视与发扬的。因此，设计之初就当正视和理解传承与发展的问题，从区域内政治、经济、社会的演变和发展对地区历史沿革进行认知，从历史的源头把握城市发展的动向，了解其演变各个阶段的城市形态和历史原因。并在此基础上，妥善处理历史环境与现代文明之间的关系，对其地段特质予以传承，令其“随时代之变迁而与化俱新”。

2. 地方人文风俗

“优秀传统文化是一个国家、一个民族传承和发展的根本，如果丢掉了，就割断了精神命脉”。地方文脉是城市设计创作的“根”，传统文化和现代文明的结合，共同构成了地域文化的时间和空间特征。其一方面包含了内化于社会生活中的地域文化特质，如生活习惯、宗教信仰、民风民俗等；另一方面亦包含了外显与物质环境的地域风貌特征，如历史遗迹、传统建筑等。总体而言，可将地方人文风俗要素大体划分三个层次：表层是物，即人类一切劳动包括艺术劳动的物化形态；中层是心物结合，体现为各种规范制度、法律法规或法则，以及艺术创作方法等；深层是心，即属于这一文化整体的社会群体心态，包括群体的伦理观念、思维方式、价值取向、民族性格、宗教感情、审美趣味，它离物较远，却是在精神的物化过程中决定着物的根本。

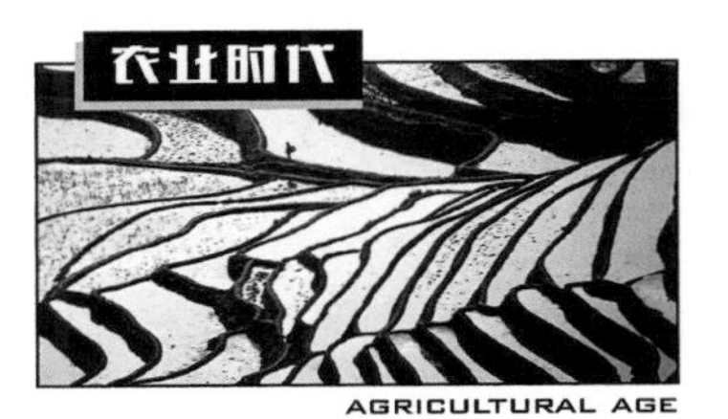

图 4-1　城市发展的三大历史时期

“文化是历史的积淀，它存留于建筑间，融汇在生活里，对城市的营造和人的行为有潜移默化的影响，是城市和建筑的灵魂。”

——《北京宪章》

“城市是社会的多面镜，通过人口的分析和筛选，对多元化的元素进行隔离和分类。文明的整个过程是一个多元化的过程，二城市是多元化的制造者。”

——布莱恩・贝利

3. 社会人群特征

“人”是城市主体，亦是城市环境营建之核心。任何城市设计，其主旨皆为营造适合人使用、人心化育的空间环境，使得人在其中可以全面发展。故而社会人群特征是影响城市设计的核心要素条件，它主要包括人群构成和社会活动两大部分。人群构成主要指依据设计地段的属性所决定的服务对象类别，主要涉及地段内部人群和外来人群两类。内部人群特征分析主要包含社会构成、生活习惯、活动方式等，外来人群特征分析则主要包括社会属性、活动诉求、活动特征等。社会活动包括但不限于政务、文化、休闲、娱乐、商业、商务等，其代表了人群之间的社会关系，反映了地段公共生活面貌。分析一个地段的社会活动，有助于判定设计地段的空间需求，以便通过因地制宜的设计参与来支撑社会活动的开展。

4. 产业经济状况

“城市的主要功能是化力为行、化能量为文化、化死的东西为活的艺术形象和音标、化生物的繁衍为社会创造力。”

——刘易斯・芒福德

产业经济环境主要涉及社会发展和经济产业两部分，社会发展是当代城市居民多元化、品质化生活需求在城市发展层面的综合反馈，影响着城市设计功能布局、空间形态组织等方面工作的展开；经济产业则是城市参与区域竞争的基本条件，经济发展过程中服务产业集聚与分异、产业结构升级演变直接影响着城市的形成与发展。社会发展阶段决定了城市的基本特征和城市居民的物质与文化水平，任何城市的功能和空间单元都无法逾越其历史发展阶段，超前的或滞后的设计定位都无法解决社会问题和满足民众现实和发展需求。城市设计中应充分考虑人们对原有生活方式的肯定，而对其进行的改造更新、内部疏解，正是对传统社会关系的再生，促使其逐步和现代生活方式相结合。

5. 治理政策制度

治理政策制度对空间格局的影响主要有两方面的内容，一是政权统治的功能需要；二是思想意识的空间体现。良性的城市设计管理政策对城市空间必然产生有益的推动作用。治理政策制度主要包含社会制度和公共政策两个层面内容。社会制度最一般的含义是要求大家共同遵守的办事规程或行动准则，是国家机关、社会团体、企事业单位等为了维护正常的工作、劳动、学习、生活的秩序，保证国家各项政策的顺利执行和各项工作的正常开展，依照法律、法令、政策而制订的具有法规性或指导性与约束力的应用文，是各种行政法规、章程、制度、公约的总称，如：土地制度、经济制度。公共政策是指国家政权机关、政党组织和其他社会政治集团为了实现自己所代表的阶级、阶层的利益与意志，以权威形式标准化地规定在一定的历史时期内，应该达到的奋斗目标、遵循的行动原则、完成的明确任务、实行的工作方式、采取的一般步骤和具体措施，如：相关法定规划，见图 4-2。

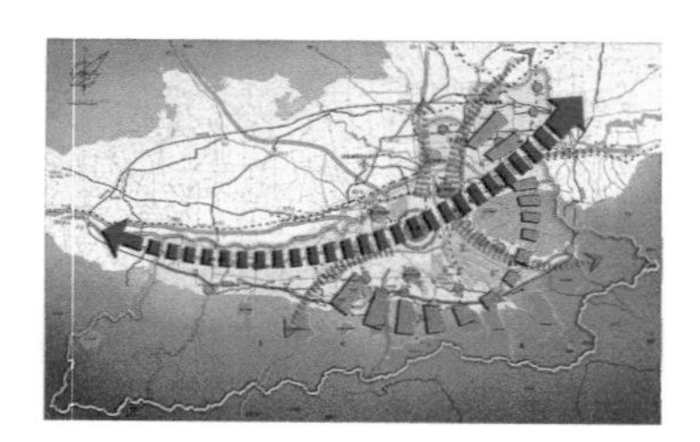

图 4-2　西安市域城市体系空间结构规划图

### 4.1.2 显性硬质要素

"我们需要人与自然的结合，这是为了要生存下去"
——麦克哈格

城市物质空间是承载城市运作的有机整体，在这个整体里能够作为一个独立城市设计项目的设计地段，往往既包含了隐形软质要素所蕴含的独特资源禀赋，也包含了地段显性硬质要素的固有内在能量。这些通通都属于地段的特质资源要素，是城市设计项目的本底条件和生存基础。

1. 自然生态特征

自然生态条件是地域特征形成的物质基础，也是影响城市风貌的本底要素。因此，城市设计必须保证用地开发与自然环境的协调共生，合理利用自然资源作为城市建成环境的风貌背景，营造具有特色的城市风貌。自然生态特征可分作"底"与"貌"两类。"底"指地形地质、水文气候、植被群落等生态要素，与整个生态环境共同发挥作用，构成支撑人类生存的自然生态系统，是城市开发与建设所依托的自然基底。"貌"指地形地貌、水文河流、植被等风貌要素地貌，特定地域环境因地形地貌、水文河流的差异性形成独特城市自然景观，也成为城市风貌特色的主要内容之一，见图4-3。

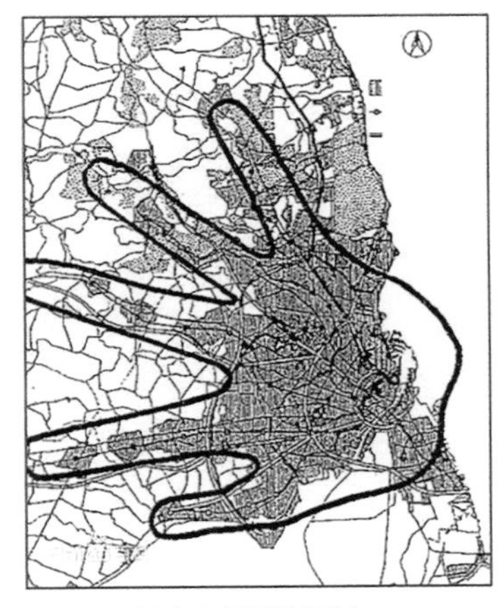

图4-3 哥本哈根指状规划

2. 用地空间格局

用地空间格局是指在某一时间内，由于自然环境、历史、政治、经济、社会、科技、文化等因素的综合作用所形成的城市、区域形态总体性特征，是反映城市特色的主要内容。用地空间格局认知可从空间形态体系和视觉认知体系两方面出发。空间形态体系主要包括平面肌理和街巷空间格局，视觉认知体系则包括视觉眺望和地标体系。具体而言，即分析地段的平面肌理、虚实空间配比以及公共空间组织方式，见图4-4；研究地段典型场地的剖面、空间尺度与特征、代表性空间形态等；分析城市的重要眺望点以及景观视觉廊道的空间布局、走向、范围和控制对象、控制要求等，还包括各个视点的公共中心天际线构成、线性视觉景观等需求，见图4-5。

图4-4 波茨坦广场平面肌理

图4-5 法国巴黎埃菲尔铁塔

3. 道路交通组织

城市道路是城市空间的骨架，当代城市高密度建设和发展对道路交通提出了更高的要求，城市路网格局与交通规划在整个空间体系中的作用日益突出，见图4-6。城市道路交通涉及"道路"与"交通"两个大的方面，这两方面相互影响、相互制约。道路主要包括对城市内、外部道路的布局、密度、等级构成、各级道路断面形式等的认识，以及对停车场的布局、停车场面积、停车场与周边的道路、停车场与大型公共建筑的关系、停车场与交通换乘点的关系的了解。通过对现状道路分析来判定道路是否能够满足城市交通的需要以及城市空间的状态及品质。交通则主要涉及交通类型、交通流量及交通来源。交通类型主要包括汽车交通、轨道交通、自行车交

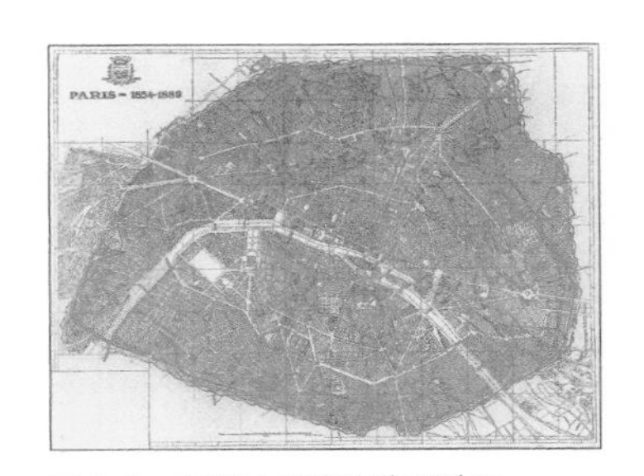

图4-6 奥斯曼巴黎改造设计图

通、步行交通……分析交通类型及相互关系，考察不同交通对城市用地及建筑布局、城市公共空间的影响，是确定交通道路设施的类型、交通规划、交通管制规划的重要依据。

4. 城市建筑形态

建筑物及其群体组合的体量、尺度、比例、空间、功能、造型、材料、用色等的优劣直接决定了人们对城市环境的评价。城市设计虽不一定直接设计建筑物，但却一定程度上决定了建筑形态组合、结构方式和城市外部空间的优劣，直接影响着人们对城市环境的评价。城市建筑形态认知的主要内容包括：现状建筑高度、密度分析，建筑质量评价，建筑形态、体量、风格、色彩等特点总结，主要建筑群组合方式和类型归纳；建筑组群的界面、尺度、围合等空间形态特点分析及其空间形象和感受；现状公共开放空间的分布、公共活动内容与相邻建筑功能关系等，见图 4-7。

图 4-7 芝加哥城市建筑组群

5. 景观绿化特征

景观绿化作为城市环境的柔质基础，是人意志、观念、习俗以及审美的物化表现，也是展示城市整体环境水平和居民生活质量的一项重要指标，见图 4-8。景观绿化对于城市和片区的影响主要集中体现在其对城市空间的景观作用、文化作用、空间作用和生物作用四个方面。景观作用，即注重城市中重要景观地段的植物选择及搭配，选择地方特色物种以突出地方景观特色之效用。文化作用，通常是指古树名木作为城市历史的见证，既是自然遗产也是文化遗产，常被当作当地的历史象征和人们的精神依托。空间作用，是指植物可以作为组织空间的要素划分空间、围合空间并遮挡空间，可以借助植物对原有的不好的空间进行修饰、遮挡，也可以借助植物对原有空间进行再组织。生物作用，即其改善城市小气候及城市空气质量，使城市具备可持续发展方面的特征。

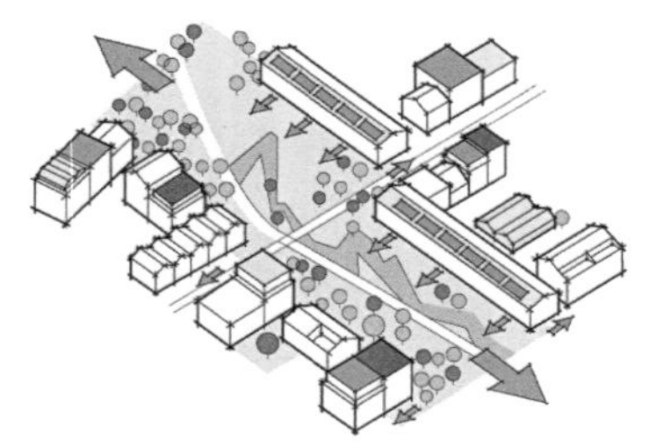

图 4-8 城市景观绿化

6. 环境设施状况

环境设施是城市公共空间得以正常运转的基本条件。因其近人尺度和功能的实用，这些要素与使用者的关系最为密切，好的环境设施能最直接地体现外部环境设计的人性化。这些设施既具有使用功能，也具有美化城市空间的作用，如果设置位置及形式不恰当，会造成使用上的不方便以及对景观的破坏，见图 4-9。根据现代城市的发展理念，结合环境设施的各要素而组成系列性构成，环境设施大致可分为城市防护设施、交通设施、辅助设施等大类。每一类系统与设施分别扮演着不同角色，体现出不同的设计特性。在城市环境设施的认知中，一般需要着重考虑的设施对象包括停侯设施，休息设施、信息设施以及卫生设施和照明设施，同时还要兼顾无障碍设施。另外，当涉及微尺度的环境设计时，还需要考虑更为具体的城市公共艺术设施设计。

图 4-9 城市街道环境设施

### 4.1.3　上位规划条件

城市设计是对城市规划体系中物质空间规划的深化或具体化。按照中国现行的城市规划体系，法定的城市规划层次有城市总体规划（国土空间规划过渡）、控制性详细规划和修建性详细规划，见图 4-10。

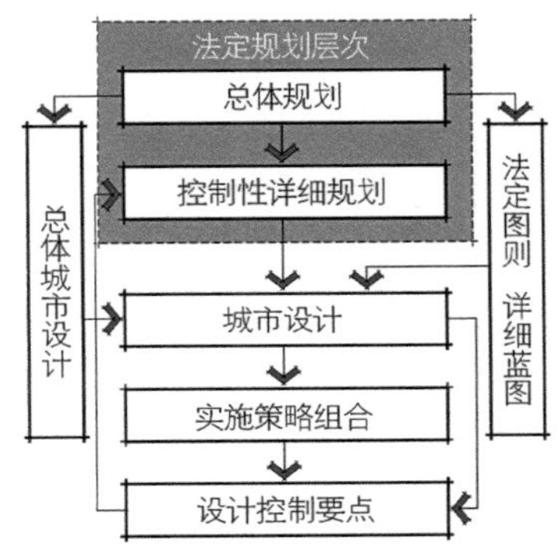

图 4-10　城市设计与中国现行规划体系的关系

1. 城市级国土空间规划

我国现行城市总体规划等空间规划体系将在“多规合一”的战略部署中逐步过渡为国土空间规划，并形成“国家—省—市—县—乡（镇）”五个层级体系，以空间治理和空间结构优化为主要内容，是实施国土空间用途管制和生态保护修复的重要依据，并对其他规划提出的基础设施、城镇建设、资源能源、生态环保等开发保护活动提供指导和约束。城市级国土空间规划，从城市整体出发确定城市公共中心体系的总体布局和用地性质，是编制详细规划以及城市设计的主要依据。可通过对城市级国土空间规划的解读，把握城市性质、职能和总体发展格局，城市空间形态的总体特征、布局和层次等内容，见图 4-11。

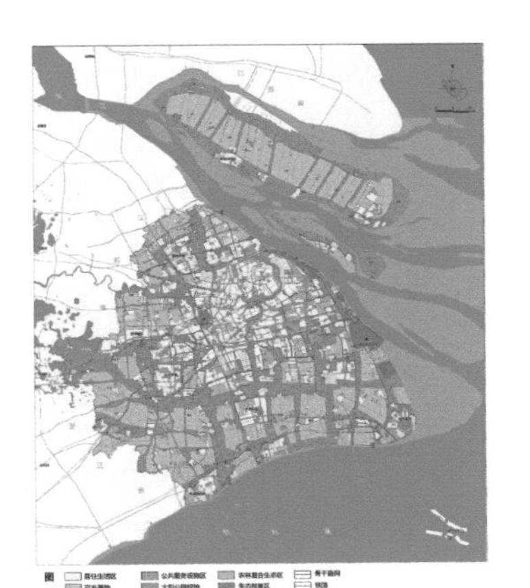
图 4-11　上海市域用地布局规划图

2. 控制性详细规划

控制性详细规划（简称“控规”）以总体规划和分区规划为依据，直接指导修建性详细规划。作为规划管理的主要依据，控规不给出具体的设计成果，而是对地块提出土地使用性质、开发强度控制指标以及空间环境控制引导等规划要求，相当于“公共契约”，见图 4-12。控规层面的土地使用性质一般划分到用地分类中的小类，可直接指导城市地块的用地类别。开发强度控制指标包括容积率、建筑高度、建筑间距、建筑后退、建筑密度、绿地率等强制性指标，用来指导下一步的规划建设活动。空间环境控制引导是从空间艺术处理与美学角度，对城市空间环境和建筑群体与单体提出的综合设计建议，是控规层面的城市设计引导。因此，在城市设计中应依据控规将相关的控制引导要求贯彻到具体设计中。同时，应当结合城市设计的具体要求，对控规进行科学合理的检验与反馈。

图 4-12　西安市北客站地区控制性详细规划图

3. 相关规划

相关规划主要是指各级有关部门组织编制的工、农、畜牧、林、能源、水利、交通、城市建设、旅游、自然资源开发的有关专项规划，如：城市综合交通规划、历史文化名城保护规划、城市产业规划、海绵城市专项规划等。它们是从管理角度将城市功能分解成若干密切相关的系统进行的专项研究，将城市的综合目标进行分解，落实到各系统中去，并对各系统的开发速度、开发时序、开发分布作出控制性的安排，以满足市场需要，使空间资源发挥最大效益，确保城市活动的有机性与多样性。

## 4.2 综合调查

调查研究是指有目的、有意识地对设计地段中的各种要素、现象进行文献调查、场地踏勘和信息采集等，在充分认识对象的基础上，发现问题、分析其原因，进而为科学开展城市设计、实施管理等提供依据的一种自觉认识活动。在城市设计中运用适宜的调查方法，不仅有利于设计者和决策者获取城市居民对于空间环境的评价、态度和意愿等相关社会信息，而且通过与城市空间分析及调研技艺相结合，可以帮助设计者全面认识和探究城市物质空间环境的本质特征、发展规律及其与人的关系，为城市设计提供必要的依据和保证。

### 4.2.1 调查研究综述

城市设计活动开始于对城市环境的认知，设计师为了对城市环境有准确、真实的认识，应借助综合调查全面了解城市的总体环境和设计地段的具体情况，在设计之初对设计对象建立一个比较全面的了解和体会。

1. 调查研究的一般程序

在城市设计中运用社会调查方法，必须严格遵守科学的程序，一般情况下，社会调查研究可以分为四个阶段：准备阶段，根据设计的具体任务，制订调查研究的总体方案，确定研究的课题、目的、调查对象、调查内容、调查方式和分析方法，并进行分工分组，同时进行人、财、物方面的准备工作。调查阶段，是调查研究方案的执行阶段，应贯彻已经确定的调查思路和调查计划，客观、科学、系统地收集相关资料。研究和总结阶段，对调查所收集的资料信息进行整理和统计，通过定性和定量分析，发现现象的本质和发展规律，见图 4-13。

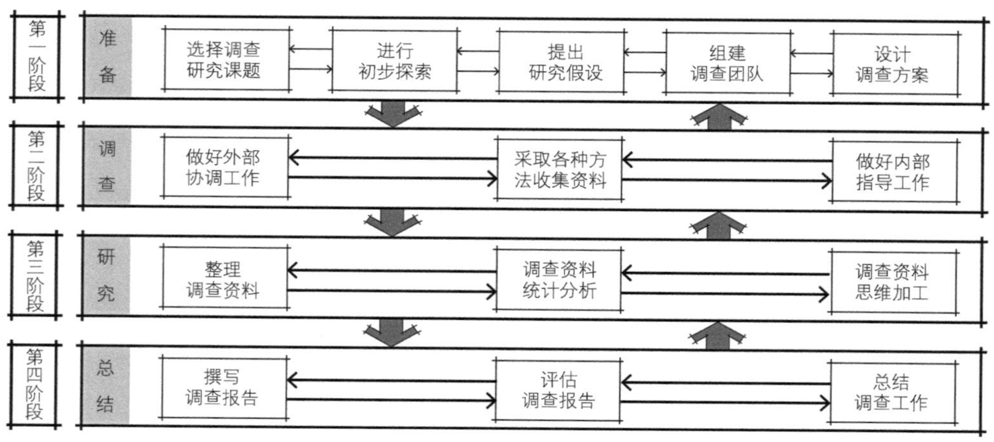

图 4-13 调研一般步骤

2. 调查研究的类型特征

调查研究应当首先从各种角度确定研究类型，并制订出相应的策略。从设计的角度看，主要可以从研究目的、研究时序以及调查对象的范围和性质这几方面来划分和确定研究类型，见表 4-1。

表 4-1　调查研究的类型特征

| 分类标准 | 类型 | 特征 |
| --- | --- | --- |
| 研究目的 | 描述性研究 | 对城市现象的状况、过程和特征进行客观、准确的描述，即描述城市现象是什么，它是如何发展的，它的特点和性质是什么。它没有明确的假设，仅从观察入手来了解并说明研究者感兴趣的问题 |
| | 解释性研究 | 说明城市现象的原因、预测事物的发展趋势或后果，探寻现象之间的因果联系，从而解释现象为什么会产生，为什么会变化。它运用假设检验逻辑，在研究之前需要建立理论框架（理论假设）并提出一些明确的研究假设，然后将这些假设联系起来，构成一个因果模型 |
| 研究时序 | 横剖研究 | 在某一个时间点对研究对象进行横断面的研究。其优点是调查覆盖面较广，多半采用统计调查的方式，资料的格式比较统一且来源于同一时间，因而可对各种类型的研究对象进行描述和比较 |
| | 纵贯研究 | 在不同时点或较长的时期内观察和研究社会现象，多应用于城市设计中的历史背景研究、城市形态演变研究和人类学研究等 |
| 研究对象 | 地段背景研究 | 关注城市环境中由各种历时与共时因素相互叠加作用所产生的宏观背景，建立从整体到局部的系统性认知路径。其通常包括城市自然基底区域环境条件、城市历史背景地段发展沿革、经济发展环境产业结构组织、地方特色文化区域人文风土四个方面 |
| | 社会生活研究 | 指有目的、有意识地对城市生活中的各种城市社会要素、城市社会现象和城市社会问题，进行考察、了解、分析和研究，以认识城市社会系统、城市社会现象和城市社会问题的本质及其发展规律，进而为科学开展城市规划的研究、设计、实施和管理等提供重要依据的一种自觉认识活动 |
| | 空间场所研究 | 通过感性记录与理性分析相结合的方式，梳理地段复杂的现实条件，深入了解“人—场所”之间的相互关系，发现现状空间存在的问题与潜在的价值 |
| | 公共参与咨询 | 应对当前存量时代的城市更新发展问题，通过充分进入社区，全面深入了解居民需要，关注在地居民的诉求和利益，为城市更新目标、策略的制定提供一手资料 |
| 研究范围 | 普查 | 对较大范围的地区或部门中的每一个对象都进行调查，常用于行政统计工作，如人口普查、农业普查等。普查能够对现状作出全面、准确的描述，把握整体的一般状况，得出具有普遍性的概括。但调查的内容较优先，缺乏深度，工作量很大，所花费的时间、人力和经费很多 |
| 研究范围 | 个案调研 | 从研究对象中选取一个或几个个体（如个人、家庭、企业或社区等）进行深入、细致的调查。与抽样调查相比，个案调查不是客观地描述大量样本的同一特征，而是调查影响某一个案的独特因素 |
| | 抽样调研 | 从研究对象的总体中抽取一些个体为样本，并通过样本的状况来推论总体的状况。它比普查要节省时间、人力和经费，资料的标准化程度较高，可以进行统计分析和概括，能了解总体的一般状况和特征，调查结果具有一定的客观性和普遍性，应用范围广泛。但它的调查内容不如个案调查那样深入、全面，工作量也较大，在资料的处理和分析上需要运用较复杂的技术 |
| | 典型调研 | 从研究对象中选取若干具有代表性的个体，并对其进行深入调查。它试图通过深入地“解剖麻雀”，以少量典型来概括或反映总体，从特殊性中发现一般性。与个案调查不同，典型调查要求被调查的对象具有典型性，所以，选取典型是这种方法的关键 |
| 研究性质 | 定量研究 | 对多少可比较的一组单位进行观察，这些单位可以是个人，也可以是群体或机构 |
| | 定性研究 | 对观察资料进行归纳、分类和比较，进而对某个或某类现象的性质和特征作出概括 |

### 4.2.2 文献调查

通过对上位规划、相关规划设计成果的解读以及对相关的法律法规、地方规划设管理规定的调查，有助于设计者明确设计的前提和背景，确定设计研究的课题、重点和目标，寻求解决问题的建议和改进策略；通过对相关案例和文献资料的整理，可以为设计者提供必要的经验和依据；而对历史文献的阅读则有助于梳理和分析城市空间环境发展演变的基本脉络和主导方向。

1. 概念特征

文献调查法即历史文献法，就是搜集各种文献资料、摘取有用信息、研究有关内容的方法。这一方法贯穿于整个调查工作的始终，其通过对各类文献的搜集和研读，掌握与课题相关的各种理论和观点，能够有效帮助城市设计者动态、全面、客观、正确地了解调研对象的历史与现状，为提出研究假设、设计策略等提供了重要参考。为保障调研的有效实施，文献调查法在实操的过程中应当遵循实用性、多样性、丰富性、连续性以及真实性原则。

2. 实施应用

其基本步骤包括文献检索、文献记录和文献分析三个环节。

（1）文献检索

文献检索指利用检索工具书查找文献的具体工作，见表 4-2。

表 4-2 文献检索方法

| 方法 | 内容 | 特征 |
| --- | --- | --- |
| 直查法 | 指不通过检索工具，而是从有关的书中直接查找所需要的资料 | 适合于那些课题内容单一、文献集中的文献资料，要求调查者对所检索的书刊的体例、目录等内容都比较熟悉 |
| 顺查法 | 是从旧到新、从前到后，利用检索工具按时间顺序查找与调查研究课题相关的文献 | 顺查法可以全面获得资料，防止步前人后尘 |
| 倒查法 | 与顺查法相反，它是按课题检索的时间范围，由近及远地查找文献 | 适用于检索新的文献，这种方法可以节省人力物力，但也往往容易造成漏查 |
| 追溯法 | 以检索到与课题相关的一批文献为起点，通过这些文献的引文注释以及附录参考文献为线索进行追踪查找，从而发现所需要的文献 | 追溯法适用于检索工具书和文献线索很少的情况，往往具有获得文献不够全面的缺点 |
| 循环法 | 循环法是直查法与追溯法结合起来交替使用 | 循环法是一种比较方便的查找文献方法，既能够克服检索工具不足的困难，又能节约一些时间，提高工作效率 |

（2）文献记录

获取所需文献之后，当采取适合的方法在查阅同时，及时对调查课题有关的、有价值的信息进行记录。常用的文献信息记录方法有：标记符号，通过不同的符号对不同种类的信息内容进行标记，使各层次信息达到一目了然的效果；页眉页脚批注，在纸质文献的页眉、页脚空白处，写上简单的校文、心得、体会和疑问等批注内容。重点摘录，把文献中的基本观点、主要事实和数据等简要地抄录下来；编写提纲，把文献资料中的内容要点用简括的语句和条目的形式依次记载下来，提纲要力求全面、系统、真实地反映出文献资料的概貌；札记，带有初步研究的性质，就是把心得、感想、评论、疑惑和意见建议等内容记录下来。

（3）文献分析

文献信息分析是通过对文献中某些特定信息内容的分析和研究，了解人们的思想、感情、态度和行为，进而揭示当时、当地的社会现象及其发展变化趋势。信息分析主要包括定性分析和定量分析两种类型：定性分析方法即通过对文献信息内容的定性研究，揭示社会现象的本质及其发展规律。定量分析方法则是对文献中某些信息内容开展数量研究，用于说明社会现象的特征及其变迁。

3. 局限

文献调查法具有方便自由、费用低、受时空限制较小，有利于城市设计相关背景资料的获取等优点。其作为一种规范的方法，要求研究者根据预先设定的分类项目和操作规则按步骤进行，不太受研究者的主观因素影响，不同的研究者或同一研究者在不同时间里重复这个过程都应得到相同的结论。

但是，文献调查法具有滞后性和原真性缺失的局限。城市空间环境和社会环境总是处在持续演变过程中，很多文献资料对过去曾经发生的情况进行的记述，往往滞后于现实情况。某一历史阶段保留下来的文献具有一定的局限性，其内容与客观事实之间总存在一定的差距。因此，历史局限性和时代特征等都会不可避免地反映在文献中，需要调查者对资料的可靠性进行判定和全面校核。因此，文献调查法作为一种基础性方法，往往需要和其他调查方法一起结合使用，并且总是首先进行文献调查，做出文献综述，然后采用其他调研方法继续深入调查和研究。

### 4.2.3　场地踏勘

当文献调研无法满足调研目的，收集资料不够及时准确，就需要适时地进行实地踏勘来获得资料。通过实地踏勘可以直观有效地获取课题地段的物质环境状况和人群的行为活动。场地踏勘的调查方法一般包括实地观察法、地图标记法、现场计数法等。

1. 实地观察法

实地观察法是根据研究课题的需要，调查者有目的、有计划地运用自己的感觉器官如眼睛、耳朵等，或者借助科学观察工具，直接考察研究对象，能动地了解处于自然状态下的社会现象的方法，见表 4-3。

星期六 21:00

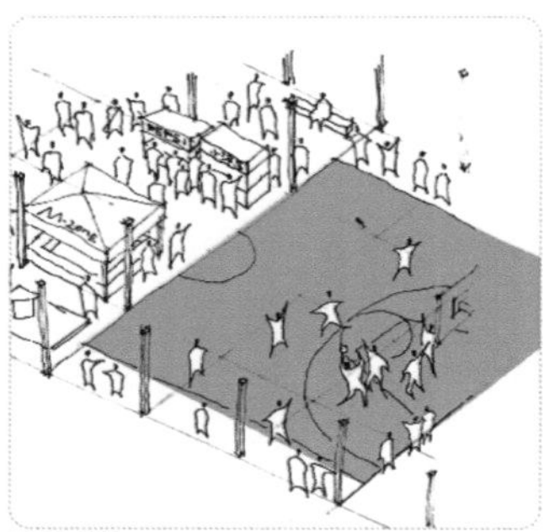

星期日 9:00

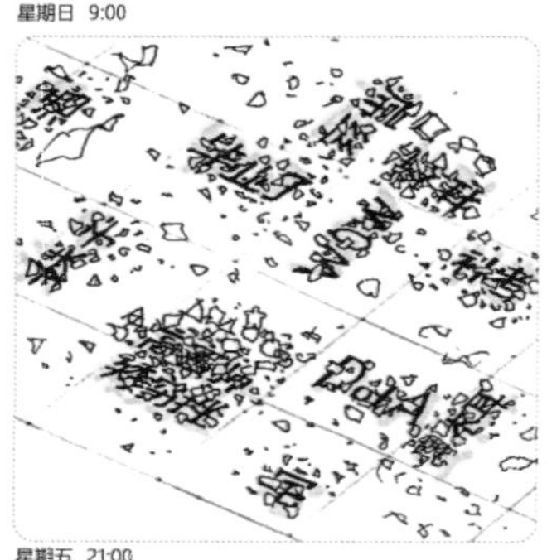

星期五 21:00

星期三 21:00

图 4-14 实地观察活动记录

表 4-3 实地观察法的类型特征

| 分类标准 | 类型 | 特点 |
| --- | --- | --- |
| 以是否通过中介物为标准 | 直接观察 | 指通过感官（眼、耳、鼻、舌、身）在事发现场直接感知调查客体 |
| | 间接观察 | 一是指感官通过某些仪器来观察客体，二是指对某事后留下的痕迹进行推测的观察 |
| 以观察者是否参与被观察者的活动为标准 | 参与观察 | 观察者不同程度参与观察者群体和组织中，共同生活并参与日常活动，从内部观察并记录观察对象的行为表现与活动过程 |
| | 非参与观察 | 观察者不参与被观察者活动，不干预其发展变化，以局外人身份从外部观察并记录观察对象的行为表现与活动过程 |
| 以观察对象是否接受控制为标准 | 实验观察 | 观察者对周围条件、观察环境和观察对象等观察变量作出一定的控制，采用标准化手段进行观察 |
| | 自然观察 | 对观察对象不加控制，在完全自然条件下精心的观察 |
| 以是否有目的、有计划为标准 | 结构性观察 | 有目的、有计划、有规律的观察与记录一定时间内观察对象的行为 |
| | 非结构性观察 | 偶然的、无目的的、无计划的发展与记录一些事实，观察所得资料不全面、不完整、无系统，科学性不强 |
| 以观察的历时与频率为标准 | 抽样观察 | 在大面积对象中抽取某一样本进行定向的观察，包括时间抽样、场面抽样和阶段抽样 |
| | 跟踪观察 | 长期、定向地观察对象的发展演变过程 |

实地观察法的显著特征在于观察者有目的、有计划的自觉认识活动，观察过程是积极的、能动的反映过程，同时观察对象也始终处于自然状态。其目的是使调研观察者获得第一手资料，通过实地观察，获得许多社会行为、风俗习惯、社会态度、科学态度、兴趣、感情、适应性等数据。通过综合运用多种类型的观察方法，城市设计者可以考察城市空间环境的实体形态及客观存在的社会现象，见图 4-14。

（1）实施应用

观察行动最好以小组开展，避免观察记录结果的个人主观性过强。调查观察行为应保证一定次数和一定深度，避免使观察结果具有较大的偶然性和表面性。尽可能多地与被观察者进行互动，保证主观性客观性的平衡；对被观察者尽可能多的以定量方式进行记录，使后期分析更具科学性。实地观察法的操作过程中需要遵循法律道德原则、客观真实原则、目的性原则、条理性原则、全面完整原则、深入细致原则以及敏锐性原则。

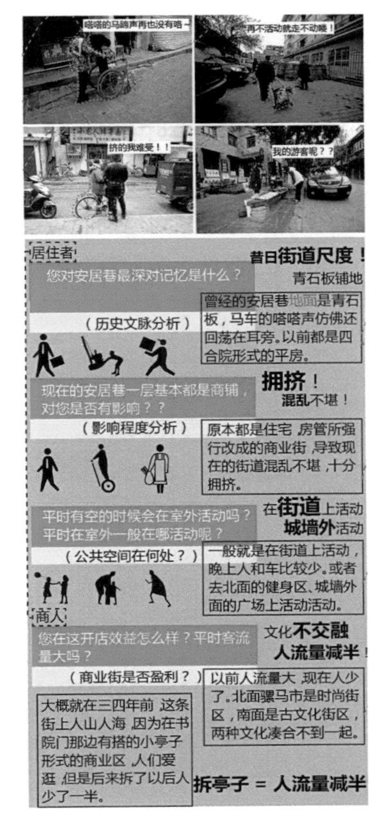


图 4-15　影响记录生活场景

• **准备阶段：**在观察之前需要确定观察的问题，制定详细的观察计划与提纲，确定 6W，即谁 / 何地 / 何时 / 什么 / 如何 / 为什么（Who/Where/When/What/How/Why）——要使观察结果具有典型意义，就应该选取那些典型环境中的典型对象作为观察重点。典型的社会现象总是在一定时间和空间内发生，因此要注意选择最佳的观察时间和观察地点，以实现真实、具体、准确的调查结果。同时，在准备阶段应当对观察的次序做出安排，根据观察目的、任务和观察对象的实际情况灵活掌握。也应根据观察对象和方法制作相应的观察工具，如表和卡片等。

• **观察阶段：**应尽量减少观察活动对被观察者的影响，争取被观察者的支持和帮助。调查成果应当力求全面完整、客观真实、目的明确，调查过程应力求深入细致和合理合法。常用的观察记录技术主要有观察记录图表、观察卡片、调查图示和拍照摄像等，见图 4-15。其中，城市设计及规划活动中最经常运用的调查记录方式是调查图示，调查图示的形式虽多种多样，但皆应清晰反映被观察者所处的空间环境要素并表达行为活动的方式和位置。如利用预先制作观察记录图和表，在现场勘查中以符号或文字、数字等对调查记录图和表进行标注，也可采用绘图、速写等图示方法进一步记录地形、地貌和建筑与空间环境的形态关系、人群的活动状况等。

• **分析阶段：**要善于把观察和思考结合起来，在观察中比较，在比较中观察，以捕捉尽可能多的观察材料和信息线索。通常目的明确、理论正确、知识渊博、经验丰富而又积极思考的分析，才能获得良好的观察效果。

（2）局限

实地观察法是最古老、最常用的调查方法，有着许多显著的优点，如获得的是直接的、具体的、生动的感性认识，调查结果比较真实可靠。这种方法适用于不能够、不愿意交流的对象调查，实地操作中简单易行、灵活度大。但该方法也不可避免地存在一些缺点，如观察结果具有一定的表面性和偶然性，适宜定性研究，较难进行定量研究；受到时间、空间等客观条件限制和约束，只能进行微观调查，不能进行宏观调查；调查结果易受观察者主观因素影响，难以获得观察对象主观意识行为的资料等。

2. 现场计数法

现场计数法是一种借助计数器和秒表来记录、了解人的出行类型和出行环境情况的调研方法。该方法通过准确记录出行者的数量、性别、年龄来获取课题地段内人们的各种活动类型以及活动情况，进而判断公共空间的问题。为了使调查能够顺利进行，在现场计数法的操作过程中应当遵循法律道德原则、客观真实原则、目的性原则、条理性原则以及全面完整原则。

（1）实施应用

现场计数法在实时中的具体操作主要包括了场地选取、数据采集、数据处理分析、数据应用四个方面内容。

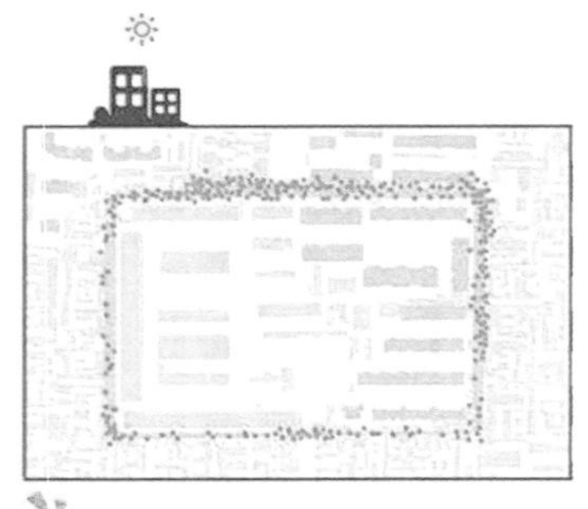


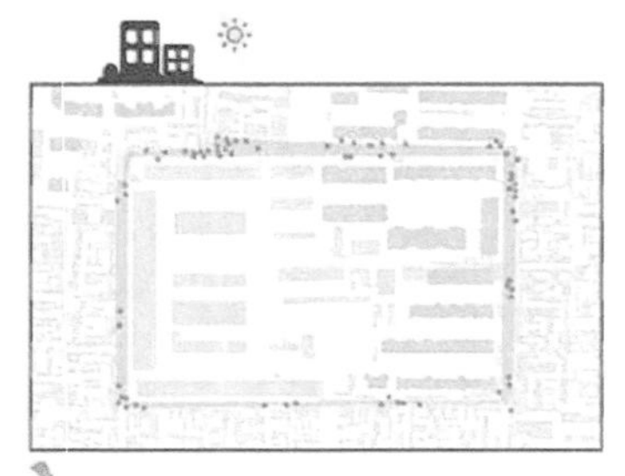

图 4-16　现场计数法示意

• **场地选取**：调研选取的样点在调研区域内要具有代表性，类型需覆盖主要街道、城市广场、小区公园或其他形式的公共空间。调研多围绕场地的中心区域来进行，因为这些区域通常能更准确地反映人们活动的规律和状况。样点的数量通常可根据调研区域的面积来定，并均匀地分布在调查区域之内。

• **数据采集**：现场计数法采集的数据主要是该地点的行人或车行流量，包括对全天、每小时、每 10 分钟、每分钟出行者人数的记录和统计，并在事先准备好的模板上标明出行的主体的各种信息。收集的数据应覆盖不同季节的工作日和节假日、白天及夜晚的情况，见图 4-16。

• **数据分析**：将采集到的数据填写到事先准备好的模板中，得出相应的图表进行横向和纵向对比分析，即：一天中不同时间段内出行数据对比分析；工作日白天与周末白天出行者数据的对比分析；工作日夜晚与周末夜晚的数据对比分析；工作日白天与工作日夜晚的数据对比分析；周末白天与周末夜晚的数据对比分析；不同季节之间白天、夜晚、工作日、周末的数据对比分析；同一场所不同年份白天、夜晚、工作日、周末等背景下的对比分析等。

• **数据应用**：比对分析的结果能够反映出调研区域的使用状况和行为活动变化（增加或减少）的基本规律，可以为研究地段空间体系的改进和发展提供指引和依据。

（2）局限

现场计数法有着许多显著的优点，如适用范围广，实地操作中简单易行，调查结果真实可靠。实地观察法也不可避免地存在一些局限，调查的工作量较大，对调查人员的数量要求较多。调查结果难免会存在一些误差，结果在一定程度上具有一定的表面性。同样也受到时间、空间等客观条件限制和约束。

3. 地图标记法

地图标记法是通过在预先准备好的空间测绘图上，通过观察，用不同的符号将空间中人们进行的活动类型和位置标记记录下来，以准确反映人在公共空间中进行公共生活的状况。该方法主要用于获取课题地段内各种活动的类型、频繁次数以及位置。在地图标记法的操作过程中需要遵循客观真实原则、目的性原则、条理性原则、全面完整原则以及敏锐性原则。

（1）实施应用

地图标记法在实施的过程中，主要包括了场地选取、数据采集、数据处理与分析、数据应用四个方面。

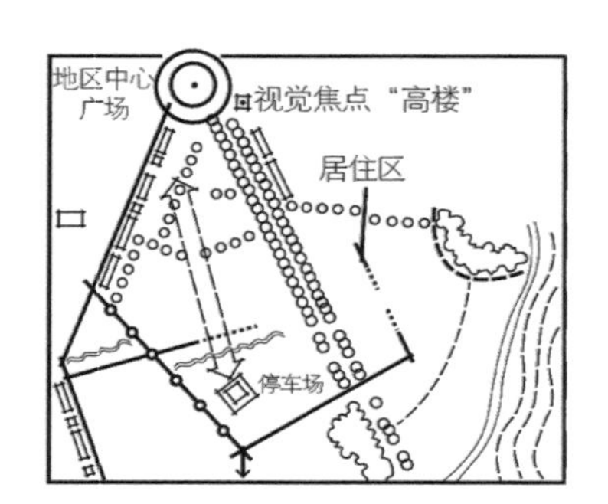


图 4-17　场地空间现状标记

• **场地选取**：选取的场地要具有代表性，通常要求即包括人流密集的空间、活动频繁的空间，也包括受冷落的空间；包括城市广场空间、街道空间，也包括露天市场空间等，见图 4-17。

• **数据采集**：采集数据所覆盖的时间段与现场计数法有相似之处，调查员要记录不同时间段内在调研区域内人们活动的类型、参与活动的人数等。由于此法主要侧重于了解公共生活的状况，所以对过路行人不计算在内。具体包括以下内容：驻足人数；等候公共交通的人数；坐歇人数：常规座椅上的人数，室外咖啡（饮吧）座位上的人数，辅助座位上的人数，可移动座位上的人数；躺卧人数；参与商业、文化、体育运动等活动的人数。根据任务量和场地自然状况及形状合理分配人员，每一组人员在与下一组交接时要做好总结和统计工作。

• **数据分析：**将调查信息如实地记录在预先准备好的测绘底图和统计模板中，形成简明易懂的图表。数据分析主要涵盖以下几个方面的内容：不同季节工作日白天和晚上不同时间段所发生的稳定性活动的类型和参与活动的人数；不同季节节假日白天和晚上不同时间段所发生的稳定性活动的类型和参与活动的人数；不同季节工作日、周末的白天和晚上不同时间段所发生的静态活动的平均水平对比分析；每一小时不同空间内的静态活动水平对比分析；特定时间段，如上下班高峰、午餐时间静态活动水平对比分析；同一场地空间不同年份的平均活动水平对比分析。

• **数据应用：**数据汇总的最终结果，能够被用来描述所调查公共空间的现状，即如何被使用，被谁使用，发生了哪些稳定性的活动，最主要的活动类型有哪些，每种活动持续的时间有多长等。这些调研分析的结果将为公共空间的改进提供依据。

（2）局限

地图标记法有着许多显著的优点，如适用范围广，调查结果比较真实可靠。实地操作中简单易行、灵活度大。实地观察法也不可避免地存在一些局限，如调查的工作量较大，对调查人员的数量要求较多。调查结果难免会存在一些误差和偶然性，受到时间、空间等客观条件限制和约束，其结果在的一定程度上具有表面性。

### 4.2.4 信息采集

为了更加充分地了解课题地段的现实状况以及公众活动的感受，调查往往还需要对当地公众的态度、感受、意见等相关信息进行收集。相关信息获取的方式主要有问卷调查法、访谈调查法、公共展览咨询法、参与型工作坊法、数字技术辅助调研等。

1. 问卷调查法

问卷调查适用于社会生活调查、公众参与咨询以及调查人们空间利用的倾向性和态度，这是观察类的调查方法所无法替代的。它是以书面形式，围绕研究目的设计一系列有关的问题，请被调查者作出选择或回答，然后通过对问卷的回收、整理和分析，从而获取有关社会信息的资料收集方法，在城市设计中具有广泛的应用。在实施过程中，通常遵循客观性原则、可能性原则、必要性原则以及自愿性原则，见图 4-18。

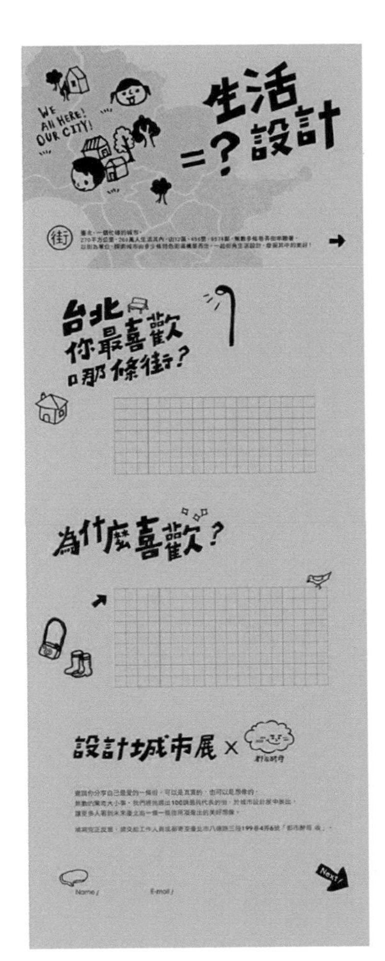


图 4-18 问卷设计范例

（1）实施应用

问卷调查法的实施操作主要包含以下 6 个方面：

• **调查问卷的框架**：调查问卷通常由卷首语、指导语、问题与答案、编码和其他资料五部分组成。问卷需要十分精炼清晰，不宜冗长，一般而言，问卷的容量宜在 2 页以内，或者以 20min 以内答完为宜，否则会引起被调查者的厌烦和畏难情绪，影响调查质量，见表 4-4。

表 4-4　调查问卷设计

| 组成部分 | 概念 | 内容 |
| --- | --- | --- |
| 卷首语 | 写给被调查者的自我介绍信，主要用于说明调查的目的和意义，引起被调查者的重视和兴趣 | 通常包括调查者的身份、调查的目的与内容、调查对象的选取方法、对调查结果的保密措施、致谢与署名 |
| 指导语 | 用来指导被调查者科学、统一填写问卷的一组说明 | 包括填写方式、注意事项和专业术语的解释限定等 |
| 问题与答案 | 问题与答案是调查问卷的主干内容 | 通常包括两部分：背景性问题主要针对被调查者的个人资料，包括年龄、性别、学历、收入、职业、居住地和居住年数等；主题性问题依据各调查目的不同，内容非常广泛 |
| 编码 | 指问卷调查中的每一份问卷、每一个题目和每一个答案，都需要编制一个唯一的代码，便于输入计算机进行数据处理和统计分析 | 为了方便计算机的输入，一般编码都是由 A、B、C 等字母或 1、2、3 等数字组成 |
| 其他资料 | 调查问卷的附属内容 | 包括问卷名称、被调查者的地址或单位（可编号）、调查员姓名、调查时间和结束语等 |

• **问题与答案的设计**：设计问题之前，需要调查者根据调查的内容与目标以非常自然的方式，同各种类型的回答者交谈，把研究的各种设想、各种问题和各个方面的内容，在不同类型的回答者中进行尝试和比较，即进行问题设计前的探索性研究，这一步对于我们把自由回答的开放式问题转变成多项选择的封闭式问题具有十分重要的作用。

调查问卷的问题有开放式与封闭式两种类型。开放式问题让被调查者自己提供答案，能更大限度地发挥被调查者的想象力，让其畅所欲言，但是不便于直接输入计算机进行数据统计，大量使用会造成数据统计、分析的困难。封闭式问题则因为答案方式统一，便于数据的录入、统计和分析，所以应用更为普遍，但是答案是问卷设计者自己总结的，容易忽略答题者认为重要的方面。因此，在设计答案时，首先应考虑充分，使选项完备，保证答案具有穷尽性和互斥性，此外还可通过增列一个“其他（ ）”的选项，供被调查者补充答案。有时根据需要会将开放式与封闭式结合在一起进行设计，形成混合式的问题。

在调查问卷的设计中，众多问题之间组织排列的先后顺序，也需要精心安排：容易回答的问题在前，难于回答的问题靠后；与某方面问题相关的问题群尽量组织在一起；尽量避免前面回答的问题对后面的问题造成影响；关于事实提问的问题放在前面，关于意识提问的问题放在后面；提问的问题不要过多，次要的问题尽可能省略。

问卷设计完成后，不能直接应用于城市设计调查过程中，必须要经过试用和修改两个环节，通过客观检验法和主观评价法对问卷进行检查和分析。客观检验法是将设计好的问卷初稿打印几十份，然后在正式调查的总体中选择一个小样本来进行试用，用以检查问卷的回答时间、回收率、有效回收率、回答率和有效回答率等，从中既可以发现自己难于觉察的问题、受访者对问卷的理解差异，也可以测试受访者填写该份问卷所需的时间，把握问卷的容量控制；主观评价法是问卷设计者利用自身或专家的审查结果对问卷进行检查和分析。在实际城市设计调查研究中，大部分问卷调查都采用客观检验法，还有一些调查同时采用两种方法进行试用。问卷的试用和修改过程，对提高整体调查质量非常有帮助，在时间和条件许可的情形下，不应该被忽视或省略该过程，见图 4-19。

图 4-19　问卷的使用和修改

• **选择调查对象**：选择问卷调查对象的范围和方法，主要取决于调查研究的目的。就空间形态的专业研究领域而言，一般会从人的因素和空间的因素两方面进行考虑，选择符合调查目的的对象。作为空间的使用者和管理者，人的因素可以从性别、年龄、职业和社会经济状况等方面进行考虑；而空间的因素可以从居住地区、居住户型、空间体验经历和空间构成要素等方面进行考虑。如凯文 · 林奇研究城市意象时，所选取的问卷访谈对象，被要求熟悉调查对象所在地的环境，但排除城市规划工程师、建筑师这样的专业人士，年龄、性别比例均衡，居住地和工作地随机分布等。

• **问卷发放**：问卷发放的方式应有利于提高问卷的填答质量和回收率。在城市设计调查中，一般情况下由调查者本人亲自到现场发放问卷，并亲自进行解释和指导，有时在征得有关组织和部门的支持和配合下，也会委托特定的组织或个人发放问卷。

• **问卷回收和整理**：提高回复率是问卷调查关注的热点问题。影响回复率的因素有很多，比如问卷的回收方式、问卷的篇幅及难度等，必要时也可以采用赠送小礼品等奖励方法来刺激调查对象的兴趣和积极性。此外，在回收问卷过程中，应当场检查问卷的填写质量，检查并及时纠正空缺、漏填和错误。在问卷回收后，应及时对其进行整理和收录。在审查问卷调查资料和查漏补缺的基础上，调查者可以对调查获取的信息进行统计分析，并根据统计分析结果进一步展开理论研究。

（2）局限

问卷调查是一种结构化的调查，也是一种文字交流方式，其调查问题的表达、提问的顺序、答案的方式与方法都是固定的。因此，无论是研究者还是调查员，都不可能把主观偏见带入调查研究之中，其调查的统计结果有利于进行定量分析和研究。此外，问卷调查可以周期地进行而不受调查研究人员变更的影响，能够节省时间、经费、人力和物力，调查对象往往以匿名状态完成答卷，利于对某些敏感问题的调查，可以最大限度地避免人为因素和主观因素的干扰，提高调查结果的真实性和准确性。

但是，调查问卷设计的优劣，将直接影响整个城市设计调查的结果。另外，问卷调查对被调查者的文化水平有一定要求，被调查者必须能够看懂问卷，理解问题的含义，掌握填写问卷的方法。再者，问卷的回收、问题的回答率以及填答问卷的环境和填答的质量有时难以保证，这都会影响调查资料的真实性和代表性。

2. 访谈调查法

访谈法是一种研究性交谈，由访谈者根据调查研究的要求与目的，通过口头交谈的方式，了解访问对象对城市中存在的问题及解决方法的观点和态度，从被研究者那里收集第一手资料的调查方法。该方法有利于把握使用者对空间环境质量的满意程度，明晰空间环境的历史变迁，广泛收集公众意愿，全面了解社会、行为与空间环境的相互影响等城市设计的相关内容。为了使访谈能够顺利进行，在实施的过程中应当保持客观性、真实性、灵活性等原则，见表 4-5。

表 4-5　访谈调查的类型特征

| 分类标准 | 类型 | 特点 |
| --- | --- | --- |
| 根据访问调查内容不同 | 标准化访问 | 指按照统一设计的、具有一定结构的问卷所进行的访问 |
| | 非标准化访问 | 按照一定调查目的和一个粗略的调查提纲开展访问和调查 |
| | 直接访问 | 访问者和被访问者进行面对面的直接访谈 |
| | 间接访问 | 借助于某种工具，如通过电话、电脑、书面问卷等调查工具 |
| 其他 | 一般访问、特殊访问、集体访问、官方访问等 | |

（1）实施应用

多数情况下，访谈调查的开展城市设计者应深入到被访者生活的环境中进行实地访问，有时也可请被访者到事先安排的场所进行交谈，谈话的对象既包括城市空间的使用者、当地的普通居民和外来人员等特定人群，也包括开发商、运营商等利益相关部门和政府官员等行政管理者。

• **访谈准备：**访谈的准备工作应结合调查目的，确定访谈对象、访谈目的、访谈方式、访谈提纲、访谈时间和地点、访谈进程时间表、对调查对象所作回答的记录和分类方法等，必要时还需要对可能出现的不利情况设计必要的备用方案。这一阶段需要掌握被访者两个方面的情况——被访者个人的基本情况和他们所处的环境情况，以便更好、更全面地对被访者谈话作出解释和说明。

• **谈话组织：**在开始访谈时，调查者应该采用正面接近（开门见山）、求同接近、友好接近、自然接近和隐蔽接近等谈话技巧，逐渐熟悉、接近被访者，以表明来意，消除顾虑，增进双方的沟通了解，求得被访者的理解和支持。谈话中，除了应熟练把握各种谈话内容外，还要通过表情与动作（非语言行为）控制来表达一定的思想、感情，从而达到对访谈过程的控制。应当注意以下事项：要表现出礼貌、虚心、诚恳和耐心；要对被访者的谈话表示关注，即使当被访者说走了题，或者语言表达效果较差时也应如此；既不能只顾低头记笔记，忽视被访者的存在，也不能一直盯着被访者；可以就受访者前面所说的某一个观点、概念、语词、事件和行为进行进一步探询，将其挑选出来当场或事后进行追问。

• **内容记录：**在调查过程中，应采用速记、详记和简记等方式记录，也可采用录音、录像或进行事后补记，而且应尽可能记录原话，并及时进行分类排列、编号归档等整理工作。一般当场记录应征得被访者的同意，记录下的内容要请被访者过目并核实签字，以免使谈话内容对被访者构成损害。事后记录的优点是不破坏交谈气氛，使访谈能自由顺利进行，缺点是有些内容可能会记不住或记不准而损失了有用的资料。

• **访谈结束：**如果访谈计划已经顺利完成，或者访谈已经超过了事先约定的时间、受访者面露倦容、访谈的节奏变得有点拖沓、访谈的环境正在往不利的方向转变等，调查者应该结束访谈。在访谈结束、准备离开时，一定要热忱地向被访者表示感谢，并为下一次访谈进行铺垫。

（2）局限

访谈法局限在于受被调查者主观因素、环境因素的影响，回答问题的真实性存在偏差。另外，调查者在时间、人力、物力上的投入成本较高，还常常因环境因素的影响而导致出现偏差。

3. 公共展览咨询法

近年来，具有明确主题性的公共展览活动，成为有效实现公众参与咨询的途径之一，深入社区与社区居民切身利益相关的展览活动能大力调度公众参与的积极性，通过设计构想讲解、问卷调查、茶话会谈等多种形式全面了解居民诉求，充分把握地段现实发展的实际问题。

公共展览咨询法适用于规划过程中公共参与咨询，用于获取居民对地段现实发展的诉求以及对设计的构想。在操作过程中为了使被咨询者和被调查者能够有效的参与其中，应当遵循真实客观性原则，主题应与课题所选地段居民生活密切相关。为了能够吸引更为广泛的公众前来参与，应当遵循多样性原则，展览咨询的氛围应当是开放自由且内容形式应该多种多样，避免单一的类型。同时为了能够在展览后对公众意见作出有效的回应，应当遵循连续性原则，持续跟进。

问卷调查

图 4-20　“在明城”公共展览

（1）实施应用

通过现场的展示与讲解，向公众介绍设计构想，使公众对活动主题能有充分地了解，见图 4-20。与公众的交流，可以征得公众意见与建议。在展览的过程中，可设计有趣的愿望板或留言板装置，让公众可以用书写的方式表达现实诉求。公共展览咨询在实施中通常也需借助于问卷调查等其他调研方式，如结合展览主题设计调查问卷，通过填写问卷收集公众的信息与意见。

同时，为了能够吸引更多的人流获得更多的调研问卷信息，可开展礼品赠送等小活动。为了能够持续跟进并能及时得到反馈信息，可建立公众号平台，通过相关文章的推送从而能获得公众的评论，摘取评价意见并整理分析，可以达到持续收集信息的效果。

（2）局限

公共展览咨询法的优点在于工作效率较高，能够集思广益，可以广泛、真实地了解情况。在调查过程中可以进行有效的指导和控制，有利于将调查情况和研究问题结合起来，把认识问题和探索解决方法结合起来。局限性在于对于展览咨询的组织和驾驭要求较高，被调查者之间容易相互影响。由于时间场所的限制，被调查者不能够完全充分地发表个人意见等。城市设计领域涉及的某些问题（如保密性问题、敏感性问题、威胁性问题等）不宜于公开展览咨询。

4. 参与型工作坊法

参与型工作坊是一个能让公众充分理解规划设计内容、充分表达自身意见的设计参与平台。该方法适用于城市设计过程中的公众参与环节，可根据不同主题灵活设置，使众多参与主体进行持续的意见交流。工作坊中各相关团体人员共同参加项目探讨，以求达成各个相关利益主体的共识，使得公众参与能在城市设计或者是公共建筑决策过程中，发挥实际作用。围绕一个主题或者某个项目的“参与型工作坊”，并非持续地提出意见，而是逐层交流沟通实现“达成共识”的目标。在操作过程中应当遵循真实客观性原则、灵活性原则、多样性原则以及持续性原则，见图 4-21。

图 4-21　亚洲大学联盟青年创新工作坊

（1）实施应用

在参与型工作坊的实施中，首先应确立工作坊的主题，进而确定参与人员，一般由政府方面、专业人员和公众代表三方参与。参与的人员应该具有代表性和典型性，敢于发表见解，互相信任且具有共同语言。工作坊的组织应由立场中立的专业人士担任工作坊推进人，推进人能够合理把握工作坊的主题并能协调各方的关系。在工作坊开展过程中需要准备各种便于公众理解的材料，或通过可视化技术让公众能充分理解。通过组织主题性活动让三方人员进行深入接触交流，提出发展愿景，对期望的生活进行描述并逐步形成实践计划。

（2）局限

它的局限性在于调查结果受主观影响较大，被调查者之间容易互相影响，调查结果难以准确、全面地反映客观情况。人力、财物和时间花费较大，对组织者和参与人员的专业水平要求较高。

5. 数字技术辅助调研

数字化辅助调研技术可帮助我们获得非常详尽、准确的基础信息数据，并实现基于信息的多功能服务。近年来，伴随着互联网大数据、3S技术（GPS、GIS、RS）及智能手机的迅速发展，城市设计领域的研究数据获取与处理已经出现了新的趋向，例如：利用软件对网络数据进行挖掘；利用GPS或LBS设备，结合GIS或网络日志来采集与分析居民行为数据；利用网络地图对获取的数据进行可视化开发等。这些技术可以作为大数据时代城市时空间行为研究数据的重要来源，有助于扩大研究的范围，增加研究结果的精确性，见图4-22。

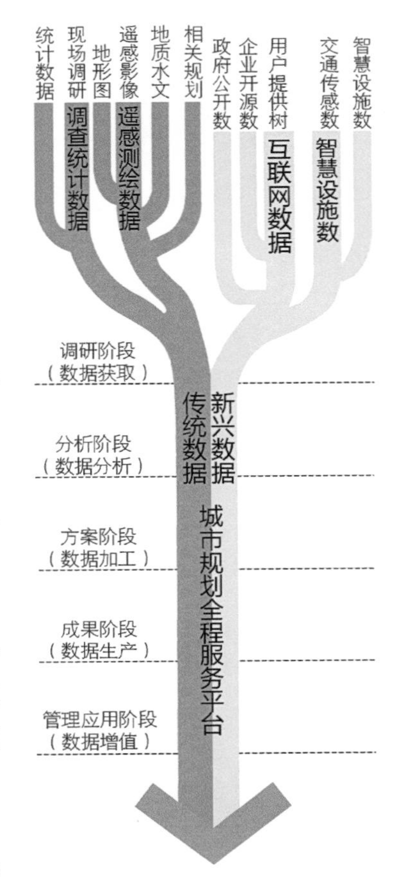

图4-22 数字技术在规划设计中的应用

（1）实施应用

• **GPS定位辅助调研**：GPS全球定位系统是利用卫星定位，在全球范围内进行导航和定位的系统。通过全天候、全方位、全时段的高精度卫星定位，导航系统能为全球用户提供低高精度成本的三维位置。在城市设计中，其主要适用于城市空间基础信息采集与更新，主要技术方法有摄影测量和地面测绘等，前者一般是面向大面积信息采集，后者一般是面向小面积信息采集或局部更新，见图4-23。

图4-23 上海外滩卫星定位图

• **遥感航拍辅助调研**：遥感技术是根据电磁波的理论，利用传感仪器向远距离目标进行反射和辐射的电磁波信息，通过收集信息分析处理从而最后成像，完成地面各种景物的探测和识别。利用遥感技术可获取城市基础属性数据，同时也获取了其位置信息。遥感技术在城市空间研究方面的应用可归纳为：快速实现城市范围国土资源与生态环境的多层次、全方位综合调查，为城市建设、规划、管理提供了基础地理信息，以及相关城市发展的重要资料。其资料数据主要包括：城市发展的历史资料、建筑物密度、建筑物分布、路网形态、土地利用数据、土地变迁数据、水资源数据、环境资源数据、绿地数据、污染源及污染程度数据、交通状况及交通流量数据、城市建筑和用地的功能分区及变化、城市灾害数据等。系统地研究城市资源

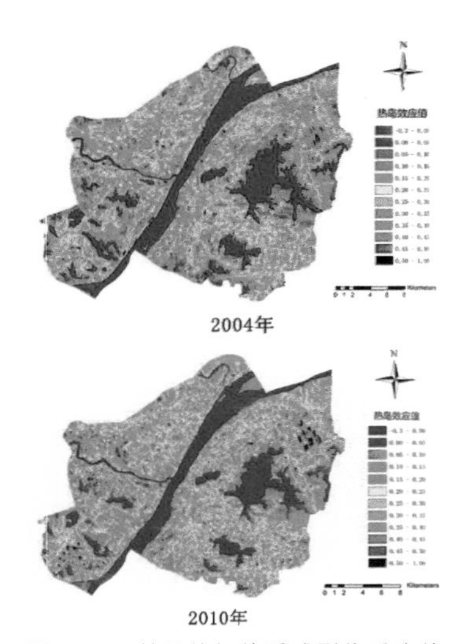

图 4-24 基于热红外遥感影像反演的武汉市主城热岛分布及演变示意图

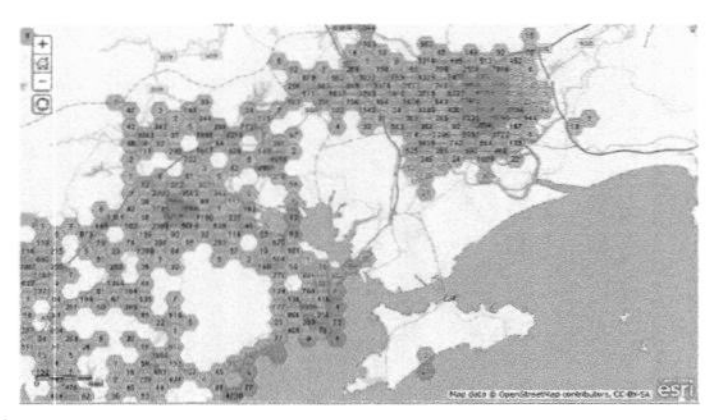
图 4-25 Web-GIS 实时大数据示意图

与环境的空间分布规律及其相互联系，按不同层次、不同内容编制系列基础图件客观、系统地反映城市的建设成就和存在问题，见图 4-24。

• **基于 WebGIS 的城市传统数据集成：** WebGIS 是 Internet 技术应用于 GIS 开发的产物，是现代 GIS 技术的重要组成部分。在信息化时代，可以充分借助移动 GIS 技术、GPS 技术，利用 iPad、智能手机等移动信息设备进行现场调查信息系统的开发。具体来讲，可以开发一套集城市历史数据浏览与查询、现场数据采集及实时共享功能为一体的信息平台，并将其嵌入平板电脑等信息设备作为规划前期踏勘的移动平台。规划师可以利用该调研 APP 将现场定位采集的手绘矢量、轨迹、带有地理信息的照片和多媒体信息一键传到 WebGIS 并分级显示，实时更新城市历史数据库，从而创新规划调研工作方式、提高工作效率和规划分析精准性，为规划人员打造现场踏勘的"资料袋"和"工具箱"，见图 4-25。

• **城市"大数据"的挖掘：** "大数据"目前并没有形成相对统一的定义，IBM 用数量（Volume）、种类（Variety）和速度（Velocity）定义了大数据，而 IDC 在这一基础上，进一步强调了大数据的巨大价值（Value）。但总体而言，"大数据"主要拥有数据规模大，数据生产速度快，数据来源与类型多元化，数据覆盖面广，数据细节丰富，数据间存在相关性，弹性灵活，空间属性等共性特征。依据数据来源"大数据"可分为三种主要类型：直接观测型、自动获取型与自愿贡献型。

"大数据"时代，各种海量的时空数据广泛应用于城市设计各个方面，可以及时处理发展城市设计中的相关信息问题，为城市设计的调整与完善提供了支持。大数据的应用使得城市研究和城市规划逐渐从宏观分析和政府意志的体现逐渐转向对居民活动和行为规律的探索。这就意味着在规划调研期间，除了整合城市各类历史发展数据平台、革新规划现场调研工具外，规划师还需要充分收集城市发展主体和运行各环节的大数据来增加对城市现状问题的解剖和发展特征把握的能力。

（2）局限

部分数据获得的方法难度较大，获取的成本也相对较高。对操作人员的计算机水平要求较高，同时数据的合法性也存在争议，见表 4-6。

表 4-6 大数据在城市设计中应用

| 序号 | 应用方向 | 数据源 | 目前应用情况 |
|---|---|---|---|
| 1 | 城市空间结构及其相关形成机制分析 | 百度 POI、社交网络数据、大众点评网、房价信息等 | 1. 城市商圈范围与餐饮业空间分布研究<br>2. 二手房空间分布<br>3. 居民活动空间与城市空间结构 |

续表

| 序号 | 应用方向 | 数据源 | 目前应用情况 |
| --- | --- | --- | --- |
| 2 | 人口空间分布与活动特征分析 | 手机话单定位数据、手机信令定位数据、宜出行、出租车、公共自行车、居民用电量等数据 | 1. 常住人口和就业人口分布<br>2. 大区间 OD 分析<br>3. 城市人口时空动态分布监测<br>4. 特定区域出行特征<br>5. 流动人口出行特征<br>6. 通勤出行特征<br>7. 特定区域客流量集散监测<br>8. 查核线断面及关键通道客流调查<br>9. 轨道交通车站换乘客流监测 |
| 3 | 公共交通与城市结构、用地关系分析 | 出租车轨迹数据 | 1. 停靠地点反馈出城市的“地点”<br>2. 与汽车尾气排放结合进行城市环境分析<br>3. 地块上下车数目随时间变化的曲线刻画该地块的土地利用特征 |
| | | 公交刷卡数据 | 1. 职住地识别<br>2. 通勤出行识别<br>3. 公交与用地关系分析<br>4. 辅助城市交通规划 |
| | | 公共自行车数据 | 1. 城市自行车骑行路径选择模拟<br>2. 基于复杂网络的联系区域划分<br>3. 站点等级结构体系研究 |
| | | 地铁刷卡数据 | 1. 公交与用地关系 |
| | | 百度地图、高德地图、交通事故数据 | 1. 交通城市道路拥堵实时分析<br>2. 交通事故空间特征<br>3. 交通事故原因分析 |
| 4 | 多尺度下功能与布局分析 | OSM 地图、POI 数据、宜出行数据、手机信令等数据 | 1. 结合百度 POI 数据进行用地分类划分<br>2. 基于居民活动的用地功能识别 |
| 5 | 政务信息可视化及公众参与 | 政府公开数据 | 1. 规划许可证时空分析<br>2. 政府土地出让数据<br>3. 网上问卷调查<br>4. 文保单位 APP<br>5. 众视平台 |
| 6 | 网络舆情分析 | 微博数据、网页数据 | 1. 居民情绪地图<br>2. 居民民意测度<br>3. 政府报告文件文本分析<br>4. 景区评价分析 |
| 7 | 城市地表环境及区域结构分析 | 遥感数据（Google 影像、TM 影像、灯光遥感等） | 1. 城市下垫面识别<br>2. 城市绿地系统、生态廊道分析<br>3. 地表温度反馈<br>4. 城市通风廊道构建<br>5. 区域城市规模比对分析 |
| 8 | 大尺度城市设计 | 腾讯街景、百度街景等 | 1. 街道活力评价<br>2. 机器学习识别城市建成环境<br>3. 人本尺度的城市设计研究 |

## 4.3 分析研究

城市设计究其本质是一个用创造性方法来解决问题的综合过程，但是如何梳理归纳城市设计中的现实问题，分析总结问题背后的深层原因进而明确设计的核心目标定位的方法路径却各有不同。

### 4.3.1 属性分析

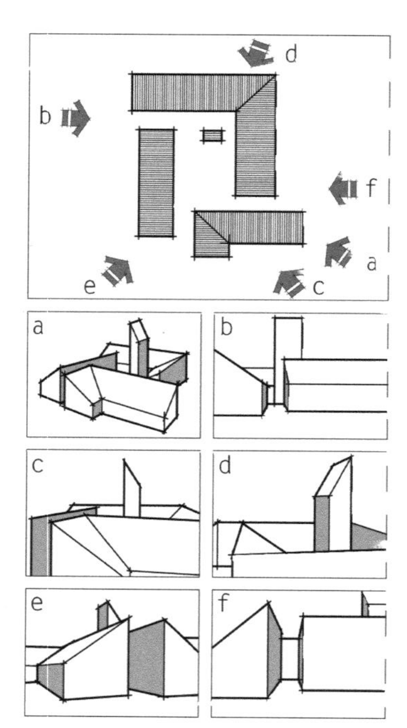

图 4-26 标志性空间节点分析图解

城市空间的塑造不能仅停留在创造优美的图案上，而应建立起一种场所感。场所感是由“场所”和“场合”构成，人的意象中，空间是场所，时间是场合，人必须融合到空间和时间的意义中去。城市空间从社会文化、历史事件、人的活动及地域特定条件中获得意义时方可称为场所（Place）。城市空间的属性分析是认识城市场所的手段，主要用于分析确定设计对象的社会文化属性、意象认知属性、功能使用属性、空间形态属性等。主要研究方法有：心智地图法、语义辨析法。

1. 心智地图法

心智地图法是针对城市意象认知属性的研究方法，指通过询问或书面方式对居民的城市心理感受和印象进行调查，由设计者分析并翻译形成图示，或者更直接地由调查者本人画出有关城市空间结构的认知草图。常用于调查分析居民对城市某些标志性节点，如塔、教堂、庙宇等建筑物及其空间的主观感受，见图 4-26。通过此方法可识别出体验者视野下重要的和明显的空间特征，帮助设计者迅速理解当地空间和环境特色并为达到预期的空间感受提供了一个尺度，从而作为城市设计的出发点。

（1）实施应用

在实际操作过程中，要考虑到研究对象（片区、节点、要素）的不同和被调研者的绘图表达能力的不同（年龄、职业），按精细程度分为：自由描画、限定描画、圈域图示、空间要素图示。

• **自由描画**：被调查者在白纸上自由地描画出各自知道的空间要素的方法。调查时，需事先告知被调查者描画的范围，比如住宅小区内、市中心内、学校内等，多采用要求被调查者画出平面图；若是对标志性节点进行调查，则要求被调查者各自发现几处从外围可观察对象的空间并简单描绘或拍照表达空间意象，见图 4-27。事先让被调查者熟悉描画的范例，使他们大致了解需要达到的目的。

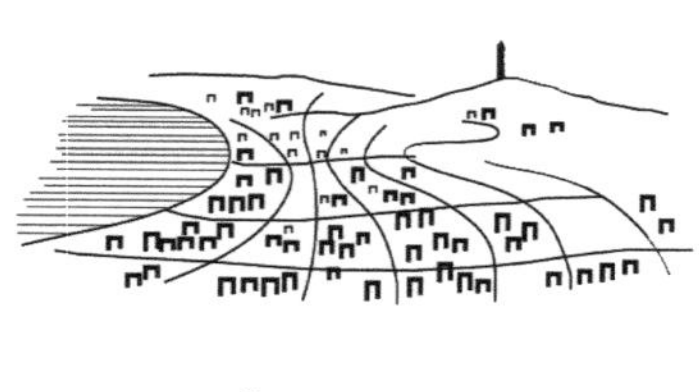

图 4-27 被调查者凭各自印象绘出图像

• **限定描画**：旨在弥补自由描画法的不足之处，即被调查者的绘图表现能力参差不齐，并且该方法在一定程度上可降低分析的难度。调查中首先使用事先记录下来的，标记有对象地区内主要空间要素，比如地区的边界线、干线道路、车站、学校等位置形状的地图，给予被调查者，要求他们描画出地图上隐去的其他部分，见图 4-28。若是对标志性节点进行调查，则要求被调查者挑选出最喜欢的和最讨厌的观察点并说明理由。

• **圈域图示**：是指在比例尺适宜的地图上，要求被调查者指示出调查对象地的范围，并进一步要求被调查者将特定的圈域或边界点、分节点等记录下来的方法。一般而言，圈域图示法多应用于研究居住社区的范围、城市中心的范围等。该方法与其说是使用地图，不如说是使用被严格限定的道具，因而能够确保答案作为数据的统一性，还可以减轻回答者的负担，使调查简单易行。

• **空间要素图示**：不是调查对象空间的整体关系，而是调查存在于其中的建筑、道路、树木等空间要素，并在图上表示认知的有无和评价的方法。因此，操作时需要向被调查者提供对象地区的详细地图。被调查者将知道的空间要素全部标记出来或规定要素指示，其余要素无需标记，见图 4-28。

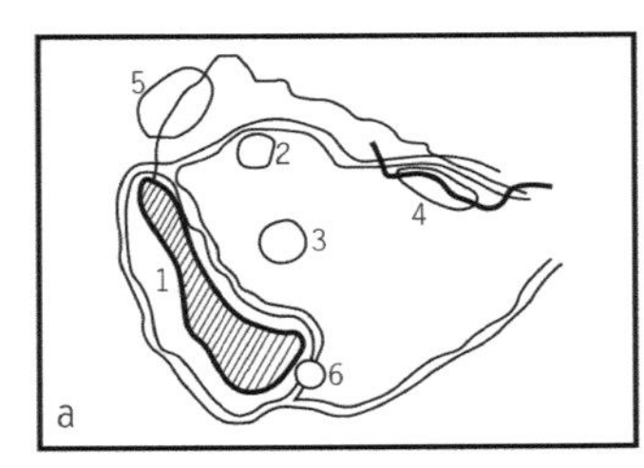


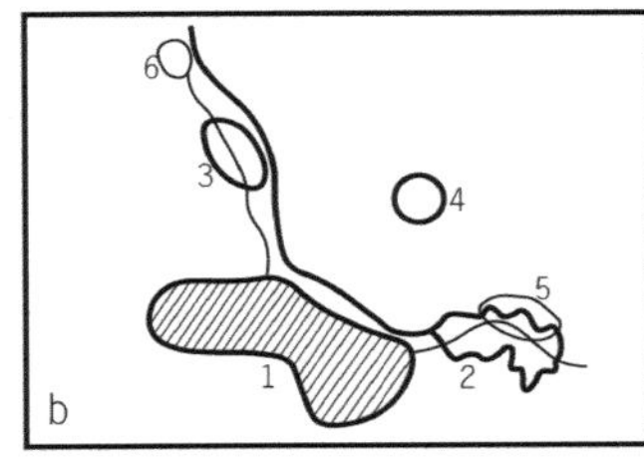


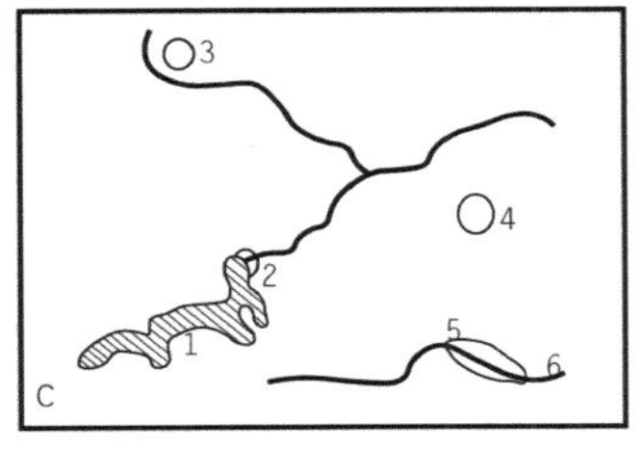


点的要素出现频率　41 %-82 %　0-40 %　基准点

线的要素出现频率　31 %-56 %　0-30 %

a 箱根自然公园（依靠一个突出风景点的类型）
b 奥日自然公园（拥有多个使人印象深刻风景点的类型）
c 奥多摩自然公园（不存在使人印象深刻风景点的类型）

图 4-28　被调查者标出自然公园中自己留有印象的景点

（2）局限

心智地图研究法的局限：此方法受被调查者主观影响较大；很大程度上受制于被调查者的图示表现能力，这种能力除了受制于学历、职业以外，有时还受年龄的限制；该方法表现的事物经常是些较宏观的空间要素或较单纯的特定事物，当调查认知事物类型不够多时，分析结论会过于单一；有时结果并不一定能支持设计者，因为居民的直觉体验不受任何专业语言的规定和影响。

2. 语义辨析法

语义辨析即 SD 法（Semantic Differential 法），是研究空间中被验者对该目标空间各种环境氛围特征的心理反应，对这些心理反应拟定出“建筑语义”上的尺度，而后对所有尺度的描述参量进行评定分析，定量地描述出空间目标概念和构造的方法，见图 4-29，常用于城市功能使用属性的研究和优化。此方法使用简单、直观性强，城市设计中能够帮助设计者更好地把握使用者的态度，对设计提供参考

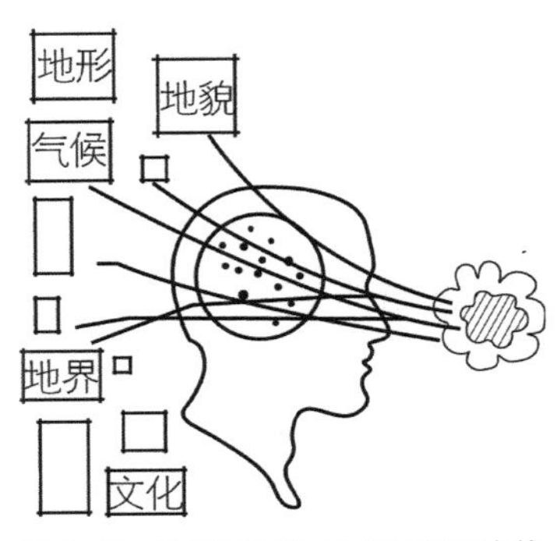


图 4-29　被调查对象对空间和环境的认知

和指导。

（1）实施应用

最佳的方式是被调查对象到对象空间实地体验，同时进行评定测量，但在有多处调查对象地的比较评价中，实施的可能性极小，所以通常是通过幻灯片、录像或照片完成。由于此法用于研究个人主观意识，客观捕捉它是非常困难的，故如何进行指标化度量是问题的关键所在，也决定了研究结果的意义所在。实践中常用的指标度量方法有配对比较法和语境差异法。

• **配对比较法**：配对比较法也称相对比较法，即将多个实验评价的对象，进行两两配对测试评价。两者相比，被测者价值倾向较高的一方得 1 分。将每次的配对比较结果相加，统计综合积分，依据综合积分的高低排序，可确定多个实验评价对象的高低等级。这种方法尤其适合需要同时评价多种实验对象时的被测者的态度倾向。

• **语境差异法**：问题中的每一个陈述都由“非常同意”“同意”“不确定”“不同意”“非常不同意”5 种答案组成，分别记作 1、2、3、4、5 分。通过这种方法将受访者的相对同意程度进行量化处理。在实际应用中，除了常用的 5 个等级的程度差别答案形式外，还有 3 个等级和 7 个等级的形式，比如“同意”“中立”“反对”的 3 个等级；“非常同意”“比较同意”“有点同意”“中立”“有点反对”“比较反对”“非常反对”的 7 个等级。答案的分值赋予也可以灵活设置，比如 5 到 1 分、4 到 0 分，或者 2、1、0、−1、−2 等形式。还可通常提供多对相反的形容词，可以进行多角度的测量，见图 4−30。之后对数据其进行结集和比较。

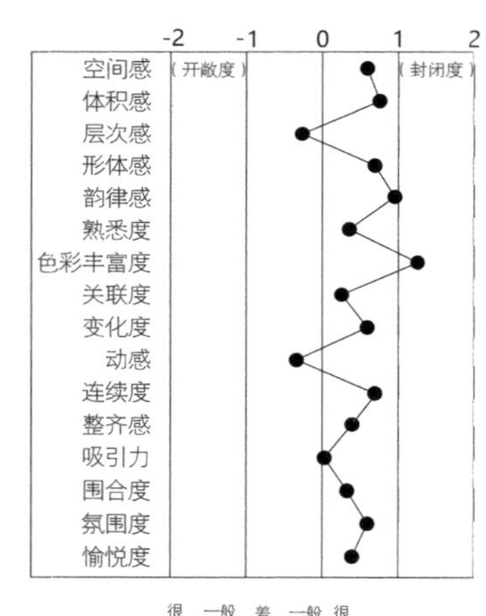

图 4−30 将受访者的相对同意程度进行量化处理（上）；进行多角度的测量（下）

（2）局限

语义辨析法经常会因为描述词汇的选择、样本照片代表性的确认、被调查对象对测试内容理解程度的不同导致分析结果的误差。所以，如何摄取最具代表性的场景照片、如何对被调查对象简单明了地介绍测定的具体要求和规定十分重要。

## 4.3.2 规模分析

伴随分析技术手段的发展、数据采集技术的进步、多学科的融合以及城市设计相关理论的深化，城市设计定量分析逐渐成为主流手段，大大提高了其科学性，并将城市设计从单纯的感性创造带向感性创造与理性分析并重的境地。城市空间的定量分析包括量化的规模、容量、指标的研究，在当前的城市设计中，相对成熟的数字化研究分析方法有 GIS 空间信息处理及分析方法、大数据分析方法以及环境模拟分析方法。

1. GIS 空间信息处理及分析方法

地理信息系统（Geographic Information System）简称 GIS，由计算机系统、地理数据和用户组成，是通过采集、存储、管理、检索、表达地理空间资料，进而分析和处理海量地理信息的通用技术。城市空间环境是城市设计的对象，GIS 将计算机图形和数据库融于一体，使地理位置和相关属性有机结合，准确真实、图文并茂，凭借其空间分析功能和可视化表达，为城市设计提供了新型空间分析工具和决策辅助工具，见图 4-31。

（1）实施应用

在城市设计的实践活动中，GIS 软件系统通过数据输入、数据编辑、数据存储与管理，从而建立完整的数据库，进而进行空间查询与空间分析、可视化表达与输出等基本应用，其分析过程具体体现，见表 4-7：

表 4-7　GIS 空间查询与分析应用

| 项目 | 内容 |
| --- | --- |
| 空间要素及属性检索 | 凭借 GIS 的基础数据输入和管理功能，可以便捷地查询相关数据信息。根据城市设计的具体要求，可以从空间位置检索建筑、地块及景观要素等及其相关属性，也可以以属性作为限制条件检索符合要求的空间物体，并生成相应的图像信息，从而为相应的空间分析提供全面而直观的基础数据 |
| 空间特征及拓扑叠加分析 | 通过 GIS，还可以按照空间特征的不同属性进行分类，并通过相互叠加和拓扑分析，使不同类型的空间要素及其形态特征（点、线、面或图像）相交、相减、合并，建立特征属性在空间上的连接，进而对空间构成、形态肌理、要素关系进行详尽分析，从而发现城市空间系统的优点与缺陷 |
| 空间系统及模型分析 | 在对空间系统中的单个对象以及空间特征的信息数据进行逐项分析的基础上，利用 GIS 技术平台，设计者可以建立空间系统模型，并结合模型进行分析，比如三维模型分析、数字元地形高程分析，以及针对不同专业取向的特殊模型分析等。通过多种模型分析与统计计算，即可完成针对空间系统的多要素综合分析，为城市空间环境整体优化提供可靠依据 |

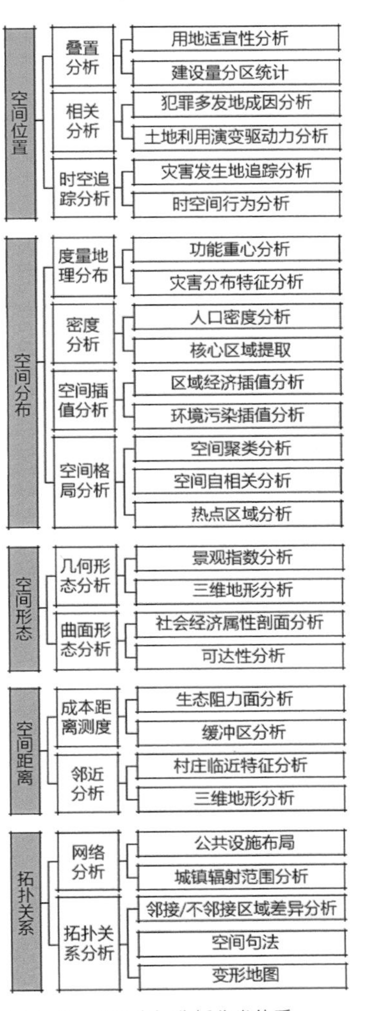

图 4-31　GIS 空间分析分类体系

• **空间查询与分析**：对于城市设计而言，空间查询和分析功能是 GIS 系统最重要的功能。GIS 数据库建立完成后，既可按照横向系统类型进行分项查询、逐层叠加，把握空间系统及各个空间要素的构成关系，也可以按照发展历程的时间维度进行纵向检索，全面认识空间形态演变过程。而且，GIS 技术平台通过与其他分析工具相结合，有效整合了城市空间的物质形态、尺度和时间等多种维度的相关信息，从而为城市设计者系统分析海量城市空间数据信息提供了有力保障。

• **可视化表达与输出**：在城市设计中，通过 GIS 处理空间数据，其中间过程和最终结果都能够以可视化方式表达和输出，见图 4-32。而且，GIS 是人机交互的开放式系统，设计者可以主动选择显示的对象与形式，不仅可以输出包括全部信息在内的全要素地图，也可以分层输出各种专题图、各类统计图表等数据，相应的图形化空间数据还可放大或缩小显示，这就为城市设计者提供了全面、系统、直观的分析工具。以往的 GIS 技术更多关注于二维图像数据，近年来 3D-GIS 的迅速发展使 GIS

图 4-32　GIS 可视化表达

三维可视化表达达到了新的高度，而三维可视化对于城市设计分析、构思、评价都至关重要。

（2）局限

对于城市设计而言，GIS 是集成化的数字化数据库，是高效的城市空间分析方法及设计辅助技术，也是公众参与和管理决策的平台。随着相关软件的升级换代，其数据集成能力、空间分析能力和三维表现处理能力也日趋完善，GIS 也将成为城市设计的重要分析研究工具。但是，GIS 技术对数据的依赖性较大，在模型、数据结构等方面存在着不足。不能满足社会和区域可持续发展在空间分析、预测预报、决策支持等方面的要求，直接影响到 GIS 的应用效益和生命力。目前大多数 GIS 软件的图形显示是基于二维平面的，即使是三维效果显示也是采用 DEM 的方法来处理表达地形的起伏，涉及地底下真三维的自然和人工现象则显得无能为力。

2. 大数据分析方法

大量的数字化分析技术运用于城设计的研究及项目，在近些年的实践探索中，大数据的定量分析逐渐趋近于高颗粒化、人本量化、经验量化的趋势，见表 4-8：

表 4-8 大数据的定量分析特征

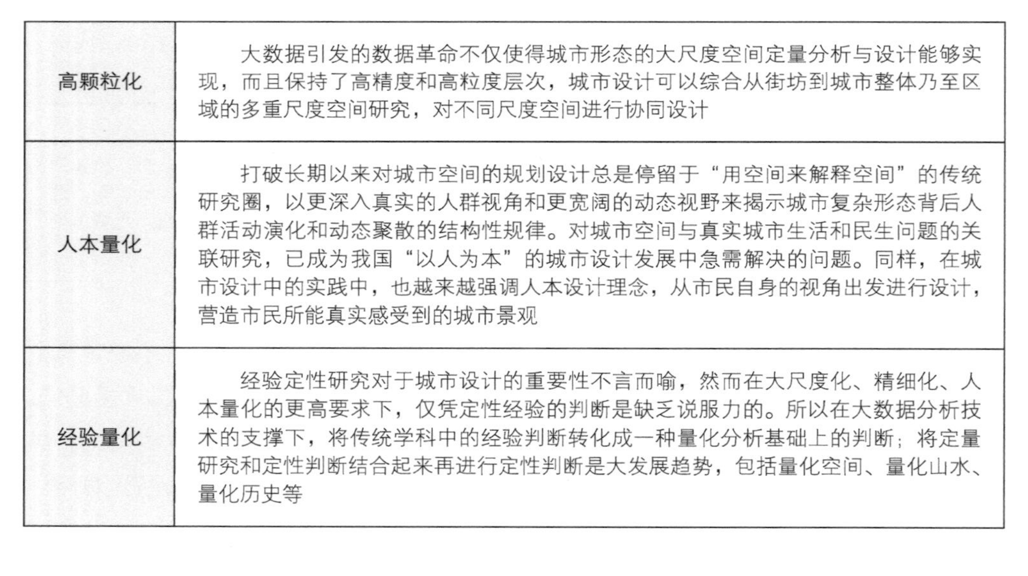

| | |
|---|---|
| 高颗粒化 | 大数据引发的数据革命不仅使得城市形态的大尺度空间定量分析与设计能够实现，而且保持了高精度和高粒度层次，城市设计可以综合从街坊到城市整体乃至区域的多重尺度空间研究，对不同尺度空间进行协同设计 |
| 人本量化 | 打破长期以来对城市空间的规划设计总是停留于“用空间来解释空间”的传统研究圈，以更深入真实的人群视角和更宽阔的动态视野来揭示城市复杂形态背后人群活动演化和动态聚散的结构性规律。对城市空间与真实城市生活和民生问题的关联研究，已成为我国“以人为本”的城市设计发展中急需解决的问题。同样，在城市设计中的实践中，也越来越强调人本设计理念，从市民自身的视角出发进行设计，营造市民所能真实感受到的城市景观 |
| 经验量化 | 经验定性研究对于城市设计的重要性不言而喻，然而在大尺度化、精细化、人本量化的更高要求下，仅凭定性经验的判断是缺乏说服力的。所以在大数据分析技术的支撑下，将传统学科中的经验判断转化成一种量化分析基础上的判断；将定量研究和定性判断结合起来再进行定性判断是大发展趋势，包括量化空间、量化山水、量化历史等 |

西安市主城区商业店铺位置

西安市主城区商业“热度”空间分布

图 4-33 基于 POI 数据的西安城市公共中心体系优化示意图

（1）实施应用

大数据的分析适用于城市设计的各个方面，针对不同的数据源，往往采取不同的分析方法。具体的分析方法包含开源地图和 POI 的规划分析、空间行为分析、公众参与分析、城市特征分析等。

• **开源地图和 POI 的规划分析应用：**互联网上以 OSM（Open Street Map）为代表的大量开源地图数据为规划人员扩展了矢量空间数据的来源。开源地图数据主要包括各级道路网、三维数字高程模型 DEM、具有平面和高度信息的 2.5D 建筑物、兴趣点（POI）。在某种程度上，这些地图所包含的空间信息比传统的地形图更丰富，不但可以在一些情况下替代传统地形图，还可运用全新的数据分析方法进行处理。

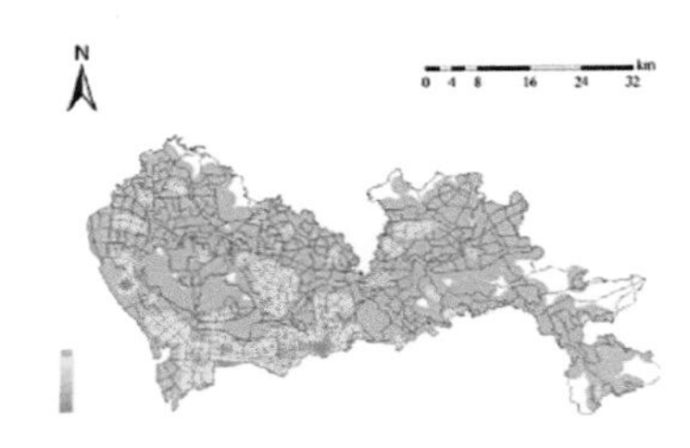
图 4-34　居民签到活动核密度分析图

在互联网地图中，最有价值的 POI 信息往往来自随时更新、分类详细的互联网用户签到信息。例如，使用信息熵模型对北京市域二十多万个 POI 信息进行分析，能够得到城市用地的混合程度，还能在一定程度上表征城市的空间结构，也能大致反映建成区的实际边界。此外，利用 POI 信息中建筑的平面和层数，可以估算城市各种功能建筑的总量、建筑密度和容积率等指标，见图 4-33。

• **基于 SoLoMo 技术的空间行为分析**：SoLoMo（Social Local Mobile）指社交化、本地化和移动化，是信息技术发展的重要趋势。通过对社交网络数据、位置数据和移动终端数据的获取与挖掘，可以在空间上和时间上提取各类城市规划编制关注的居民空间行为特征。

“签到”数据的应用。“签到”是移动应用中越来越普遍的功能，通过抓取带有“签到”位置信息的微博或照片、评论，并通过特定的自然语言分析等技术，可以获取人们对城市空间质量的评价和对城市生活的满意度，见图 4-34；采集居民移动的轨迹，进行特定的 OD（Origin Destination，即交通出勤起始点）分析，如“百度迁徙”展示了春节期间的人口在城市间流动的信息。此外，规划人员还可以通过数据的密度和行为模式的区别来识别空间热点甚至用地性质。

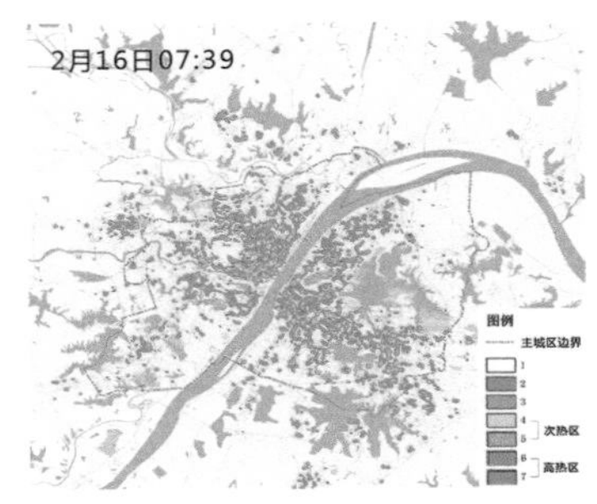

图 4-35　基于热力图的城市人群活动研究示意图

“热图”功能的挖掘。百度地图最近推出的“热图”功能是基于移动终端位置信息的城市研究工具，通过对所有调用百度地图 APP 接口的用户位置进行可视化处理，来展现城市人群的实时分布状态，见图 4-35。利用相关工具对其进行逐时抓取和动态展示分析，可以描述城市中各功能区的使用状态，包括中心体系、职住分布和人口流动等信息，提供描述“人”的行为而非物质空间形态的工具。

• **基于 LBSN 的公众参与分析**：LBSN（Location-based Social Network）可以理解为基于位置的社交网络，是与 SoLoMo 融合发展的新产物，是虚拟社交与真实空间的有机结合，可以作为城市规划中促进公众参与的工具。具体可以表现为针对空间兴趣点（POI）的签到、评论、上传信息和其他在线互动方式。通过针对特定项目专门开发基于 LBSN 的公众参与平台，鼓励市民和关注者表达意见，成为公众参与城市空间治理的重要渠道。比起以往的街头问卷调查等方式，这种方式可以更有针对性地了解特定群体的利益诉求。

• **基于交通传感数据的城市特征分析**：政府和交通运营部门往往掌握着大量的交通传感数据，如果这些数据得到适当的挖掘和分析，可以很大程度上代替城市规划传统的交通调查方式，支持从宏观到微观不同尺度的城市规划研究，见图 4-36、表 4-9。

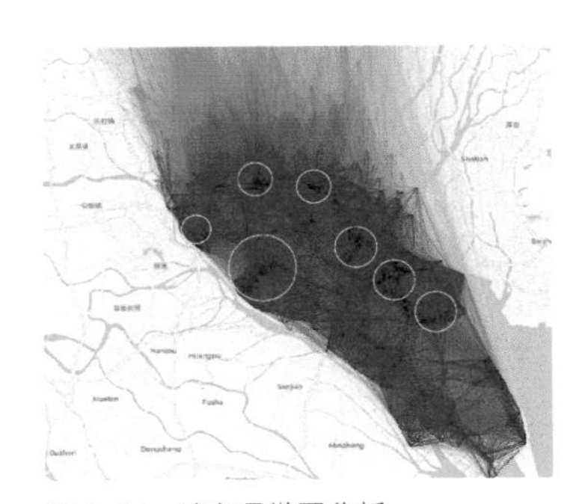
图 4-36　城市通勤圈分析

表 4-9 基于交通传感数据的城市特征分析应用举例

| 数据类型 | 应用举例 |
|---|---|
| 航空、铁路数据 | 挖掘城市间的联系：通过整理和挖掘航班与铁路的班次数据，一方面可以描述城镇群的形态和发育程度，另一方面可以在城镇体系层面描述城市间的关联程度 |
| 公交刷卡数据 | 提取人口 OD 信息：公交刷卡数据的主要用途是提取通勤人口的 OD 信息，判断城市各功能区和组团之间的联系，尤其适合考察新城和中心城之间的通勤特征，由此判断其间的职住关联。此外，还可以通过长时间的数据积累，分析同一用户的 OD 变化特征，反映人口居住和工作地迁移情况 |
| 出租车 GPS 轨迹数据 | 识别人口出行特征：出租车的GPS轨迹数据，由于其数量较大，分布均匀，可以作为所有车辆的样本考察。出租车轨迹除了提供 OD 信息外，还可以描述城市道路的实时车速；通过数据挖掘算法，还可以识别用地的性质和出行人口的行为特征 |
| 路况信息数据 | 分析交通与用地规划的结构性问题：针对交通传感数据开发出提取城市路况信息的工具，逐时抓取并通过颜色反应拥堵级别数据，将多日数据进行叠加和平均，可以识别出工作日和休息日每段道路的平均路况，由此分析交通与用地规划的结构性问题 |

• **移动通信定位数据的分析：**移动通信技术的发展，使移动运营商可以通过基站与用户间不间断的信令信息获得每个用户比较准确（通常精确到百米以内）的实时位置。由于用户数量巨大，几乎覆盖城市所有活跃人口，可以说其是描述城市人口数量和空间分布的“终极”数据。移动位置数据可以代替上述多种数据，通过人的位置，描述区域、城市、道路和用地的情况。

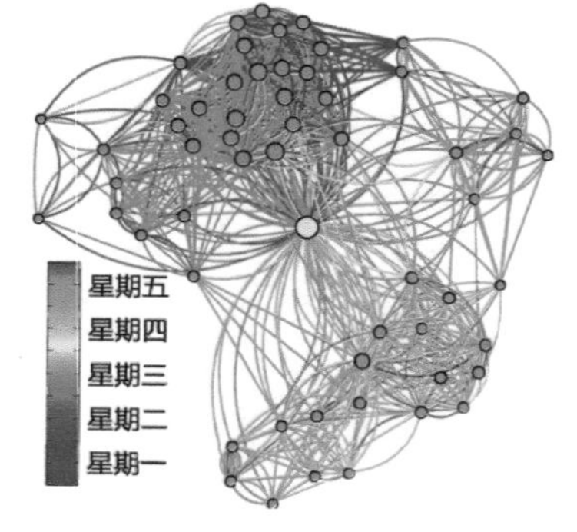

图 4-37 基于公共交通智能卡数据的城市研究

在宏观上，通过长途电话话单描述城镇间的联系强度是一种传统方法，而现在规划人员可以直接通过人的迁移数据描述城镇间的关联。

在中观上，大量详细的移动轨迹可以代替传统的 OD 调查，从移动目的地、运动的速度和轨迹中挖掘居民的交通方式与出行类别，甚至进行特征人群的识别和行为分析（如学生、通勤职工），见图 4-37。

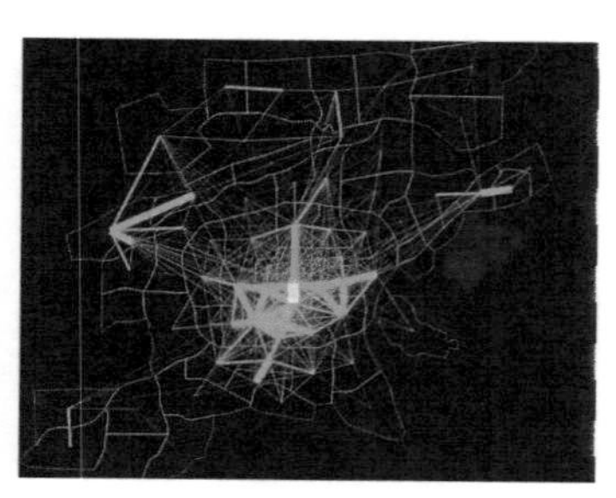
图 4-38 大西安都市区人口出行 OD 期望线

在微观上，精确到用地的人口分布对公共设施和商业设施评价及选址的价值不可替代，也可以通过交通方式的识别对车速和道路使用状态进行评价及优化。通过对手机用户的时空变化信息数据的分析，得到了全市区常住人口职住分布、市区居民出行客流 OD 数据和重点区域集散客流量等数据，进一步分析市民的出行特征、区域人口分布特征及城市板块人口流动规律等，见图 4-38。

（2）局限

大数据分析技术相对于传统的分析方法有着诸多优点，如预测实施效果成为可能，主客观结合，相互支撑，将抽象的数据可视化，使结果更加直观。但是大数据分析技术也存在一定的局限性，如数据来源不明晰。由于数据来自各个方面（个人或群体），缺乏对数据质量和样本抽取的控制。分析对数据的依赖性大，不同的数据存在不同的分析方法。分析的过程可能涉及更多软件的操作应用，对于设计人员的计算机操作能力要求较高。

3. 环境模拟分析方法（VR）

环境模拟分析法是通过编写程序，运用计算机对城市环境进行模拟和优化的方法。是集成了计算机图形学、多媒体人工智能、多传感器等技术的一项综合性计算机技术。它利用计算机生成模拟环境和逼真的三维视、听、嗅觉等感觉，可以模拟分析包括城市及建筑风环境、污染物环境、热环境、光环境和声环境等。

（1）实施应用

在传统的城市设计表现方法中，人们无法以正常视角获得在空间中的真正感受；效果图表现也只能提供静态局部的视觉体验，三维动画虽然有一定的动态表现能力，但不具备实时交互性。环境模拟技术弥补了这些不足。在城市设计中运用环境模拟分析技术，可以建立对一种动态的、直观的城市环境仿真模型，使用者能够置身其中，通过对视点和游览路线的控制，以动态交互的方式，从任意角度、距离、速度和尺度观察仿真环境中的目标对象，记录仿真体验的全过程。而且，在漫游过程中，还能够对建筑等环境要素进行替换和修改，实现多方案、多效果的实时切换。

此外，以环境模拟为代表的数字化模拟技术不仅仅局限于视觉分析，生态环境意识在城市设计中的加强亟需相适应的分析方法和研究工具。以往城市设计中对风、热等物理环境的研究主要依赖风洞实验等手段，随着环境分析模型与计算机技术的融合与成熟，城市设计中已能够运用数字化技术模拟光、热、风、声等环境要素的运动和分布，继而分析其与城市建筑环境的关系，弥补了与城市生态环境影响相关的城市设计研究中分析技术及工具手段方面的不足，见图 4-39。

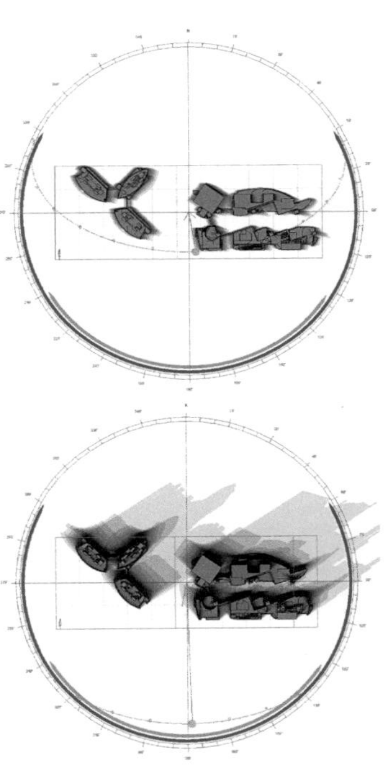
图 4-39　日照模拟分析

（2）局限

环境模拟分析技术其优点表现在其能够全角度、多层次地观察城市空间的规模以及各项量化指标。通过对多种运动方式的设定，从而建立对城市空间序列连续不断的整体感受。同时也能够对城市设计元素实时编辑及控制。它的局限性在于设计运行维护成本较高，对操作者计算机技术水平要求较高，相对于一般规划人员难度较大。

### 4.3.3　形态分析

城市物质空间是城市设计的主要对象，城市设计的成功与否与城市物质空间形态有着直观的因果关系，城市空间的形态组织也就成为最早、最容易被设计者理解和采纳的方法，也是达成美观和特色环境目标的重要方法。城市空间与形体主要涉及城市的结构秩序、城市肌理、群体轮廓、界面空间、比例尺度等方面要素的分析。从空间形态的角度来探讨城市设计的方法主要有空间注记分析法、序列视景分析法、类型学研究法、空间模数理论研究法、图底关系法、空间句法分析方法。

1. 空间注记法

空间注记法是一种关于空间各类特征的系统性表达。设计者在体验城市空间时，将各种感受（人的活动、建筑细部、场地景观等）使用记录手段诸如图面、照片和文字等标注。此方法适用于城市设计前期阶段对设计地段的系统性调研。最终的结论为城市设计的美学与人行为的关系提出了思考，视野所及大大超出一般分析途径，所有有关人的行为、空间和建筑实体的要素均是注记分析的客观对象（包括时间变量）。城市设计中，这些记录对于设计者对场地的认知和问题的发现都有很大帮助。

（1）实施应用

在具体运用中，此法视野较大，不拘泥于特定问题，故根据调查深度的不同需求，可分为以下三种观察法：无控制的注记观察（深度相对浅，广度较大）、有控制的注记观察（特定对象特定方面，深度较深）、部分控制注记观察（特定对象多个方面，深度介于两者之间），见表 4-10。

表 4-10 空间注记法的实施应用类型

| 类型 | 特征 |
|---|---|
| 无控制的注记 | 观察者可以在一指定的城市设计地段中随意漫步，不预定视点，不预定目标，一旦发现你认为重要的、有趣味的空间就迅速记录下来，如那些能诱导你、逗留你或阻碍你的空间，有特点的视景、标志和人群等。注记手段和形式亦可任意选择 |
| 有控制的注记 | 通常是在给定地点、目标、视点并加入了时间维度的条件下进行的。有条件的还应重复若干次，以获得“时间中的空间”和周期使用效果，并增加可信度和有效性。例如，观察建筑物、植物、空间及其使用活动随时间而产生的变化，其中空间使用还需要周期的重复和抽样分析 |
| 部分控制的注记 | 介于两者之间，确定观察目标（例如对同一功能建筑物、同一种界面空间形式的观察），但不定点不定时。就表达形式而言，常用的有直观分析和语义表达两种，前者包括序列照片记述，图示记述和影片，一般以前者为基础，加上语义表达作为补充。语义可精确表述空间的质量性要素、数量性要素及比较尺度 |

（2）局限

对设计者和调研者的专业水平要求较高且工作量大，记录的数据包含照片、视频、数字、形容性语句等资料。成果复杂繁琐不易整理，且不易进行比较分析。

2. 序列视景法

序列视景法是一种设计者本人进行的空间分析技术。此方法认为城市空间体验的整体由运动和速度相联系的多视点景观印象复合而成，但不是简单地叠加，通过记录强调运动过程中主视觉体验的变化和客观空间（尺度、色彩、材质等）的对应关系获得设计者对场地最真实、最直接、最生动的感性认识。此方法尤其适用于街道等线性空间特质的探究，其结果的动态性会全面的帮助调查者对城市设计地段空间视觉质量的判断，见图 4-40。

（1）实施应用

实际应用中，大致步骤为：选择适当路线—记录视景情况—成果整理。

**选择适当路线**：在待分析的城市空间中，有意识地利用一组运动的视点和一些固定的视点，选择适当的路线（通常是人们集中的路线，需要提前进行观察和预判视点位置），并准备好合适比例、易于标注的当地平面图。

**记录视景情况**：在事先准备好的平面图上标注箭头，注明视点位置，实际操作时记录视景实况，分析的重点是空间艺术和构成方式，记录的常规手段是拍摄序列照片、勾画透视草图和做视锥分析，现在还可利用电脑或模型与摄影结合的模拟手段取得更连续、直观和可记载可比较的资料。

**成果整理**：将取得的不同种类型的资料，按视点位置进行归类。之后可按照空间顺序进行比较，判断这一过程中视觉的变化，以及分析带来不同视觉感受所对应的实体空间的特质（尺度、形态、色彩、材质等）。

（2）局限

此方法记录分析的只是专业人员的视觉感受，在结论比较的时候易忽略社会和人在空间中的活动因素，如果让群众参与，则得出结论可能与之相悖。

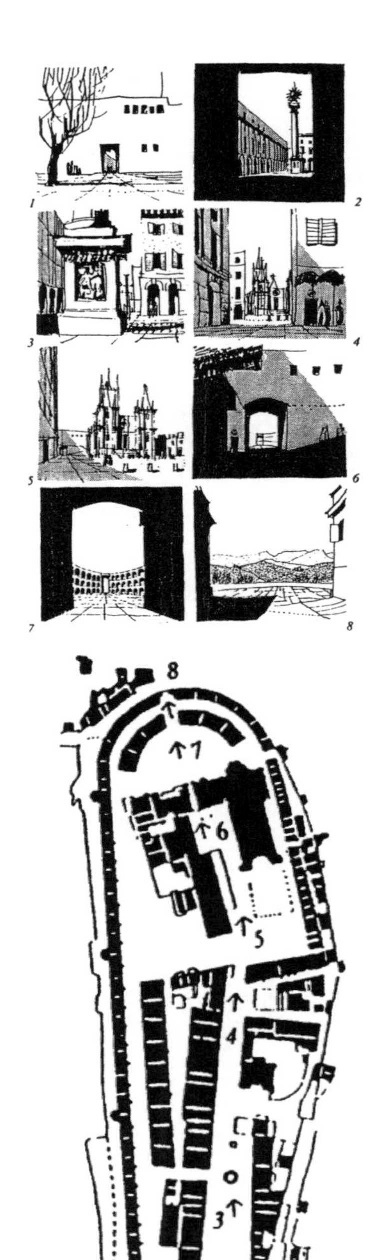

图 4-40　序列视景分析

3. 类型学研究法

基本建筑类型指反映当地历史与传统特征的建筑类型。城市肌理类型则是在城市尺度上分析建筑与周围环境与空间的结构关系和历史特性，从而对城市设计中建筑和区域空间形态的设计进行指导。通过类型学分析我们得以发现潜藏于不同房屋建筑的共同特征，并在空间形式的物质基础上，将类型结合具体场景还原到具体样式中。

（1）实施应用

M. 班狄尼将类型学观点归纳为三种：一是城市阅读方法，主要强调城市的综合性质，集中在对城市形态学和建筑类型学的探讨上；二是在文化的意义上视类型学为城市建筑风格构成的方法；三是视类型学为城市建筑创作的理论工具。对城市设计来说，类型学的意义与策略是“抽象还原”，即“具体—抽象—具体”，具体过程为：引用城市或建筑片段（具体）—图像类推（抽象）—换喻城市设计形式语言（具体）。

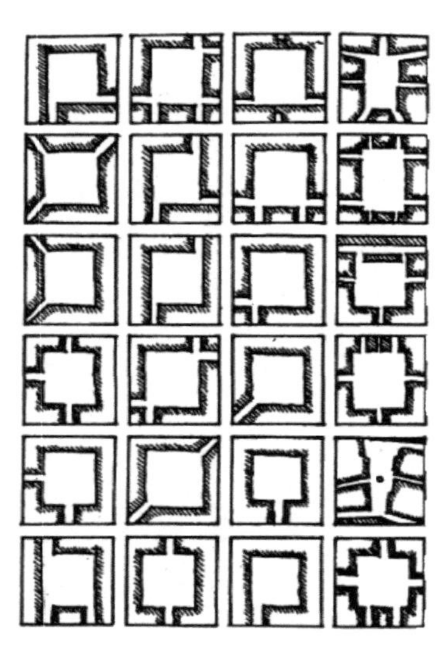
图 4-41　用类型学方式分析广场

引用城市或建筑片段：片段指在城市中存在的，并能体现城市形态、结构的具有普遍意义的形式，比如当地传统建筑形态，建筑构件，建筑组合方式等。“引用”即是对城市形态、建筑特质的简化结果。由于城市设计的构筑根本取决于几何的应用，其历史形式也能够在几何中寻找到，故结果可用纯粹的几何抽象物来表示，可以作为新形式创造的素材。

**图像类推**：“图像”指简化和抽象的城市空间秩序，比如院落、沿街商住楼等建筑类型构成了街区中各种形态的街坊以及街巷，各类型中又含有不同的形态变体“亚型”，见图 4-41。亦可借助图底分析的方法，简化并抽象地表达出城市空间的结构秩序（空间类型、建筑类型）。“类推”指通过建筑师的心理活动，在之前引用的城市形式与片断和新的建筑形式之间找到一种某种纪念意义的联系，反映出对城市形式的沿袭。

**换喻城市设计形式语言**：其中“换喻”即类型的还原和转换，是针对原型进行类型转换的研究，这时就需要对城市生活和人的行为的变迁进行分析，比如商业模式的变迁、个体需求的变化、人与人之间交往方式变化等对空间形式转变的要求，分析新的空间可能性并以此作为指导城市设计的重要空间考量。换喻的最终结果是要达到同源现象，新的类型与人记忆中的类型有着共同的几何抽象原型，完成类型学在现实与历史之间的沿袭，见图 4-42。

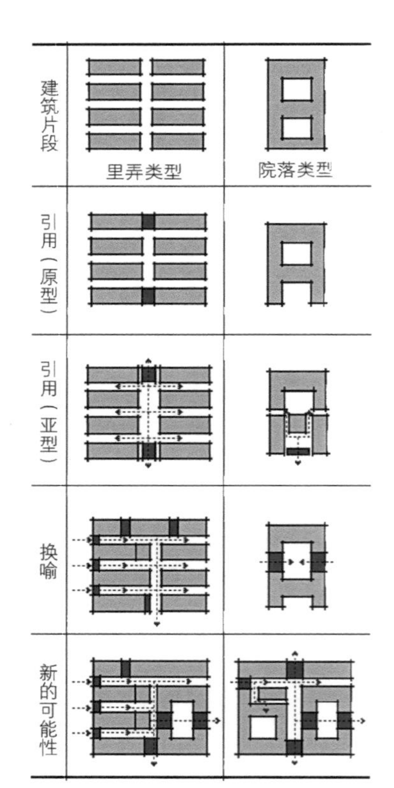

图 4-42　类型结合具体场景还原到具体样式中

（2）局限

在区域建筑和建筑组合方式类型化的过程中，易忽视类型化背后的生活结构，故在类推和换喻过程中要以城市的综合性和复杂性为基础进行考虑。

4. 空间模数理论法

空间模数理论法即研究城市设计中空间实体、空间虚体以及空间实体与虚体共同组成的整体空间环境的比例与尺度关系的方法论。芦原义信《外部空间设计》中的空间模数理论便是典型代表。此方法用于城市设计中具体空间，例如广场和街道的尺度的把控，防止设计中的比例尺度的失调。空间模数理论法帮助设计者在设计过程中更多的考虑到空间使用的心理因素，起到了控制用地规模、加强空间秩序的作用与效果。

（1）实施应用

按照设计中不同空间类型提出不同的模数理论，此外《隐匿的尺度》一书中定义了一系列的社会距离则是在西欧及美国文化圈中不同交往形式的习惯距离。实际应用中主要有：外部模数理论、十分之一理论、街道的尺度、社会距离，见表 4-11。

（2）局限

不适用于宏观空间分析，在当前大体量的中高层建筑普遍分布的中国城市，人的实际空间感受关系不能用数字生搬硬套。

表 4-11　空间模数理论的主要应用

| 研究视角 | 内容 | 图示 |
|---|---|---|
| 外部模数理论 | 用于外部空间研究，采用行程为 20～25m 的模数。不管是内部空间还是外部空间，总希望有一个作为依据的尺寸系列。这个数据是根据人在 20～25m 这样的距离可以刚好识别人脸而得出的。进行外部空间设计时，如果把这一 20～25m 的坐标网格重合在图面上，就可以作为实感而估计出空间的大体广度 | 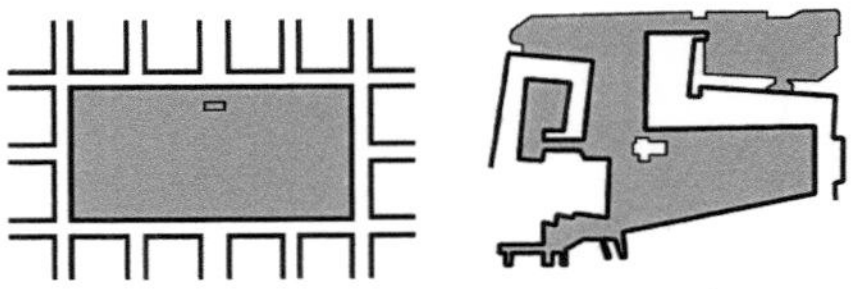 华盛顿广场　圣马可广场 |
| 十分之一理论 | 多用于广场尺度的研究，外部空间可以采用内部空间尺寸 8～10 倍的尺度，例如：日本的宴会大厅通常是八十张席房间（7.2m×18m）或一百张席房间（9m×18m）。把这一尺寸加大至 8 倍或者 10 倍折算成外部空间，就成为统一的大型外部空间。这与卡米洛·西特所说的欧洲大型广场的平均尺寸 190 英尺 ×465 英尺（57.5m×140.9m）是大体上相称的。卡米洛·西特则从广场和周边建筑之间的关系来确定广场的尺度。他指出，广场的最小尺寸应等于它周边主要建筑的高度，而最大尺寸不应超过主要建筑高度的 2 倍，亦即 $1<D/H<2$ | 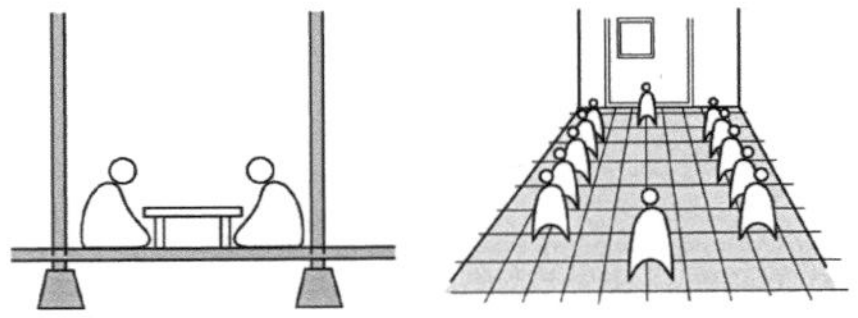 |
| 街道的尺度 | 用于把握街道的宽度和两侧建筑间的关系，当 $D/H>1$ 时，随着比值的增大会逐渐产生远离之感；超过 2 时则产生宽阔之感；当 $D/H<1$ 时，随着比值的减小会产生接近之感；当 $D/H=1$ 时，高度与宽度之间存在着一种匀称之感，显然 $D/H=1$ 是空间性质的一个转折点。$D/H=1$、2、3 等数值可考虑在实际设计时应用 | 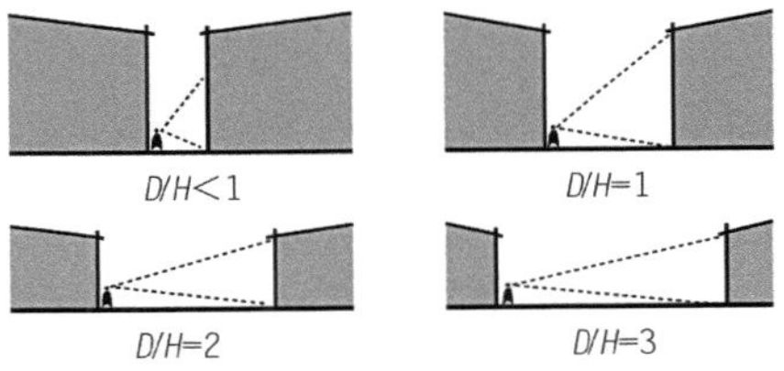 $D/H<1$　$D/H=1$　$D/H=2$　$D/H=3$ |
| 社会距离 | 亲密距离（0～0.45m）是一种表达温柔、舒适、爱抚以及激愤等强烈感情的距离；个人距离（0.45～1.30m）是亲近朋友或家庭成员之间谈话的距离，家庭餐桌上人们的距离就是一个例子；社会距离（1.30～3.75m）是朋友、熟人、邻居、同事等之间日常交谈的距离。由咖啡桌和扶手椅构成的休息空间布局就表现了这种社会距离；公共距离（大于 3.75m）是用于单向交流的集会、演讲，或者人们只愿旁观而无意参与的较拘谨场合的距离 | 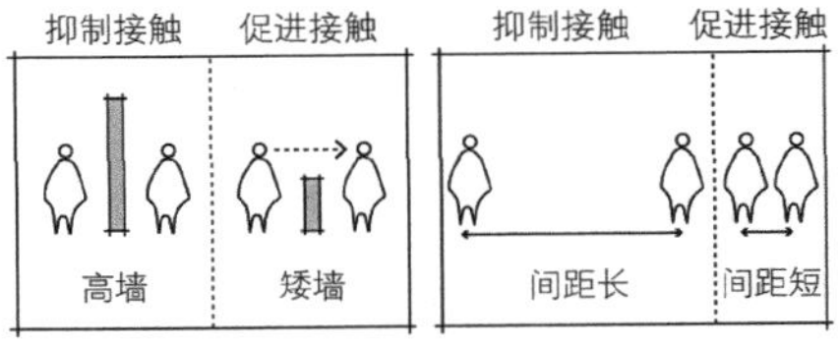 抑制接触　促进接触　高墙　矮墙　抑制接触　促进接触　间距长　间距短 |

5. 图底关系法

完整的城市空间具有“底 - 图完形”特征，亦即城市实体（也称“图”figure）和城市虚体（也称“底”ground）相互联结，彼此作用，实虚相间构成城市空间的完整肌理，形成城市的意象。城市设计中可利用图底关系寻找节点内目标性建筑和空间形成的相互依存关系，即揭示城市节点空间秩序和建筑组合方式，为进一步设

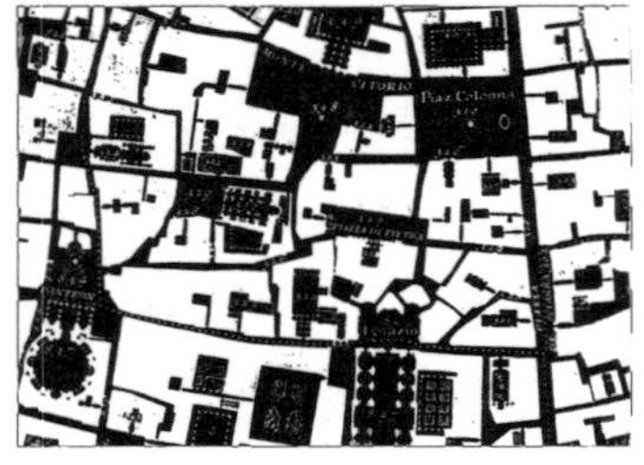

图 4-43 同一地块的图底反转关系

计中完善城市节点空间形态提供依据。设计者通过对城市环境图底关系正反两方面的分析，更好地了解城市的空间等级（中轴线、路网级别等）；更好地了解城市肌理特色（自然环境条件影响、聚居结构与行为方式影响、营造技术影响、城市职能影响）；更好地了解城市的发展动态（反应不同时期的社会演进特征），设计者可以更全面更深入地理解和研究城市空间环境。

（1）实施应用

城市设计领域中以知觉的选择性作为基础，认为人们在观察城市中的空间形体环境时，被选择的事物就是知觉的对象，是实空间，即“图”，而被模糊的事物就是这一对象的背景，是虚空间，即“底”。分析时应注意“图”与“底”可互换，见图 4-43，即当把空间看成图形，把建筑看成背景时，作为画面的图形依然是完整的，故设计中不应忽略承托建筑的环境。以此为基础来研究城市空间与实体之间存在与发展规律，可根据研究的视角将其分为：宏观层面—中观层面—微观层面，见表 4-12。

表 4-12 图底关系的研究内容

| 研究视角 | 内容 |
| --- | --- |
| 宏观层面 | 城市与周边环境或城市与城市的发展关系时，整个城市空间是“图”，乡村及生态空间是“底”，将城市平面图中的实体标实，外部空间留白。这种关系可以研究城市的发展方向以及城市与周边环境的联系，促进城市的可持续发展 |
| 中观层面 | 城市整体空间形态及结构时，街区为“图”，道路、广场以及各种自然生态环境为“底”，明确城市形态的空间结构和空间等级，城市各个不同时期的图底关系也反映了城市的生长规律 |
| 微观层面 | 对象是街区或建筑群体，即确定建筑实体是“图”，开放虚体为“底”，可以分析建筑形态之间的秩序与规律，反之则可清晰地看出开放空间的空间关系和序列变化，在揭示城市节点空间秩序，组合方式的相互关系上同样尤其有用。城市节点的空间完型由构成城市节点“实体”“虚体”相互渗透融合而形成，当城市节点的“实体”“虚体”之间的空间关系是完整的且可以被感知时，城市节点就可以被包含在城市结构中并得以呈现。通过客观、深入地分析城市空间现状充分认识该城市空间的建筑、围墙之类的边界线的存在，提高人们将城市空间赋予“图形”的意识和技术手段，从而创造出积极的城市空间，见图 4-44 |

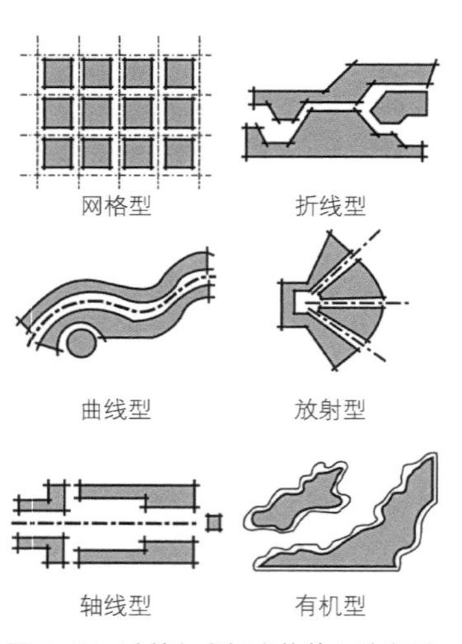


图 4-44 建筑与空间虚体的六种类型

（2）局限

首先，历史街区、城市中心区、低层建筑区等密度较高的城区用图底关系研究有一定意义，反之对建筑密度较小的城区可能派不上用场；其次，图底关系理论是将“三度”空间简化为“两度”空间，但在解读如城市广场之类的城市空间时我们应着重考虑城市空间的三度性。

### 6. 空间句法分析方法

空间句法（Space Syntax）是指一种通过对建筑、聚落、城市和景观等空间结构量化描述进行空间组织与人们社会关系处理的理论和方法。从建筑群落的内部入手，以空间本身为切入点，从构形的角度揭示空间的复杂性，将空间作为独立的元素进行表现，并以此为基点，进一步分析建筑、社会、认知等领域之间的关系。

#### （1）实施应用

空间句法把历史城镇中经常具有的不规则建筑布局和外部公共空间称为“变形网格”，在变形网格中从特定空间观察的一维视线长度称为“轴线”，二维宽度称为“凸状”，三维标准称为“深度格局”。其以人的体验作为基本出发点，并融合进了为“健全的社会生活”而进行城市设计的目标。空间作为人类活动的一个本质方面：即人在空间中运动、交往。运动的本质是线性的（轴线），交往则需要在一个凸空间内进行（凸状），从空间的任何一点向四周张望，都能形成一个形状自由的无障碍的视域空间，当人们在城市中的复杂空间行进时，这些无障碍的视域空间将逐渐叠加，从而形成人们对整个空间的一个全面的几何印象。在此基础上空间句法研究出三种具体的分析方法：轴线分析法、凸状空间分析法和视区分析法。

**轴线分析法：**研究对象为大范围的城市路网和街道、市区等尺度的空间。轴线即是从空间中某一点所能看到的最远距离，每条轴线代表沿一维方向展开的一个小尺度空间，且一维方向的伸展是有长有短，变化不定的。实际上，“轴线”不仅只代表视线，还可以表示潜在的移动，并伴随着行进、转移和运动的概念。“轴线指数”（Axisindex）是一个评估在空间句法意义上的“强”与“弱”的参数，“轴线指数”越“强”，则潜在的移动、行进、转移和运动的频率或强度越高。反之，“轴线指数”越“弱”，则潜在的移动、行进、转移和运动的频率或强度越低。用深浅不同的颜色表示每条轴线句法变量的高低，也就在一定程度上明晰了空间体系的构型原理，见图 4-45。

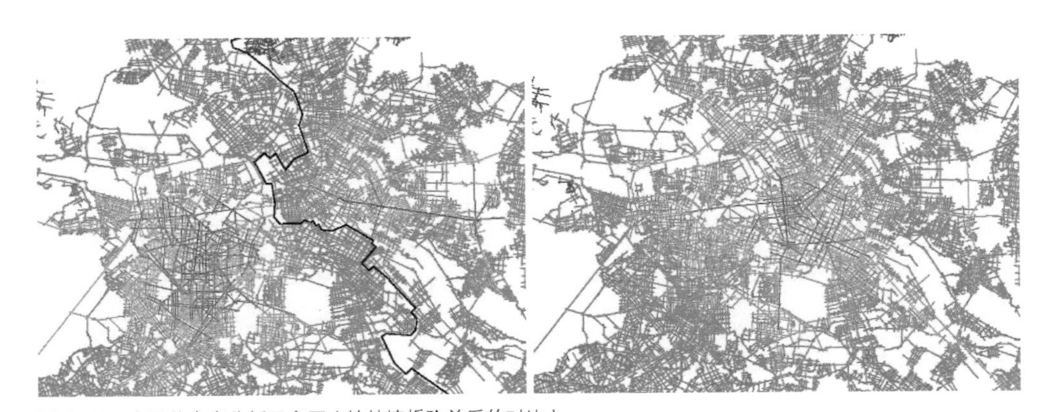

图 4-45　全局整合度分析示意图（柏林墙拆除前后的对比）

**凸状空间分析法**：常被使用在分析一些边界的界定较为明确的建筑空间或广场空间中。“凸状”本是个数学概念，连接空间中任意两点的直线，皆处于该空间中，则该空间就是“凸状”。处于同一凸状空间的所有人都能彼此互视，从而达到充分而稳定的了解和互动，所以凸状空间还表达了人们相对静止的使用和聚集状态。

空间句法规定，用最少且最大的“凸状”覆盖整个空间系统，然后把每个“凸状”当作一个节点，根据它们之间的连接关系，便可转化为关系图解，分析各种空间句法变量，然后用深浅不同的颜色表示每个凸状空间句法变量的高低。

对于处于同一“凸状”内的两个人，两个人所处具有潜在占据性的位置是可以相互看见的，可以使用“可见性”“相互意识”“共存性”“潜在的社会交流”等术语描述。对于系统中所有的“凸状”，其数量、形状和分布构成一种空间体关联状态，表达可能具有的社会交往，以及人们认知性的水平。“凸状指数”越高，则表示“可见性”越好、“相互意识”性越强、“共存性”越高，“潜在的社会交流”越多。

**视区分析法（分析公共空间内的视域模式）**：简单地说，视区就是从空间中某点所能看到的区域，是指视点在其所处水平面上的可见范围。“视区”可以简单地被看作是由通过空间中特定一点的水平视线切面形成的。视区不等同于凸空间，它与所处空间界面的形式有关，可能不是完全由实体界面组成，而更多地由视区多边形的形状所决定。“视区指数”越高，则在城市活动中，空间系统的纵深感越强，整体可达性越高。

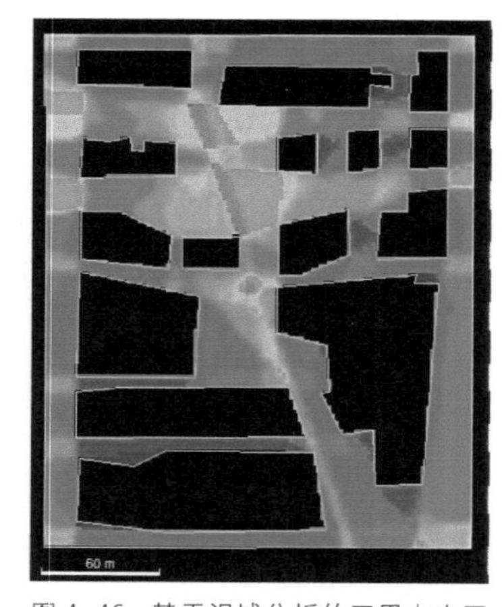


图 4-46 基于视域分析的三里屯南区空间句法分析

视域整合度也是以视域深度值为基础，经过一系列算法得出的结果。视域整合度高的空间单元最易形成人流的聚集，所以，单从空间组织结构的角度来看，三里屯 Apple Store 的周边是分析范围内最易吸引人流的区域。

城市设计中定性的视区分析可探讨不同空间在整个空间结构中的控制力和影响力，并借此挖掘其社会文化意义。用视区方法进行空间分割，就是首先在空间系统中选择一定数量的特征点，一般选取道路交叉口和转折点的中心作为特征点，因为这些地方在空间转换上具有战略性地位，接着求出每个点的视区，然后根据这些视区之间的交接关系，转化为关系图解，最后的图示可用深浅不同的颜色来表示每个点句法变量的大小，并用等值线描绘出这些点之间的过渡区域。例如有人对城市中不同广场，或者建筑中不同房间的“凸状视区”进行比较研究；还有用“钻石形空间视区”分析来研究人们日常活动区域内的可见范围；用“立面视区”来分析重要建筑与城市空间的结合关系，见图 4-46。

（2）局限

分析方法欠严密且与现实有一定的差距。空间句法在分析模型中，先假定人的空间行为和空间形态之间存在必然的联系，而现实社会的情况并非完全如此。城市的空间布局并非如空间句法所假设的那样与社会的权力、等级相对应，空间句法对城市历史、文化、生态等重要因素的考虑几乎是空白的。

## 4.4　问题辨析

城市如同人一样，在特定的时空当中，通过与外部世界的物质、能量与信息交换维持机体生长和持续发展。人的生长遵循生老病死等生命规律，城市亦然，需要适应特定阶段的资源环境承载能力和经济社会发展阶段，否则就会出现运转失调或发展失控现象，即城市问题。城市设计在本质上是对城市的一种认识，是城市客观过程的一种反映，城市设计的作用只有在此前提下才能发挥，也就是说，城市设计并非是一个自在自为的过程。城市设计作用的特点决定了技术理性的基本特征——“先诊断后治疗”。城市设计需要从城市不同发展阶段人对城市空间的需求特征入手进行问题诊断，既要解决现实问题，也要回应未来发展；既要明晰显性的空间问题，也要洞察隐性的社会问题。在维护城市机体健康生长的基础上，提升空间质量和场所品质，推动持续发展。本节参照人体病患诊断原理，建立“五步走”的城市地段现实问题的研判方法，以地段本体特征为入手点，了解失调的表现状态，发现导致失调的因素以及严重程度，探究问题的症结所在、发生过程和根本原因。

### 4.4.1　城市空间问题的类型

城市空间是社会大系统在大地上的投影，通过物质空间系统支撑城市各项活动的发生，承载内在功能、具备外部形态、显现发展特征。城市系统内部与外部因素的动态变化会打破相对稳定的平衡，一方面推动社会向前发展，另一方面也会造成一定程度的运转异常，如功能失调、形态异化、发展滞涨，即出现所谓城市问题。从城市设计价值内涵入手辨析城市空间问题，包括发展时序、人群需求和地域特征三大类；就城市发展阶段而言，包括现实和发展问题；就人群活动需求而言，包括配置、规模和效能等问题；就地域特征条件而言包括显性问题和隐性问题，在开展设计时需要进行综合研判，见表 4-13。

表 4-13　城市空间问题的类型

| 问题类型 | 问题表现 |
| --- | --- |
| 从城市设计价值<br>（场所营造内涵） | 城市发展匹配度（形态是否符合城市发展规律）——不真<br>人群活动匹配度（形态是否支持活动有序开展）——不善<br>地域特征匹配度（形态是否符合地区现实特征）——不美 |
| 从城市发展阶段<br>（空间机体变化） | 现实存在的失调问题——现实问题导向<br>未来发展的预期问题——发展目标导向<br>动态时序的渐进问题——持续生长过程 |
| 从人群活动需求<br>（机体运转效能） | 有没有的问题（功能的基本配置）<br>够不够的问题（配置的数量规模）<br>顺不顺的问题（配置的运行状态） |
| 从地域特征条件<br>（场所品质彰显） | 此人的需求问题<br>此地的形式问题<br>此时的创造问题 |

### 4.4.2 现实问题的研判方法

正常健康的城市空间机体是生长发展的前提，城市设计首先需要解决城市空间机体存在的问题。城市现实问题的研判如同人体病患的诊断，需要了解病患、观察病症、发现病因、初判病性以及深究病理，见表4-14。

表4-14 问题辨析的内容框架表

| | 人的疾病诊断 | | 地段的问题研判 | |
|---|---|---|---|---|
| | 疾病：人体生命形式出现异常状态的外在表现特征 | | 问题：城市空间机体出现失调现象的外在表现特征 | |
| 第1步<br>了解病患 | 生命本体 | ——性别，年龄，体质等 | 地段本体 | ——历史发展阶段、自然资源信息、文化资源信息、物质环境条件、技术经济要求等 |
| 第2步<br>观察病症 | 异常的外在表现? | ——外在相貌失常：面黄、肌瘦、损伤、痤疮、口疮等<br>——机体运转失调：咳嗽、头痛、胸痹、不寐、胃痛、泄泻、中风、眩晕、中暑、厌食等 | 失调的表现状态?（状态） | ——功能使用混乱：人口、就业、交通拥塞、治安不佳、社会隔离、老龄化问题、经营不利、<br>——外在样态颓败：水质污染、雾霾、环境破败、空间消极等 |
| 第3步<br>发现病因 | 导致异常的诱因? | ——外感性致病因素（风、寒、暑、湿、燥、火六淫）<br>——内伤性致病因素（喜、怒、忧、思、悲、恐、惊的七情）<br>——其他跌仆损伤，蛇虫咬伤，劳伤，饮食所伤等 | 导致失调的因素?（原因） | ——外部因素变化：社会经济发展，政策制度调整，重大事件变化等<br>——内部因素变化：空间自然衰败、生活需求生长、功能升级换代等 |
| 第4步<br>初判病性 | 异常的严重程度? | ——急性病<br>——慢性病 | 失调的严重程度?（程度） | ——显性严重（迫切）<br>——隐性累加（缓慢） |
| 第5步<br>深究病理 | 病变的根本原因? | ——人与自然统一关系的破坏<br>——机体本身整体联系失调<br>——其他意外损伤<br>造成运动系统、神经系统、内分泌系统、循环系统、呼吸系统、消化系统、泌尿系统、生殖系统、免疫系统失效致病 | 失调如何发生的?（机制） | ——空间系统：基本配置缺乏、配置程度不够、配置关系不顺<br>——生态系统：功能承载力、空间承载力、生态承载力超荷<br>——社会系统：人群构成比例失调、管理制度失灵、社会意识观念落后<br>——经济系统：动力不足、协调力不够、市场失灵 |

1. 了解问题的发生主体

生老病死，人的生命规律使然。生活在特定时空中的人，因为内外环境变化会诱发身体出现头疼、咳嗽、发热、损伤等疾病状态，影响人正常活动的开展。不同年龄、性别、体质的人罹患的疾病不尽相同，疾病诊断的第一步是遵循生命规律，了解个体体质的基本情况。城市同理，在发生发展的过程中，因为内外系统的变化会引发城市地段出现一些失调状态，表现为道路拥塞、空间消极、环境衰败等问题现象，影响城市正常活动的开展。地段问题剖析首先需要把握城市发展规律，了解地段的自然资源、历史沿革、社会经济、物质环境等基本属性。其中，自然资源包括自然条件、景观资源，如气候、地形、水文、植被、标志和景点等；历史沿革包括地段的历史发展、文化传统、民俗习惯等；社会经济包括人口构成、社会组织、管理体系、产业结构、经营活动等；物质环境包括区位环境、土地利用、功能划分、道路交通、公共环境、街道模式、建筑物等。

2. 观察问题的表现状态

人体病症的表现状态通常体现在两个方面，一方面是外在相貌失常，如面黄、肌瘦、损伤等；另一方面是机体运转失调，如咳嗽、头痛、胸痹、不寐等，这些是疾病发生的外部信号，而非疾病本身。在城市问题的研判过程中，问题的症结和表征经常被混淆，造成头疼医头、脚疼医脚的狭隘问题观，不能解决任何现实问题，反而错失时机。从疾病异常的角度看待城市问题，反映在两个方面，第一，功能使用的失调，如住房不足、交通拥塞等；第二，空间环境的失序，如环境破败、空间消极等，城市问题涉及城市大系统的各个方面，还应注意区分显性问题和隐性问题，城市硬质系统（自然和空间系统）的失调表现为显性问题，城市软质系统的（社会和经济系统）的失调表现为隐性问题。

“疾在腠理，汤熨之所及也；在肌肤，针石之所及也；在肠胃，火齐之所及也；在骨髓，司命之所属，无奈何也。今在骨髓，臣是以无请也。”

——《扁鹊见蔡桓公》

3. 发现问题的诱发原因

人体从外界环境中摄取营养物质，通过内部各系统将其转化为构成本身的成分并储存能量，协调机体正常运转、健康成长。动态变化的外界环境和内部系统是人体疾病发生的主要诱因。任何一个地段都是城市的有机构成，与其他地段共同发挥作用，维持整个城市系统的正常运转，地段内外因素的变化是问题发生的主要诱因，就内部而言，主要原因包括空间自然衰败、生活需求生长、功能升级换代等；就外部而言，主要原因包括：社会经济发展，政策制度调整，重大事件变化等。在城市发展过程中，内外因素持续发生变化，必然会带来物质空间环境与人的需求不匹配的现实情况，需要明晰诱发原因，在很多情况下，城市问题是多种因素相互作用引发的，同样需要进行分析研判，明确主要因素，为进一步探明病理找准方向。

中医所言对于表证（外感性致病）未除，里证（内伤性致病）又急者，如单用解表，则在里之邪难去；如仅治其里，则在表之邪不解，故须表里同治，使病邪得以分消，以达“表里双解”。

4. 初判问题的严重程度

针对不同的病症发展与严重程度，或急或徐，皆应采取与之相适应的应对之法。城市设计亦然，城市问题的不同严重程度，也将对最终设计手法的选择和设计策略的制定产生决定性影响。

《黄帝内经》记载：“上工治未病，不治已病，此之谓也”，其中包含两层主要思想，即“未病先防”和“既病防变”。以我国城市普遍存在的城市交通问题为例，“未病先防”指目前交通问题暂未显现或相对较轻的中小城市，可以预见性地采取合理

“治病必求于本”告诫医者在错综复杂的临床表现中，要探求疾病的根本原因，宜采取针对疾病根本原因确定正确的治本方法。

——《素问·阴阳应象大论》

规划吸引人流的公共建筑物；合理组织城市交通的运营战略线和时间等措施，防患于未然；“既病防变”则主要针对交通问题凸显的大型、超大型城市，当采取全面掌握城市客、货流的流源、流向和流量，调整城市交通运营；区分不同功能的道路性质，优化旧城区的道路系统；形成地上、地下结合的交通枢纽等措施，予以控制和改善。

5. 深究问题的症结病理

城市问题的辨析也应当透过现实表象看到问题本质，探寻背后的本质要素和深层规律，辩证地看待内、外两方面诱因。外部诱因主要指直接对地段发展产生不利影响的外部环境因素，属于客观因素。其一般归属为经济、政治、社会、人口、产品（服务）、技术、市场、竞争等不同范畴。内部诱因则主要指地段主体在其发展中自身存在的消极因素，属于主观因素。通常涉及地段环境、用地现状、空间特点、环境品质、人群活动等不同范畴。

面对错综复杂的城市环境，设计者同样需要学会在众多的设计问题之中抽丝剥茧厘清主次矛盾，把握住核心问题的产生机理，于大处落墨以防舍本逐末之情况发生。归纳常见的城市设计问题构成，核心症结大多聚焦于社会文化、经济产业、生态环境和空间利用四大领域。

（1）社会文化

社会系统是城市大系统的组织调和枢纽。从社会效益的角度看，城市空间是一种社会秩序的表达形式，城市设计则是融合社会伦理、社会行为心理等，从社会整体结构出发的操作过程。社会文化方面的问题研判主要针对的是城市地段的社会构成、行为活动和风土人文等方面的审视和判断。如空间环境是否公正地给人们提供服务，保障不同社会群体的接触可能性，促进社会友好；城市生活和人流活动之环境需求是否得到满足；地域文脉是否得以传承延续，城市风貌能否体现当代文化特征；城市建设是否创造具有活力的场所，促进丰富的城市生活和人流活动……各方面提出不同的具体需求，进而影响到现实社会中经济、地位和权利、分配性、关系性等方面问题。

（2）经济产业

产业经济是城市参与区域竞争的基本条件，也是城市满足其内部运作的动力。城市的形成和发展是经济发展过程中服务产业集聚与分异、产业结构升级演变的直接结果，见图 4-47。此类问题核心多在于社会发展及产业阶段等经济环境改变的影响，是从经济载体的角度看待城市。既关注城市产业经济发展的动力是否充足，也关注产业经济发展和设施配置是否与社会整体发展阶段、居民的精神文化水平和生活方式特征相匹配，警惕任何的超前或滞后都将影响城市内部服务职能和空间形态的有序发展。

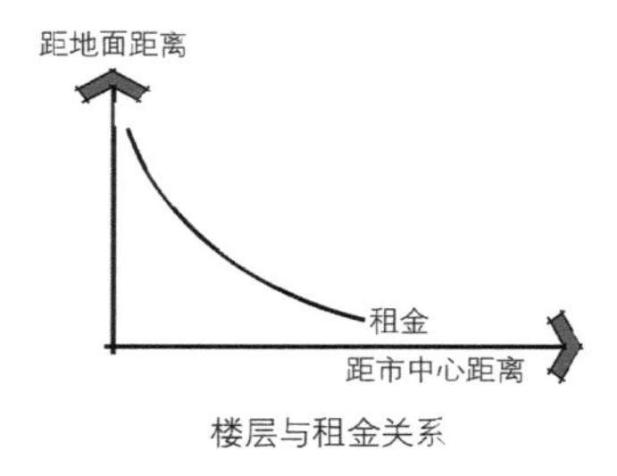

楼层与租金关系

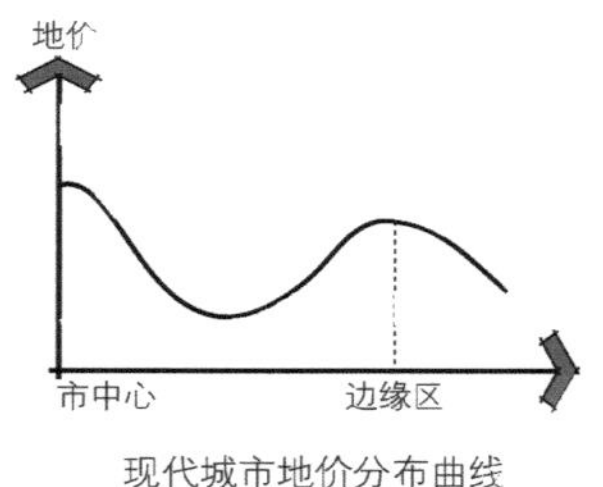

现代城市地价分布曲线

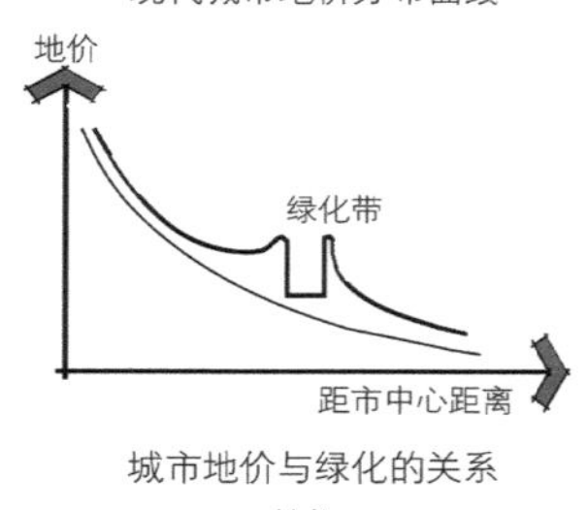

城市地价与绿化的关系

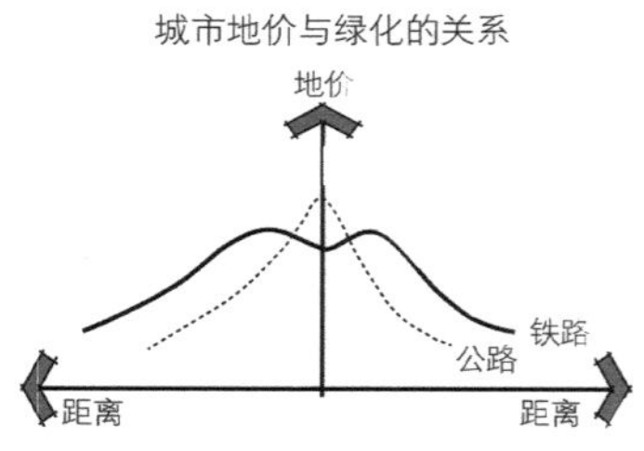

城市地价与铁（公）路的关系

图 4-47　城市地价

（3）生态环境

生态系统是城市大系统的自然环境基底，环境问题的研判主要针对城市建设活动与自然环境和人工环境的相互影响。其中自然环境问题研判主要关注实践活动是否对自然特色的保护、城市社区内外开敞空间的数量和分布、绿化条件、水质、空气的质量状况等方面造成影响。人工环境问题研判则主要涉及城市区域内人为建设活动所带来的影响因素，包括建设活动造成的公共环境内日照、空气、风力等小气候变化，建筑物光反射、建筑照明等对公共环境的影响，城市空间受到附近场所、建设施工影响以及地段本身的噪声水平，及城市内的清洁卫生环境等。

（4）空间利用

空间系统是城市大系统的物质载体。空间使用方面的问题研判总体来说就是针对城市环境的实用、认知及审美等范畴内的状况和问题的深入挖掘和梳理。

功能实用是人在城市环境中行为活动的基础诉求，此类问题核心主要在于地段的功能承载力和各类人群的社会活动和经济活动在适用性、安全性、可达性和适应性等方面的需求是否与物质环境相匹配。

形态认知是城市设计物质层面问题的呈现，在对城市空间、结构要素等相关内容系统梳理的基础上，不难发现此类问题大多体现在结构秩序、城市肌理、比例尺度、群体轮廓、认知意象等方面易读性、协调性、愉悦性和独特性等方面的科学判断。

审美取向是对城市历史文化和城市风貌在视觉感受、情感体验和场所精神等层面的综合判断。视觉感受是获得美感和情感关联的基础，格局是否清晰、建筑是否协调、环境是否合宜……是建立场所意识的基本前提。情感体验指城市环境中影响人们感受的内在品质，例如空间场所的特色能否体现出场所的文化内涵和个性；空间形式能否传达出领域感从而给人以自主感、荣誉感和归属感；空间中的活跃因素和丰富活动能否给人以愉悦的情绪等。场所精神关注人与世界的联系及其意义，认为城市环境凝结了城市的精神与物质文化，城市空间是否能够呈现被隐匿的日常生活氛围所形成的场所精神是设计的出发点和归属。

## 课后思考

1. 城市设计背景条件包含哪些内容，他们如何影响城市设计决策？
2. 调查所在城市的代表性街道中的人群活动与物质空间的关联，并提出存在的问题。
3. 分析所在城市自然环境对城市空间形态的影响。
4. 举例说明目前我国的城市开发中所存在的常见问题及其成因。

## 推荐阅读

1. 段进．空间句法在中国[M]．南京：东南大学出版社，2015.
2. 龙瀛，毛其智．城市规划大数据理论与方法[M]．北京：中国建筑工业出版社，2019.
3. [美]罗伯特·M·格罗夫斯，弗洛伊德·J·福勒．调查方法[M]．邱泽奇译．重庆：重庆大学出版社，2017.
4. 金广君．当代城市设计创作指南[M]．北京：中国建筑工业出版社，2015.
5. 甄峰．基于大数据的城市研究与规划方法创新[M]．北京：中国建筑工业出版社，2015.
6. 赵景伟．城市设计[M]．北京：清华大学出版社，2013.
7. 段进．空间研究3：空间句法与城市规划[M]．南京：东南大学出版社，2007.
8. 吴庆洲．规划设计学中的调查分析法与实践[M]．北京：中国建筑工业出版社，2005.
9. 李和平等．城市规划社会调查方法[M]．北京：中国建筑工业出版社，2004.
10. 章俊华．规划设计学中的调查分析法与实践[M]．北京：中国建筑工业出版社，2005.

# 第5章

# 目标策略选择

发 展 导 向 下 的 城 市 设 计 任 务

# 本章导读

## 01 本章知识点

- 发展目标的研究与拟定；
- 地段定位的分析与决策；
- 设计策略的制定与应对。

## 02 学习目标

- 理解并掌握设计定位的分析、决策思路及方法；
- 理解设计定位与目标的关联，掌握确立目标定位的思维路径；
- 了解各类型设计目标的核心特征及其诉求；
- 了解不同城市设计项目类型特征及其主要应对策略。

## 03 学习重点

理解并掌握各类型城市设计策略的主要内容、适用场景及应用要点。

## 04 学习建议

城市设计并非一个单向线性的过程，其中“现实认知－策略制定－规划布局－设计营造”的整体阶段总是伴随着具体工作的循环交替而螺旋前进——伴随设计的深入与推进，往往需要强化或修正前期工作内容。目标策略作为前后期设计工作承上启下的过渡环节，学习者在学习中当注意以下几点：

- 目标策略的制定需要建立在充分认知设计对象和清晰把握场地核心问题的基础之上，学习过程中当灵活运用第 4 章的调查分析方法不断深化场地认知。
- 城市设计目标定位的确立是一个综合分析过程，当在全面了解设计对象内外部条件的基础上，紧扣核心问题与矛盾开展工作。
- 城市设计强调多重目标体系下的综合收益，不应执着于某单一目标的最优，而应整体把控，达成城市发展的综合效益。

## 5.1　总体目标

城市空间是城市大系统在大地上的投影，反映社会、经济、环境方面的发展阶段和空间状态，是不同利益诉求相互博弈并物化于空间形态的结果。城市设计需要统筹这些差异化诉求，客观评价城市及片区的发展阶段和现实核心问题，建立发展目标体系，通过总体目标、分项目标和时序目标的构建满足不同的要求。

### 5.1.1　目标系统构成

作为推动人类聚落发展的社会实践，无论来自自下而上的生活诉求，还是来自自上而下的宏大愿景，城市设计关涉社会治理和经济发展的协同、文化传承与技术创新的交融、生活方式和物质空间的互动、功能使用和美学形象的平衡等诸多发展内涵。在城市总体目标指引下，城市设计以公共利益和整体效益为价值站点，在回应现实问题的基础上，不断提升城市的空间质量和环境品质，保持经济、社会、文化、环境的活力。因此，围绕城市发展总体目标，城市设计需要构建完善的目标系统，从整体上关照局部问题，推动城市的可持续发展，见图 5-1。

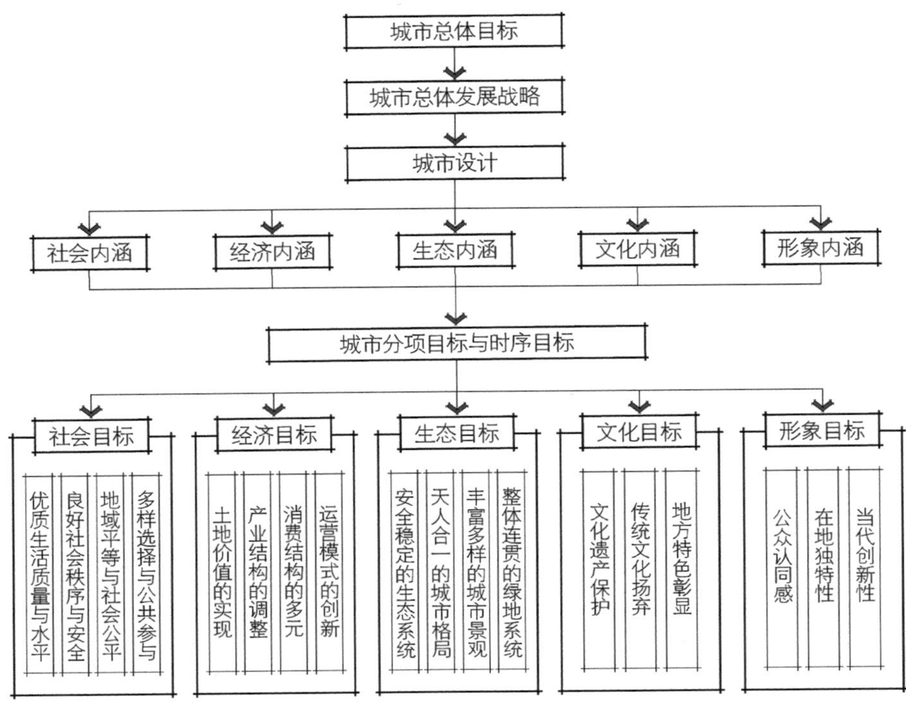


图 5-1　目标拟定和定位研究

城市是一个系统构成，包括软质系统的社会与经济以及硬质系统的自然环境与建成环境，就城市设计而言，包括社会、经济、生态、文化和形象五个方面。

1. 社会目标

城市空间应满足人们日益增长的物质与文化需求，通过设施的配置与优化稳步提升人们的生活质量；倡导包容的价值观念，通过营建积极的空间环境，保障良好的社会秩序和社会安全；倡导空间正义，通过恰当的空间布局保障地域平等和社会公平；倡导民生导向，通过各项社会计划和场所营建满足人们的多样性需求，保障公众参与的实现。

2. 经济目标

城市土地是空间的本底，也是产生经济价值的根本来源，需要综合考虑土地的稀缺性和区位属性，挖掘城市经济增长的内生动力，通过用地配置调整、服务设施内容更新、功能布局调整以及相关配套系统优化，带动消费，实现其土地价值；适应经济发展诉求，通过产业结构的调整完善、消费结构的多元导向、运营模式的创新实施等提高城市的经济效益。

3. 生态目标

城市开发建设应充分尊重地区的自然资源和生态条件，使人工系统与自然系统协调发展，构建安全稳定的区域生态格局、科学合理的城市空间布局；贯彻生态优先的准则，注意保护自然景观、格局和物种多样性，构建完善的生态循环系统，促进空气、水、土壤、植被、动物等的持续共生；在充分把握城市的自然生态特征和生长规律的基础上，选择恰当的生活与生产方式，降低碳排放，减少对环境的影响。

4. 文化目标

优秀传统文化代表了一个地区的精神命脉，对其的继承与发展是城市的重大使命之一。城市的文化目标以反映独特的地方文化和风貌特色为指引，并通过活动组织与策划等社会策略和特色风貌与景观环境营造等空间策略，使之融入日常生活和空间设计中，具体内容包括营建智慧挖掘、文化遗产保护、人文风土传承和地方特色发扬等。

5. 形象目标

形象目标反映了城市居民对身份与文化认同的需要，当基本的物质需求得到满足，城市进入内涵建设和质量提升阶段，城市形象要求就会纳入议事日程。这些关涉审美的形象要求集中反映在城市的核心公共空间。要求塑造富有城市特色、反映城市性格、具备时代特征和标志性形象的城市对外窗口。

### 5.1.2 阶段发展目标

城市和片区地段处于特定的时空当中，空间机体通过生长、衰败、扩张、收缩等适应不断变化的社会经济条件。城市设计是人们在认识城市的基础上，对其现实问题创造性的回应过程。城市不存在终极的形态和结构，城市设计的目标需要随着外部条件的变化而及时做出修正，从具体化的结果转变为过程中的控制。因此，在确定城市设计发展目标的过程中，应当合理构建设计与建设时序，明确近期目标与远期目标，循序渐进逐步发展。

1. 近期目标

近期目标回应以问题为导向的现实需要，通过对现状的认知研判，辨析当下最为迫切的矛盾问题，在全面掌握情况的基础上尽可能形成客观、准确的判断，洞察影响片区发展的关键所在。其次应当注意规避设计师的单一设计思维，仅考虑空间环境本体的提升改善，而忽略地段社会关系的修缮、经济活力的复兴等影响空间利用的关键问题。再次应当注意近期目标的“种子”效应，以问题为导向的城市设计强调以自下而上的方式推进，其行动方案需要获得广泛的公众认可，并借助各种力量推动实施。“种子”效应是改变片区既有观念，发挥“示范”作用的重要途径。最后应当注意近期目标与后续发展目标的衔接与持续关联，形成清晰的发展路径，尽管在城市建设进程中会出现不可预料的影响因素，目标系统的持续性依然需要重视，让城市保持健康的持续生长，避免外科手术式的推倒重建。

2. 远期目标

远期目标回应以发展为导向的未来愿景，即城市设计的“结果”目标，追求过程与追求结果的目标对城市设计来说是兼备的。从结果角度看，城市设计涉及大到整个城市或区域，小到一个局部的物质空间，这些空间所承载和容纳的城市生活健康而具有活力就是城市设计的根本目标。远期目标是依据城市现实发展阶段的整体状况，针对性地提出一定时间期限内能够达成的有限结果。远期目标对于整个过程导向良好的方向具有重要意义，是城市设计者评价、调整和完善阶段目标，实现更好结果的依据，见图 5-2。

远期目标关涉诸多内涵，有各自的特定内容，彼此之间又具备内在的统一性与协调性，在发展进程中应关照不同目标的达成情况，特别是社会目标、生态目标和文化目标的实现度，避免过度追求经济效益或空间形象带来的城市问题。远期目标为城市的发展构建了一个理想化的图景，具有导向的作用和价值，在城市发展过程中，需要根据社会经济发展条件的变化做出适时的调整。

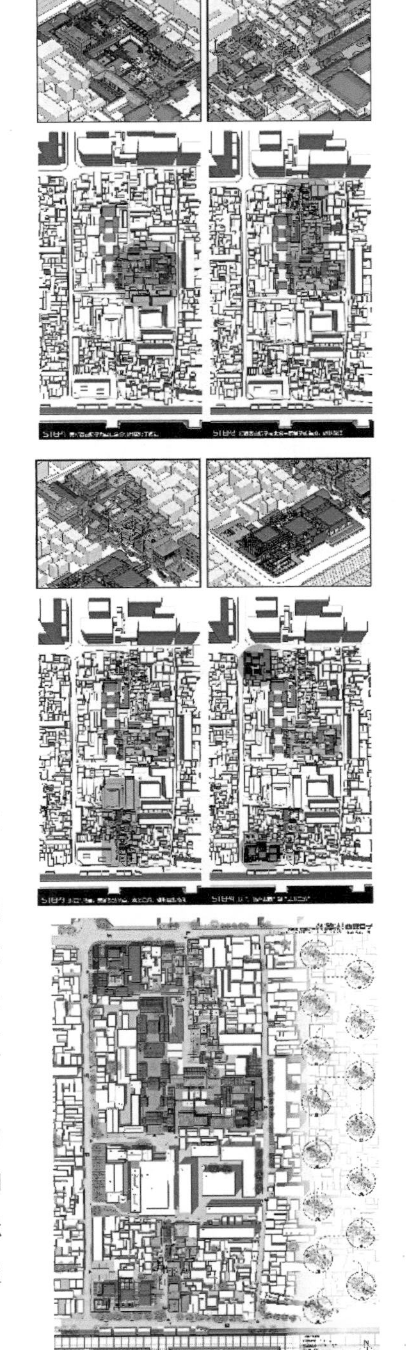

图 5-2 西安顺城巷卧龙寺地段城市设计分期

## 5.2 发展定位

城市的发展定位是一个系统工程，需要结合社会发展现实条件，城市与地段资源禀赋，社会大众对城市空间的整体诉求等方面因素综合判定，从区域城市竞争和差异化发展中寻找城市、片区或地段的特质和发展潜力，厘清面临的压力、机遇与挑战，在此基础上，确定适应自身条件和前景的目标定位。

SWOT 分析法，美国旧金山大学管理学教授于 1980 年代提出，Strength 优势；Weakness 劣势；Opportunity 机会；Threat 威胁。其中，又可按照要素的来源将 S、W 归纳为内部资源，O、T 归纳为外部条件来分别予以归纳和梳理。

针对城市设计分析定位的分析和决策，由美国旧金山大学的管理学教授在 1980 年代初提出来的 SWOT 分析法提供了一条很好的研究路径。就是将与研究对象密切相关的各种主要优势因素、弱势因素、机会因素和威胁因素，通过调查罗列出来，并依照一定的次序按矩阵形式排列组合，然后用系统分析的思想，把各种因素相互匹配起来加以分析，从中得出一系列相应的结论。

在这一地段定位过程中，最大的两个特点就是思考方式中初始的“散”和后来的“聚”——初始的“散”，使其得以全面和客观，因为在最初的“头脑风暴”式的发散思维下，经过不止一轮的收集，能够最大可能地获得关于地段的信息，为后面的判断提供十分完整客观的基础条件；后来的“聚”，使其得以准确和迅速，因为通过反复统计、排列、比较和筛选，将使得那些与地段有直接的、重要的、大量的、迫切的、久远的影响因素逐渐前置和保留，让最主要的问题自行暴露，从而向后引导设计目标和设计方案的形成，见图 5-3。

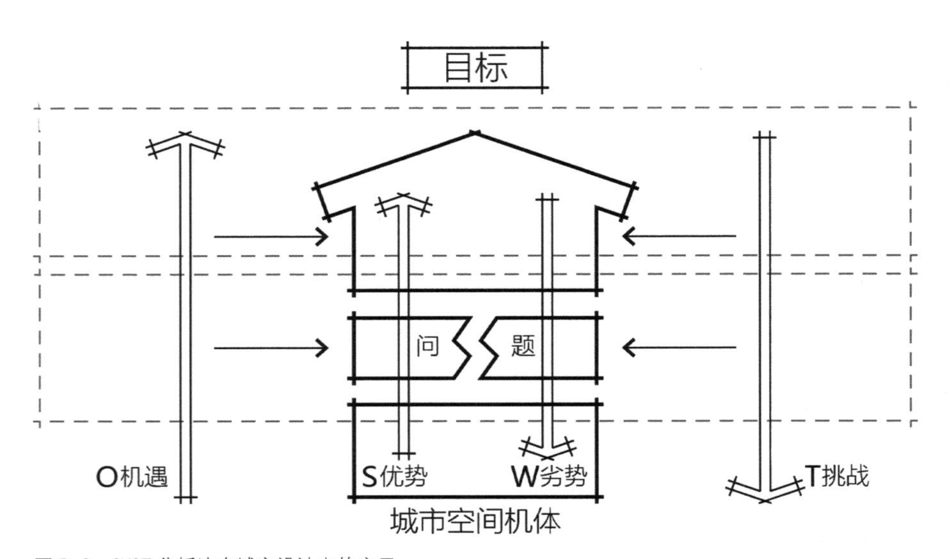


图 5-3　SWOT 分析法在城市设计中的应用

### 5.2.1　外部条件评估

外部条件包括机遇条件和挑战条件，它们是直接对主体发展产生有利或不利影响的外部环境因素，包括自然生态、历史人文、社会经济、政治制度和建成环境等方面。其中，自然生态和历史人文是相对静态的要素，社会经济、政治制度及建成环境是相对动态的要素，在认知判定上应区别对待，一方面需要全面掌握静态要素的内在规律和持续影响，另一方面深入了解动态要素带来的新变化，特别是从更大区域的视角评估动态因素的影响面和影响效应。

从时间进程看外部条件，当下世界与中国都处在快速转型期，城市外部条件的变化迅猛，既要面对社会转型带来的必然冲突，也要面对科技革命带来的全新理念。从空间尺度看外部条件，全球、区域和城市三个层面的政治经济格局变动都会对片区地段产生不同程度的影响，需要结合地段特征综合研判。从关联属性看外部条件，土地的稀缺性决定了土地价值的区位特征，区位是判定外部条件的重要因素。从正反作用看外部条件，设计对象的外部因素在不断地变化中，有时机遇条件会变成挑战条件，挑战条件处理得好也能变成机遇条件，所以城市设计实践本身也需要有敏感的反馈机制来协助调整原有的设计目标，使城市设计向各利益群体平衡有序的方向发展。

### 5.2.2　内部资源分析

内部环境包括优势因素和劣势因素，它们是片区地段自身存在的积极和消极因素，即包括片区地段内部的空间形态、建筑组群、道路交通、景观绿化、环境设施等物质空间因素，也包括内部的历史风俗、社会文化、经济产业、管理体制等社会经济要素。在调查分析这些因素时，不仅要考虑到设计对象的历史与现状，而且更要考虑与外部条件和未来发展的关系以及将会对环境产生的影响等。

无论是物质空间要素，还是社会经济要素，在现实世界当中是错综交织的，通过对内部各个方面优势和劣势的系统梳理，形成基本的资源清单和价值判定，寻找地段现状突出的矛盾和彼此之间的关联。如同机遇与挑战存在认知上的差异以及转换的可能性一样，优势和劣势同样需要甄别，不同的观念和站点就会导致资源判定的重大差异，需要用积极的态度面对现实存在的各种问题，将劣势转化为优势，推动设计开展。在实际工作中，这部分的分析成果往往会显示出对劣势不同程度的关注，通常以“问题”为导向，寻找造成问题的症结所在，确定地段定位与设计目标。目标的实施绝非是一连串的设计与实施管理的决策过程，在不断变化的内外部因素影响下，城市设计呈现为一种动态、开放的系统，并随时根据研究对象的外部和内部因素变化来辅助修正原有的设计目标。

### 5.2.3　发展目标研判

设计是用创造性的方法来解决问题，问题判定是设计的基本前提，对于城市地段而言，既有现实的问题诉求，也有发展的问题诉求。需要结合各类外部条件和内部资源，针对地段所处发展阶段的核心问题进行判定，在此基础上形成目标决策。

1. 明确发展阶段

城市是一个持续生长的有机体，如同不同年龄阶段的人一样，处于不同发展阶段的城市，其特征、问题和诉求大不相同，尊重城市自身的发展规律是我们进行目标研判的基本前提，滞后或完全超越现实状况的发展定位既不能为城市的健康成长形成积极有效的目标指引，也会造成后续策略的无用和失效。城市地段是城市的机体组成，在城市的整体发展进程中，因区位差异呈现不同的发展状态，或者扮演积极的角色，或者扮演消极的角色。地段的发展需要统筹城市的总体发展水平和地段的实际情况，形成客观准确的定位，见图 5-4（a）。

2. 把握核心问题

在明确地段发展阶段的基础上，需要结合现状调研，对现实问题进行整理分析，形成对核心问题的提取。城市设计的核心内容是城市物质空间为主体的场所营造，反映了城市各系统的良性运转，因此，需要对问题进行分门别类的整理，并区分其主次、轻重、缓急。设计是通过创造性手段解决问题，并不要求面面俱到，但对于在设计问题中具有重要作用的要素，我们必须将其抓住，这样就有可能实现设计上的突破，至少是为突破打开缺口和提供契机。城市设计工作正是在问题研判的基础上形成明确的设计任务，需要通过设计师运用合理的推理，依据常规和经验予以补充，判定地段核心问题，将之转化为明确的设计任务要求，见图 5-4（b）。

3. 建立目标层次

目标的确定往往还是一种抽象性的或语言文字上的要求。如功能要求合理、流线要简洁、要与周围环境协调、要有时代性和民族性、要成为城市的标志、应该分散或集中布局、要充分考虑其经济性、建筑要表现某种风格等。这些目标的提出虽然是发现问题的步骤，但对公共中心形象的形成起着总体方向上的指引作用，因而是必不可少的。在这一阶段，思维特征更多地表现为理性，常常以记录性为目的的程序性思维和以归纳、总结为主的逻辑性思维为主导，而思维感性的一面则相对表现得较少。其原因主要是在这个阶段，创作主体的思维目的着重对项目形成概念上的认识，需要对各种信息、资料作广泛的收集和整理，实质性的创造和改造工作还没有开始，见图 5-4（c）。

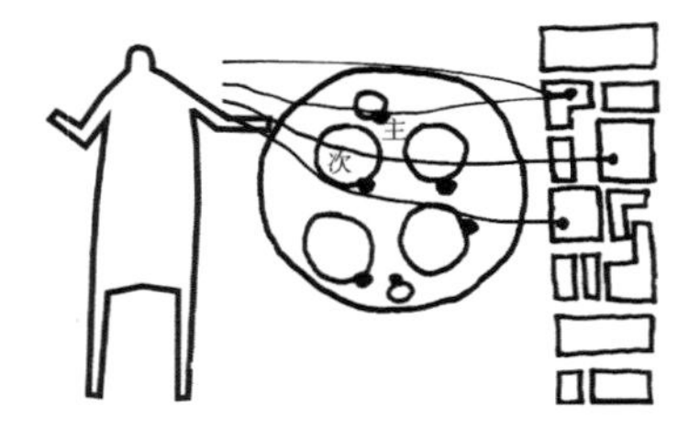

（a）明确设计问题

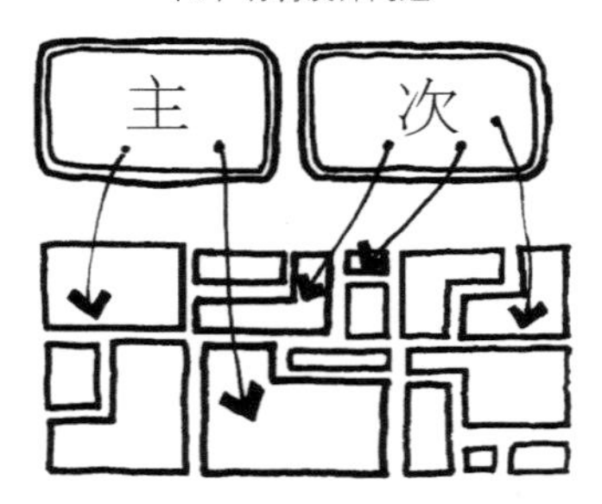

（b）把我关键所在

（c）确立目标定位

图 5-4　发展目标研判

## 5.3　策略制定

完成了以问题为导向的现状认知和以目标为导向的发展定位，就开始进入城市设计最为重要的策略制定和选择阶段。策略制定是将现状研判、目标定位与实施方案进行链接的关键环节，需要从纷繁复杂的现实条件中遴选主要矛盾和关键切入点，与发展目标建立有效的关联，将设计任务进一步聚焦。

### 5.3.1　设计策略类型特征

设计策略的生产主要倾向于理性的思考，通过对各类影响因素的综合分析，得出相对比较明确的概念和解决路径。在一个明确的概念和解决路径下，设计策略可以有多种实现的途径及不同的呈现方式。

1. 活动策划类

城市设计的核心是城市生活空间的创造，最终显现为三维的空间形态。生活空间是目的，空间形态是结果，他们是相互影响和补充的两个方面。目前，活动支持已成为评价城市环境质量的一个重要指标，高质量的形态环境条件能引导使用活动的健康发展，在这里人人都是演员又都是观众，丰富多彩又兼容并蓄的活动支持能使环境更活跃、更有生命力。因此，城市设计可通过展览型、参与型、分享型和 020（online to offline）型等各类型活动的策划与开展，呈现城市空间的多样化可能性，以唤醒公众的场所记忆和环境意识。在此基础上，通过信息交流、民主协商、共同决策等多种方式的公众参与形式推动城市设计决策、实施和管理，强化城市空间的活力与品质，推动设计的落实与执行，见图 5-5。

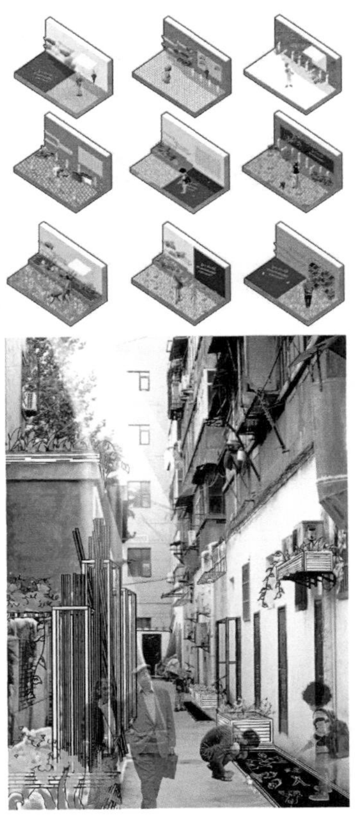

图 5-5　环境共建活动策划

2. 空间操作类

城市环境由承担具体功能的建筑、建筑群和外部开放空间共同构成，空间操作策略作为设计概念的具象表达应给予足够重视。仅有全面深入的分析研究铺垫，而无有效空间方案支持的设计宛如空中楼阁，不能在实际建设中发挥应有的作用。

（1）功能使用

城市设计经常面临“一张白纸上作画”的局面，这种用地的空白感在给设计减少限制的同时，也会由于功能定位含糊使得城市设计难以塑造自身特色，设计效果容易陷入“千城一面”的泛国际化困局。因此，在城市职能分工的基础上，从设计地段的主体功能特色入手，能够强化地段空间形态与功能的匹配度以及与其他类型城市地段的差异性，可以紧紧扣住城市设计的定位，打造特色鲜明的城市地段。

图 5-6　既有空间更新改造

（2）空间形态

空间形态设计是对城市三维空间的营造，其涉及街区、街道、广场、绿地等不同空间类型，每一种空间类型具备各自的功能和空间形态，从而使城市空间呈现密切的组织关系、多样的布局形式和丰富的景观特征。它们不仅是组织城市空间的要素，而且赋予城市空间特定的意义和特色，并且可以增强城市空间效果。城市形体环境组织当把握城市空间需求，反映城市地段的社会、经济和文化特征，见图 5-6。

（3）景观风貌

城市设计地段本身作为城市风貌形象的重要组成部分而存在，在设计策略生成的过程中应充分把握这一点，从城市整体的空间形态构架入手，搭建地段的整体景观操作策略。当城市设计地段的选址位于地域特定的自然山水环境之中，其设计策略就应突出和强化这种环境特质，使其在空间上与整体环境形成强烈的空间关联，辨析景观条件和特征，可以对城市设计中的空间形态格局提出系统性的指导。同时，城市风貌的塑造也应当是城市历史传统的延续和体现。其作为城市社会、经济、文化、环境等各种活动和要素的物质载体，记录着城市的发展变化，是城市人文环境可持续发展的核心组成部分。因此在一些历史文化脉络紧密的城市设计中，分析历史文脉可以找到合适的角度切入城市空间形态框架的构建，充分把握地段的历史发展脉络，建立全面的历史观，以真实性作为基本原则，避免简单、粗暴的文化认知方式，用单一时期的建筑形式和表征符号来统摄整个地区，以“营造文化”之名行“文化破坏”之实。

3. 制度设计类

城市设计制度体系是城市设计实施的有效保障，它是以法定方式或行政方式控制城市设计成果付诸实施、运行和管理的必要工具。设计并建立多种形式的保障和诱导制度，能有效地实施城市设计构思中具体的刚性和弹性要求。当然，这些具体的城市设计制度是以城市设计运作过程的法律、经济和行政之作用机理为基本出发点，也受其相应的制约，因而制度的具体实践作用是有限度的，见图 5-7。

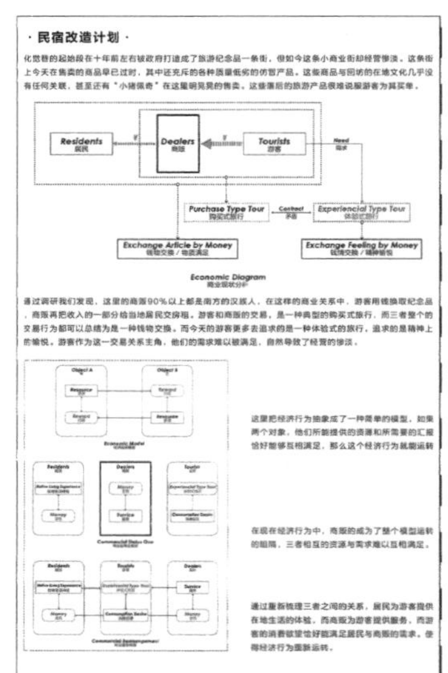


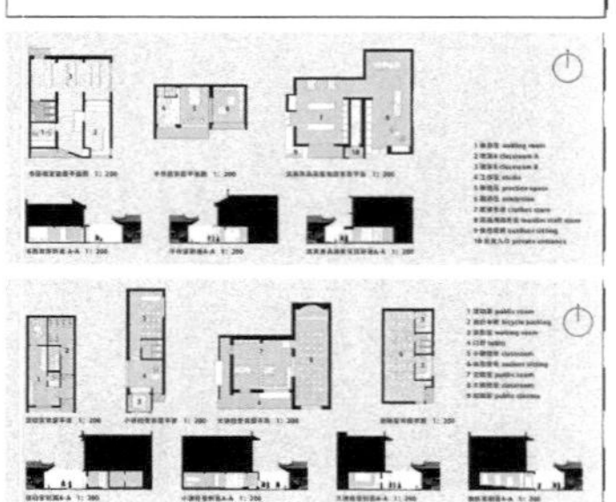

图 5-7　更新制度设计

（1）管理制度

管理制度主要指城市设计相关法规和政策，是从法律文件到地方政策、法规等以不同的法律作用方式全面保障城市设计之设计原则和具体做法的核心手段。它主要通过法律自身的约束力和授予政府管理机构特定的权力予以实现。如对于城市设计投资主体复杂、建设成本高、业主多、管理难度大的设计项目，从规划建设管理角度出发提出空间形态框架，有利于整体城市片区的发展。对于一些人口规模小、经济发展水平低的城市区域规划则应充分考虑分期逐步建设的实际需求。

（2）经济制度

城市设计过程往往是多方利益博弈的过程，设计策略的执行必须顺应城市经济产业发展的内在规律满足各方的利益诉求，单方面的利益驱使只能获得事倍功半的结果。因此，针对一些现状复杂地段的城市设计，尤其是更新型城市设计，可以尝试通过设计合理经济制度充分调动和诱导各方利益主体参与到建设过程中来，其中直接经费援助、税收政策和信贷支持是较为主要的三种方式。

### 5.3.2　不同类型城市设计的策略选择

城市设计策略是设计者针对设计所产生的诸多感性思维进行归纳与提炼所产生的思维总结，任何的具体设计都应始于设计策略。设计者将项目的任务书、背景资料和他们自身的实践、经验相结合，在现有的前提条件下尽量让每个设计元素都被置放到适当的位置。设计者在设计策略制定的过程中需要不断地进行修改完善及反思，直到设计策略变得成熟、合理。可以说设计策略的制定是一个循序渐进的过程，而非短时间内突发。

现实城市设计和建设中针对不同类型的城市设计对象形成不同的应对策略，主要包括三种类型：开发型、更新型和社区型。

1. 开发型

开发型城市设计，主要目的在于促进城市建设与经济发展，塑造良好的环境。项目实施内容可以是街区的结构性布局组织，也可以是对局部地段（块）的建筑空间设计。巴黎德方斯新区、上海浦东新区、苏州圆融时代广场等城市设计就是典型的开发型城市设计，见图 5-8、图 5-9。此类城市设计往往要求为设计区域的开发创造最佳的整体增值效应，因而城市设计策略主要关注于如何将市场要求与开发环境、公共空间、市政设施等具体要求联系起来，形成所期望的增值效应。其设计策略主要涉及以下三点：

图 5-8　巴黎德方斯新区

图 5-9　苏州圆融时代广场

**第一，合理利用自然环境。**河流、湖泊、农田、城市格局等因素在城市的发展过程中都具有自己独特的表现形式，城市设计师需要充分结合当地的自然因素，如这样才形成有别于其他区域的明显的地域性特征。

**第二，充分结合地域文化。**设计区域的文化内容也是变化发展的，城市设计的地域性内容亦并非孤立，而是相互关联的。因此，开发型城市设计地域性特征也是随着时代会发展变化，一个历史时期的城市设计面貌应当反映出特定时期的文化特征。

**第三，全面发展地域经济。**城市设计的主要目标是改进人们生存空间的品质。开发型城市设计地段通常具有较好的经济条件，在城市发展的过程中能够更好地利用经济因素，在城市设计的过程中创造出更加舒适的生活环境。

2. 更新型

图 5-10 上海新天地更新

图 5-11 巴黎卢浮宫扩建

更新型城市设计策略通常与具有历史文脉和场所意义的城市地段或传统的历史街区相关，此类地段经历时间的沉淀，已经形成相对完备的空间形态，对于本地居民而言，具有强烈的情感认同。规划设计更多地强调地段物质环境建设所涵盖的文化内涵和空间品质，以及适应当代城市生活的活力问题，见图 5-10、图 5-11。

在此类地段上进行的城市设计，其创新是受到一定的“限制”，即保护更新型城市设计的创新必须是建立在区域地段的历史文化价值基础上的，在保护的前提下进行创新。因此，在创新策略上更多的是基于对该地段历史文化内涵的独特解读，以及如何将其转化成创新的物质形态，这就需要设计师的创新意识必须达到一定的高度，这种高度不仅仅是实物形态的高度，而更多的是精神品位的高度。同时还要在设计成果中体现出历史文化在当代社会的价值，包括文化价值、美学价值和一定经济价值。也就是说，“保护”与“更新”这两者之间形成的创新才是此类城市设计创新的关键。

更新型城市设计策略对于现代城市的历史价值、文化价值和经济价值的开发和再现具有的作用，设计成果不仅适应了现代社会发展的需要，又唤起了人们对于历史情感的追求，是我们应该大力提倡的。其特征一般可归纳为几下几点：

**第一，传承历史文脉。**注重“新”与“旧”的融合，一方面需要对既有城市空间进行有机更新，赋予其新的时代功能，激发空间活力，另一方面也需要将历史文化内涵融入到新城市空间的塑造中，为新空间注入城市的“灵魂”。

**第二，保护社会网络。**面对新时期现代生活模式对旧有社会关系带来的碰撞，更新型城市设计首先不能对原有社会交往空间破坏、从而引起社交价值更大程度的失落。其次，不能一味地疏散人口，迫使原有的居民向外围新城单元房搬迁，或直接将中心旧城的推翻改建成为与外围新城相同的单元房。

**第三，优化功能布局。**针对片区原本的功能布局，结合片区本身的属性和特色，增加或减少部分功能。片区的功能优化时所增加或减少的功能必须和片区原有的功能相适应，当通过完善功能提升旧城发展动力时，需要考虑如何处理历史街道，如何利用周边景观环境等问题

**第四，激活触媒要素。**挖掘片区空间中的禀赋元素，激活有条件成为触媒的空间，并通过触媒空间系统的架构，带动城市既有空间片区的可持续更新。这种可持续更新将有效地带动周边的商业、文化以及公共交往活力的提升，增加片区居民的信心和认同感，使区域逐渐恢复有序的生态，地区居住文化得到传承。

**第五，利用弹性设计。**城市生活的状态极其复杂，规划的预制能力在面对这个可变因素极多的系统时适应力非常薄弱。因此，设计城市空间时需要留有余地，使其具有弹性，方便日后在科学理性方面改善其空间刚性不足的问题。这里所说的“弹性”，具有两方面的含义：一方面是建筑师设计的城市空间要具有再设计或再调整的

可能性，地方管理机构对生活空间的管理要有一定的弹性，在可控范围内允许居民的灵活使用，使城市拥有自我调节的能力，满足百姓的日常生活。另一方面，通过观察居民对生活空间的弹性使用，可以发掘规划中容易忽略的生活细节或者该地区特有的居民活动需求，并结合这些原本未纳入设计的活动，不断优化和完善生活街区的各个方面。

3. 社区型

社区型城市设计策略在内容上是指城市设计由大尺度的城市空间设计向近人尺度的社区空间的延伸和拓展，其关注的是人的需求，目的是营造人性化的社区公共生活体系，包含了为社区提供丰富多彩的文化活动策略，以及为社区人性化管理提供好的制度策略。

此类城市设计推进的是一种自上而下与自下而上相结合的规划变革，社区型城市设计所涉及的主体包括社区各阶层居民、相关职能部门的设计师和社区管理组织等，所以社区型城市设计的工作方法是一种参与式的规划设计方法，其中设计师需要具备多领域知识，并且在设计的过程中要长期跟踪和持续服务社区，运用参与式规划方法，使社区各方参与到社区城市设计的全过程，设计师扮演的角色除了规划编织者以外，更多的是担任各阶层沟通的桥梁和社区的志愿者。

社区型城市设计策略的目标是营造一个社区生活的共同体，它要实现社区中社会平等、公众参与、空间公正和行为自由，关注社区各阶层群体需求，合理配置社区资源，改善各阶层居民的生活空间质量，满足人们舒适性和宜居性要求，为全体社区居民营造和谐的社区生活空间环境，并对整个城市的空间质量起到促进作用。其设计策略着重从以下四点出发:

**第一，梳理规划布局结构。**社区的规划布局结构反映了社区内部公共空间的等级秩序和领域层次。清晰明确的空间等级秩序有助于人们形成对社区内部公共空间的整体意象，更容易在其中把握方向。

**第二，优化物质空间环境。**在设计的过程中要充分考虑人的空间感受和需求，有些设计表达的是最终建成的空间实体环境，可以实现从设计——施工一步到位，有些设计则规定了要建成的空间环境的形态，即对每个公共空间的基本元素、尺度、风格、建筑细部等都作了详细的探讨。

**第三，提升居民在地认同。**加入文化活动的设计可以弥补传统城市设计关注点局限于空间设计的弊端，主要包括了自上而下与自下而上组织活动的设计。

**第四，完善社区管理制度。**针对当前的新建社区和已有老旧社区，采用设计活动和管理策略充实社区的宏观规划，以指导和约束后续设计，其重点是建立公众参与的规划设计机制，开展居民自治，建立社区规划师制度。

## 课后思考

1. 如何理解 SWOT 分析中四类要素（条件）的关联与区别？
2. 确立城市设计目标拟定的基本思路和重点内容是什么？
3. 城市设计目标体系包含哪些内容？
4. 思考城市设计实施策略的类型特征与其适用场所的内在关联。

## 推荐阅读

1. [美]凯文·林奇，加里·海克. 总体设计[M]. 黄富厢，朱琪，吴小亚译. 南京：江苏凤凰科学技术出版社，2016.
2. [美]汤姆·梅恩. 复合城市行为[M]. 丁俊峰，王青，孙萌，郝盈等译. 南京：江苏凤凰科学技术出版社，2019.
3. 金广君. 当代城市设计创作指南[M]. 北京：中国建筑工业出版社，2015.
4. 赵景伟. 城市设计[M]. 北京：清华大学出版社，2013.
5. [日]小嶋胜卫. 城市规划与设计教程[M]. 李小芬，顾珂译. 南京：江苏凤凰科学技术出版社，2018.
6. 卢济威. 城市设计创作——研究与实践[M]. 南京：东南大学出版社，2012.
7. [德]普林茨. 城市设计——设计方案[M]. 吴志强等译. 北京：中国建筑工业出版社，2010.
8. 莫霞. 冲突视野下的可持续城市设计本土策略[M]. 北京：上海科学技术出版社，2019.
9. [美]约翰·伦德·寇耿，菲利普·恩奎斯特，理查德·若帕波特. 城市营造——21 世纪城市设计的九项原则[M]. 俞海星译. 南京：江苏人民出版社，2013.
10. [西]奥罗拉·费尔南德斯·佩尔，哈维尔·莫萨斯. 城市设计的 100 个策略[M]. 赵亮译. 南京：江苏凤凰科学技术出版社，2018.

# 第6章

# 街区总体布局

城 市 片 区 的 整 体 规 划

# 本章导读

## 01 本章知识点

- 城市用地的分类和布局特征；
- 开发调控的作用；
- 空间结构的要素与类型；
- 交通构成与道路系统。

## 02 学习目标

- 了解城市土地利用的主要影响因素；
- 掌握城市用地的分类标准以及各主要用地的特点、要求和规划布局；
- 了解土地调控管理对于土地开发的影响与作用；
- 熟悉空间结构的四个要素以及由此组成的空间结构类型；
- 了解城市交通的分类以及各类交通的特点与设计要求；
- 掌握城市道路系统构成、路网结构以及道路节点的组织方式。

## 03 学习重点

熟悉土地利用的类型及布局方法；掌握空间结构的整合设计方法；掌握道路交通组织的设计方法。

## 04 学习建议

- 不同的城市用地有不同的特点，学习者可以通过《城市用地分类与规划建设用地标准》GB 50137-2011 的相关学习，深化对用地分类的理解，以更好地将城市用地特征与形态布局相结合。
- 本章中土地开发利用中调控管理的各种手段，学习者可结合第 3 章的相关内容进行关联学习。
- 本章中空间结构要素与空间结构类型与具体的空间形态联系密切，学习者可以结合多个城市设计方案与案例进行类比学习。
- 城市中不同交通组织方式以及道路系统分类，学习者需要结合新的交通需求、交通方式与交通技术，进行拓展思考。

# 6.1　土地利用

《管子》云：“地者，万物之本原，诸生之根菀也。”土地是城市空间和社会经济活动的物质载体，没有土地，城市的发展就成了无源之水，无本之木。城市土地利用的本质是对规划范围内的土地资源按照城市功能需求进行分配与再分配的过程，实现对居住、工作、生产、购物、休闲等人类活动的空间关系进行优化调控的目标。土地利用规划所确定的用地性质是城市规划建设各项活动的依据和前提，我国土地利用规划体系按等级层次分为土地利用总体规划、土地利用详细规划和土地利用专项规划。通常情况下，城市设计需要依据控制性详细规划确定的土地性质和开发强度开展空间形态的设计研究。

## 6.1.1　城市土地利用的影响因素

土地是地球特定地域表面一定高度和深度范围内的土壤、地质、水文、大气、植被等要素组成的自然综合体，以及这一地域内过去和现在人类活动产生的种种结果。土地利用是人类为了满足自身需要，通过与土地进行物质、能量和信息的交流转换，以获得物质产品和社会服务的经济活动过程。土地利用是一个动态的概念，人类从最早的直接在土地上渔猎、采集获得食物来源到通过播种、培育、收割等农业活动获得粮食等农产品，发展到在土地上进行建设来获得各类生活生产空间。伴随生产力的发展，土地利用逐渐从单一的物产获得转变为开发、利用和保护的综合行为。

“土地有四大功能：一是生物质的生产功能；二是城乡环境的调节、净化、循环、缓冲等生态服务功能；三是维持农民的基本生计功能服务；四是支撑城市社会经济发展和基础设施建设的空间需求。”
——中科院王如松院士

土地利用活动作为城市建设的基础工作，是结合特定的自然条件、社会需求和技术水平，将土地自然生态系统变为用地复合生态系统的复杂过程。城市用地承载不同的城市功能，是城市空间运转的核心要素，人与人、人与自然、人与社会的需求与特征直接投影在城市用地上。土地资源具有不可再生的基本特征，城市用地性质在保持相对稳定的同时，随着社会经济发展进行适度的动态调整。就总体而言，影响城市土地利用的因素主要有自然因素、经济因素、社会因素、环境因素和技术因素 5 个方面，见表 6-1。

表 6-1　城市土地利用影响因素

| 影响因素 | 自然因素 | 经济因素 | 社会因素 | 环境因素 | 技术因素 |
|---|---|---|---|---|---|
| 影响方式 | 决定土地的最初形态和物质本底 | 影响土地的产出效益和开发形式 | 决定用地的相互作用和整体结构 | 影响土地的生态安全与持续利用 | 深化土地的利用效能和建设方式 |
| 作用特点 | 在规划设计和建造中发挥着基础性作用，在一定程度上促进或制约人们对土地的利用 | 对土地市场的竞争力、土地利用的功能、使用方式、结构等带来决定性的作用 | 是构成城市社会的个人或团体的意愿与价值取向在不同程度上，通过不同的方式直接或间接对城市土地功能的影响 | 从维护生态环境、保护资源、节约能源、降低碳排放、保护自然及文化遗产等角度出发，基于可持续发展理念重新审视城市土地利用 | 科学技术水平的持续提升，以及对土地利用的整体性、长远性的科学认识，给土地利用和空间建设方式带来深远的影响 |

### 6.1.2　城市片区的用地布局

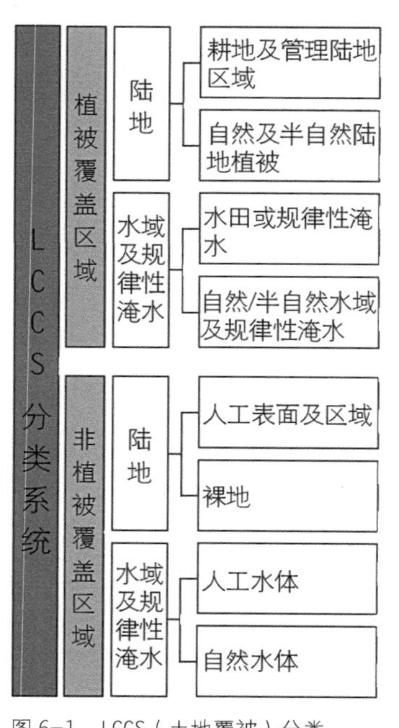


图 6-1　LCCS（土地覆被）分类

城市片区由不同类型的用地组成，需要了解用地的基本类型与布局特征。用地类型是城市社会经济活动在大地上的投影，反映了土地的主要用途、性质及其分布规律，由土地利用方式相同或相似的地域单元集合构成。城市各类用地对自然条件、区位条件、聚集程度等都有一定的要求。城市设计需要了解城市用地分类标准、不同类型用地的特征、在城市中的布局要求等内容。

1. 用地分类

城市用地按其使用性质可分为不同的类型。不同国家地区的分类标准和划分方式根据各自的城市化程度和用地发展诉求来制定，虽各有差异，但基本上大同小异。例如国际组织采用 LCCS（土地覆被）分类系统进行分类，见图 6-1；纽约强调住宅用地的细分和公共开放空间用地的占比，将土地功能类型分为 9 类；东京重视城市在生态环境方面的用地投入，针对区域内所有土地，将用地一般分为 9 类。

根据《城市用地分类与规划建设标准》GBJ 50137-2011，我国城乡用地分为建设用地以及非建设用地，见表 6-2。其中建设用地又分为居住用地、公共管理与公共服务用地、商业服务设施用地、工业用地、物流仓储用地、交通设施用地、公用设施用地及绿地 8 大类，并进一步划分为 35 个中类和 44 个小类，见表 6-3。

表 6-2　城乡用地分类表

| 代码 | 用地类别 | 用地范围 |
|---|---|---|
| H | 建设用地（development land） | 包括城乡居民点建设用地、区域交通设施用地、区域公用设施用地、特殊用地、采矿用地等 |
| E | 非建设用地（non-development land） | 水域、农林等非建设用地 |

表 6-3　城乡建设用地分类大类表

| 代码 | 用地类别 | 用地范围 |
|---|---|---|
| R | 居住用地（residential） | 住宅和相应服务设施的用地 |
| A | 公共管理与公共服务用地（administration and public services） | 行政、文化、教育、体育、卫生等机构和设施的用地，不包括居住用地中的服务设施用地 |
| B | 商业服务业设施用地（commercial and business facilities） | 各类商业、商务、娱乐康体等设施用地，不包括居住用地中的服务设施用地以及公共管理与公共服务用地内的事业单位用地 |
| M | 工业用地（industrial） | 工矿企业的生产车间、库房及其附属设施等用地，包括专用的铁路、码头和道路等用地，不包括露天矿用地 |
| W | 物流仓储用地（logistics and warehouse） | 物资储备、中转、配送、批发、交易等的用地，包括大型批发市场以及货运公司车队的站场（不包括加工）等用地 |
| S | 交通设施用地（street and transportation） | 城市道路、交通设施等用地 |
| U | 公用设施用地（municipal utilities） | 供应、环境、安全等设施用地 |
| G | 绿地（green space） | 公园绿地、防护绿地等开放空间用地，不包括住区、单位内部配建的绿地 |

2. 居住用地

居住作为人类生存、生活的基本需要之一，是其他活动发生的前提，居住用地指被城市道路或自然界线所围合的具有一定规模的生活聚居地。1933 年发布的第一个城市规划大纲《雅典宪章》即提出了城市的四大基本活动为居住、工作、游憩、交通。居住用地规划是城市建设的核心议题。

（1）分类布局

居住用地包括住宅用地和服务设施用地，依据城市用地标准分为一类居住用地、二类居住用地、三类居住用地，见表 6-4、表 6-5。根据居民日常生活所需的配套商业、休闲、文化等生活服务设施，居住区被划分为十五分钟生活圈、十分钟生活圈、五分钟生活圈、居住街坊等，见表 6-6。居住用地多依托重要公共服务设施、山水环境等进行布局。

表 6-4　居住用地分类（依据《城市用地分类与规划建设用地标准》GB 50137-2011）

| R | 居住用地 | | |
|---|---|---|---|
| | R1 | 一类居住用地 | |
| | | R11 | 住宅用地 |
| | | R12 | 服务设施用地 |
| | R2 | 二类居住用地 | |
| | | R20 | 保障性住宅用地 |
| | | R21 | 住宅用地 |
| | | R22 | 服务设施用地 |
| | R3 | 三类居住用地 | |
| | | R31 | 住宅用地 |
| | | R32 | 服务设施用地 |

表 6-5　各类居住用地特征

| 居住用地（R） | 一类居住用地（R1） | 二类居住用地（R2） | 三类居住用地（R3） |
|---|---|---|---|
| 范围 | 公用设施、交通设施和公共服务设施齐全、布局完整、环境良好的低层住区用地。包括别墅区、独立式花园住宅、四合院等 | 公用设施、交通设施和公共服务设施较齐全、布局较完整、环境良好的多、中、高层住区用地 | 公用设施、交通设施不齐全，公共服务设施较欠缺，环境较差，需要加以改造的简陋住区用地，包括危房、棚户区、临时住宅等用地 |
| 特点 | 对应高收入人群，满足其对优质居住环境的要求 | 承担规划中几乎所有的城市居住用地，在城市建设用地中的比例占有绝对的优势 | 对应外来务工人员为主的低收入人群，满足他们的临时居住和基本生活 |
| 示例 | | | |

表 6-6　居住区分类（依据《城市居住区规划设计标准》GB 50180-2018）

| 类别 | 十五分钟生活圈居住区<br>15-min pedestrian-scale neighborhood | 十分钟生活圈居住区<br>10-min pedestrian-scale neighborhood | 五分钟生活圈居住区<br>5-min pedestrian-scale neighborhood | 居住街坊<br>neighborhood block |
|---|---|---|---|---|
| 范围划定 | 以居民步行十五分钟可满足其物质与生活文化需求为原则划分的居住区范围 | 以居民步行十分钟可满足其基本物质与生活文化需求为原则划分的居住区范围 | 以居民步行五分钟可满足其基本生活需求为原则划分的居住区范围 | 由支路等城市道路或用地边界线围合的住宅用地 |
| 道路围合 | 一般由城市干路或用地边界线所围合 | 一般由城市干路、支路或用地边界线所围合 | 一般由支路及以上级城市道路或用地边界线所围合 | 由住宅建筑组合形成的居住基本单元 |
| 人口规模 | 50000～100000 人（约 17000～32000 套住宅） | 15000～25000 人（约 5000～8000 套住宅） | 5000～12000 人（约 1500～4000 套住宅） | 1000～3000 人（约 300～1000 套住宅，用地面积 2～4hm²） |
| 配套设施 | 配套设施完善 | 配套设施齐全 | 配建社区服务设施 | 配建便民服务设施 |

（2）用地要求

• **良好的区位条件。**选择自然环境优良的地区，有适合的地形与工程地质条件，避免选择易受洪水、地震灾害和滑坡、沼泽、采空的区域，接近风景优美的环境。

• **合理的关联距离。**协调与城市就业区和商业中心等功能片区的相互关系，以减少居住－工作、居住－消费的出行距离，根据居住人群的特征选择适宜的位置。

• **必要的污染防护。**避免用地周边的环境影响，在接近工业区时，要选择常年主导风向的上风向，并保持必要的防护距离，营造卫生、安宁的居住生活空间。

• **适宜的规模与形状。**用地应有一定的规模，形状完整，以利于居住区的空间组织和建设工程，从而合理地组织居住生活、经济有效地配置公共服务设施等。

• **协调的功能空间关系。**在居住区建设时，应考虑其与周边用地的功能结构关系，并考虑周边公共设施、就业设施的共享性，以节约初期投资。

• **充足的发展用地。**考虑用地发展的趋势与需要，如产业有一定发展潜力与可能时，居住用地应有相应的发展安排与空间准备。

• **融洽的市场需求。**居住区用地的选择要结合房产市场的需求趋向，考虑建设的可行性与效益。

3. 公共服务设施用地

公共服务设施用地指城市公共服务设施所在的范围，是为市民提供各种公共服务、产生社会交往的区域，包括商业、商务、教育、医疗卫生、文化娱乐、体育、社会福利与保障、行政管理等类型。公共服务设施应根据居住人口规模，均匀地分布在城市用地中，并保障合理的服务半径。

（1）分类布局

城市公共服务设施依据不同的分类标准有多种分类方式，其中最重要的有两种：一种是按照层级划分，分为城市级公共服务设施、片区级公共服务设施、社区级公共服务设施；另一种是按照特征划分，分为公益性公共服务设施与经营性市政公共设施。在《城市用地分类与规划建设用地标准》GB 50137-2011 中，A 类用地多对应公益性公共服务设施；B 类用地多对应经营性公共服务设施，见表 6-7、表 6-8。随着经济运行的市场化程度不断扩展，国家与地方标准、规范开始吸收公益性与盈利性划分的概念，将过去由政府统管的公共设施项目逐渐移交给市场运作，各标准、规范的核心在于控制以保障满足民生需求的公共服务设施。

公共服务设施用地类型较多，各项城市公共设施用地布局，应根据城市性质和人口规模、用地和环境条件、设施的功能要求等进行综合协调与统一安排，以满足社会需求和发挥设施效益。

表 6-7　配套设施用地控制指标 $km^2$/ 千人《城市居住区规划设计标准》GB 50180-2018

| 类别 | | 十五分钟生活圈居住区 | 十分钟生活圈居住区 | 五分钟生活圈居住区 | 居住街坊 |
|---|---|---|---|---|---|
| 总指标 | | 1600～2910 | 1980～2660 | 1710～2210 | 50～150 |
| 其中 | A 类用地 | 1250～2360 | 1890～2340 | — | — |
| | B 类用地 | 1250～2360 | 1250～2360 | — | — |
| | S 类用地 | — | 70～80 | — | — |
| | 社区服务设施 R12/R22/R32 | — | — | 1710～2210 | — |
| | 便民服务设施 R11/R21/R31 | — | — | — | 50～150 |

表 6-8　公共服务设施用地分类

（依据《城市用地分类与规划建设用地标准》GB 50137-2011）

| 公益性公共服务设施 | | | |
|---|---|---|---|
| 用地种类 | | 类别名称 | 范围 |
| A | A1 | 行政办公用地 | 党政机关、社会团体、事业单位等机构及其相关设施用地 |
| | A2 | 文化设施用地 | 图书、展览等公共文化活动设施用地 |
| | A3 | 教育科研用地 | 高等院校、中等专业学校、中学、小学、科研事业单位等用地，包括为学校配建的独立地段的学生生活用地 |
| | A4 | 体育用地 | 体育场馆和体育训练基地等用地，不包括学校等机构专用的体育设施用地 |
| | A5 | 医疗卫生用地 | 医疗、保健、卫生、防疫、康复和急救设施等用地 |
| | A6 | 社会福利设施用地 | 为社会提供福利和慈善服务的设施及附属设施用地，包括福利院、养老院、孤儿院等用地 |
| | A7 | 文物古迹用地 | 具有历史、艺术、科学价值且没有其他使用功能的建筑物、构筑物、遗址、墓葬等用地 |
| | A8 | 外事用地 | 外国驻华使馆、领事馆、国际机构及其生活设施等用地 |
| | A9 | 宗教设施用地 | 宗教活动场所用地 |
| 经营性公共服务设施 | | | |
| 用地种类 | | 类别名称 | 范围 |
| B | B1 | 商业设施用地 | 各类商业经营活动及餐饮、旅馆等服务业用地 |
| | B2 | 商务设施用地 | 金融、保险、证券、新闻出版、文艺团体等综合性办公用地 |
| | B3 | 娱乐康体用地 | 各类娱乐、康体等设施用地 |
| | B4 | 公用设施营业网点用地 | 零售加油、加气、电信、邮政等公用设施营业网点用地 |
| | B9 | 其他服务设施用地 | 业余学校、民营培训机构、私人诊所、宠物医院等其他服务设施用地 |

（2）用地要求

• **结合需求进行合理配置**。按照城市人群密度和布局结构进行分级配置，城市重点区域考虑服务功能与对象需求，专业设施考虑其特殊需求。

• **确定合理的服务半径**。根据公共服务设施的类型、使用频率、服务对象、地形条件、交通条件以及人口密度等确定其服务半径，兼顾居民使用的便利性与设施经营管理的经济性与合理性。

• **结合城市道路与交通规划**。公共服务设施是人车集散地，应按照它们的使用性质和对交通集聚的要求，结合城市道路系统规划统一规划。

• **考虑与城市风貌的相互影响**。公共服务建筑的形态比较多样而丰富，对周边环境景观的要求不尽相同。既要发挥其风貌作用，也应防止外界不利环境对其的干扰与妨碍，营造良好的城市景观。

• **考虑合理的建设顺序，并留有余地**。公共服务设施的分布、内容与规模的配置，应与不同建设阶段的城市规模、发展水平和居民生活条件的改善过程相适应，不过早过量建设，同时留有扩展或应变的余地。对一些营利性的公共服务设施，更要按市场规律，保持布点与规模设置的弹性。

• **充分利用城市既有空间**。老城公共设施的内容、规模与分布一般不能适应城市的发展和现代城市生活的需要，可以结合城市的改、扩建规划，通过留、并、迁、转、补等措施进行调整与充实。

4. 绿化景观用地

绿化景观用地指城市中专门用以改善生态、保护环境、为居民提供游憩场地和美化景观的市级、区级和居住区级的公共绿地及生产防护绿地，不包括专用绿地、园林和林地，一般占城市建设用地比例的10%~15%。城市绿地是城市自然环境的构成要素，是唯一有生命的城市基础设施，在保护环境、提高生态质量、调适环境心理、丰富地景美学、增加经济效益、防灾减灾等方面具有重要作用。

（1）分类布局

依据《城市绿地分类标准》CJJ/T 85-2017，城市绿地包括城市建设用地内的绿地与广场用地（G1、G2、G3、XG）和城市建设用地外的绿地即区域绿地（EG），见表6-9、表6-10，按照主要功能，采用大类、中类、小类三个层次。其中城市建设用地内的绿地包括《城市用地分类与规划建设标准》中的G类和其他用地内部的附属绿化景观用地。城市绿地不是简单的“见缝插绿”，而是以多种形态要素，结合城市布局结构和城市发展的需要，呈现多样的形态构成特征。

（2）用地要求

• **注重城市边缘区域**。构筑城乡一体，并连接区域的关联环境，在城市的边缘区域，结合不同的边缘区特点以及边缘交接地带的属性，布置不同功能的绿地，通过绿地的生态隔离作用，维护和保障城市生态机制的良性运作。

表 6-9　城市绿地大类分类标准

| 分类 | 公园绿地（G1） | 防护绿地（G2） | 广场用地（G3） | 附属绿地（XG） | 区域绿地（EG） |
|---|---|---|---|---|---|
| 内容 | 向公众开放，以游憩为主要功能，兼具生态、景观、文教和应急避险等功能，有一定游憩和服务设施的绿地 | 用地独立，具有卫生、隔离、安全、生态防护功能，游人不宜进入的绿地。主要包括卫生隔离、道路及铁路、高压走廊、公用设施等防护绿地 | 以游憩、纪念、集会和避险等功能为主的城市公共活动场地。绿化占地比例宜大于 35%；绿化占地比例大于或等于 65% 的广场用地计入公园绿地 | 附属于各类城市建设用地（除“绿地与广场用地”）的绿化用地，如居住用地内部的绿地。不再重复参与城市建设用地平衡 | 位于城市建设用地之外，具有城乡生态环境及自然资源和文化资源保护、游憩健身、安全防护隔离、物种保护、园林苗木生产等功能的绿地 |
| 示例 | | | | | |

表 6-10　公园绿地中类分类表

| 大类 | 中类 | 名称 | 内容 | 备注 |
|---|---|---|---|---|
| G1 | G11 | 综合公园 | 内容丰富，适合开展各类户外活动，具有完善的游憩和配套管理服务设施的绿地 | 规模宜大于 10hm² |
| | G12 | 社区公园 | 用地独立，具有基本的游憩和服务设施，主要为一定社区范围内居民就近开展日常休闲活动服务的绿地 | 规模宜大于 1hm² |
| | G13 | 专类公园 | 具有特定内容或形式，有相应的游憩和服务设施的绿地。包括动物园 G131、植物园 G132、历史名园 G133、遗址公园 G134、游乐公园 G135、其他专类公园 G139 | 其中游乐公园 G135、其他专类公园 G139 绿化占地比例宜大于或等于 65% |
| | G14 | 游园 | 除以上各种公园绿地外，用地独立，规模较小或形状多样，方便居民就近进入，具有一定游憩功能的绿地 | 带状游园的宽度宜大于 12m；<br>绿化占地比例应大于或等于 65% |

• **强化城市总体形态**。研究城市总体形态特征，因地制宜地布置绿地，使得城市绿地的总体布局与城市总体形态的关系相互关联、相互融合。

• **与城市功能空间布局相适应**。结合城市功能空间布局，在重要的空间轴线、空间节点、功能片区布置不同形式、不同功能的绿地，通过绿地与城市其他功能地域的组织，发挥整合化的生态、功能与环境效应。

• **充分利用城市自然环境基础**。利用城市山、水、林、木等的自然基础，通过绿化、建筑和自然地理特征的有机组合，塑造具有美学价值的城市景观，强化城市空间环境的个性。

• **强调共享、均好服务**。城市绿地规划与布置要贯彻以人为本原则，考虑绿地功能要适应不同人群的需要。同时，绿地的分布要兼顾共享、均衡和就近等原则。

• **提升城市景观文化内涵**。结合城市历史文化传统，在重要的历史文化节点进行重点布置，采用精致化、文化性理念，充分体现城市的历史文化内涵，提高城市的文化品位。

5. 混合用地

土地混合使用是指为了满足人们多元化的活动需求，将两种或两种以上城市功能在一定空间范围内进行融合的开发模式。它作为紧凑城市、新城市主义、低碳城市等现代城市规划理论所共同倡导的核心原则之一，已经被公认为是创造集约、多元、可持续发展城市的重要手段。

（1）概念特征

广义的土地混合使用指多种营利功能的结合，物质和功能的空间整合，以及开发、计划与规划的统一；狭义的土地混合使用是指土地用途分类中单一宗地具有两类或两类以上使用性质，包括土地混合利用和建筑复合使用方式。前者包括宏观层面的混合发展战略、混合利用分区等，后者主要偏重于微观层面的混合开发、建设与使用。我国所指的土地混合使用一般指的是后者。

从国外经验以及我国所处环境与发展阶段来看，合适的土地混合使用有利于引导土地有序开发、土地集约使用、产业升级转型、提高基础设施利用效率、减少机动交通成本以及提高城市活力与吸引力等优点。而不恰当的土地混合使用，则会导致城市功能混杂、环境与空间相互冲突、配套设施失衡、规划管理混乱等问题。

城市功能分区与土地混合利用并不对立，而是要在适度分区的基础上，更好地探索土地混合利用，不断提升土地以及土地背后带来的价值。混合土地使用常具备下列主要特征：

• 具有混合土地使用功能的建设项目一般都会包含有居住、办公、商业、酒店和休闲娱乐等这几种基本功能中的两种或两种以上。随着产业的升级与转型，研发、物流、创意产业的兴起使土地混合使用逐渐成为常态。

• 几乎所有的混合土地使用项目都需要考虑与主要交通类型如地铁、巴士、的士及私家车的相互联系，并且要优先考虑与公共交通的联系。

• 混合土地使用要与城市的整体脉络相协调、与周边环境相适应，有机融入城市总体规划和环境中。

（2）指引方式

在实际项目操作过程中，由于用地功能的复杂性，也会引入混合用地、用地兼容、城市功能区等新的概念，并对这三个概念进行区别。

• **混合用地**：指土地使用功能超出用地兼容性规定的适建用途或比例，需要采用两种或两种以上用地性质组合表达的用地类别。

• **用地兼容**：指单一性质用地允许两种或两种以上跨地类的建筑与设施进行兼容性建设和使用。

• **城市功能区**：指大城市、特大城市、超大城市的城市建设用地内部的主要功能分区，包括居住生活区、商业办公区、工业物流区、城市绿地区、战略预留区 5 类。

可通过鼓励混合、可混合两种方式进行指引。鼓励混合使用用地指在一般情况下此类用地的混合使用可以提高土地使用效益，促进功能互动且无功能干扰，可经常使用；可混合用地指此类用地应视建设项目条件进行具体选择与裁量。

同时也对混合用地的使用方式提出建议：混合用地的用地代码之间可采用“+”或“/”等符号连接，排列顺序原则上按照建筑与设施所对应的建筑面积（若混合用地无建构筑物，则以用地面积计）从多到少排列。城市、镇建设用地的混合使用方式可参照表 6-11。

（3）模式类型

近年来，在产业多元化需求的影响下，城市用地由“产业 - 居住”向“产业 - 产业”混合发展的趋势愈加明显。此外，在公共设施持续利用背景下，“公共设施 - 产业”混合土地利用模式在部分城市有所实践。归纳来看，主要存在以下四类典型混合土地利用新模式，见表 6-12。

表 6-11 城市建设用地的混合使用方式建议指引

| 用地类别代码 | | 鼓励混合用地 | 可混合用地 |
|---|---|---|---|
| 大类 | 中类 | | |
| R | R2/R3 | B1/B2 | B3 |
| A | A2/A4 | — | B1/B2/B3 |
| B | B1/B2 | B1/B2 | B3/B9/A2/R3 |
| M | M1/M2 | W1/W2 | B1/B2 |
| W | W1/W2 | M1/M2 | B1/B2 |
| S | S2 | B1/B2/B3 | A2 |
| | S3 | B1/B2 | A2 |
| U | U1 | — | G1/A2/S4 |
| | U2 | — | G1/A2/S4 |

表 6-12 土地混合使用模式类型

| 模式 | 特点 | 示意图 |
|---|---|---|
| TOD 轨道交通站点式 | 是指在地铁、轻轨站点周边的混合用地开发，强调交通设施用地结合商业、商务和居住开发，使用地开发更具效益性。此类混合用地一般围绕地铁站点的地下空间展开，由交通设施、上盖物业和地下商业三部分构成，涉及交通、商业、商务和居住等多类用地，垂直空间混合用地特征明显。地下商业通道是连接上盖物业、地面与地下站点的交通空间，是人流集散中心，是具有商业、交通双重属性的混合空间 | 地铁上盖物业；居住、居住、商业、商业；商务、商业、商业、商业；商务、商业、商业、商业；地下商业和交通；地下商业和交通；交通 |
| 科技产业园区式 | 常见于产业园、科技园用地，具有都市工业生产、研发和展览等功能，包括商业、商务、工业、研发和居住等多类用地。各功能用地不一定存在实质的物理界限，生产车间和研发设施等可布置在同一栋标准厂房中。研发空间是依托生产线的办公空间，具有“生产 - 中低档办公”的混合属性，也是科技产业园的重要空间类型 | 职工公寓：居住、居住、居住、商业、商业；工业楼宇：研发、研发、工业、工业；中心大楼：办公、办公、办公、展览、展览 |
| 物流商贸园区式 | 常见于物流园、商贸园用地，一般由包装加工、物流及商贸等功能构成，包括商业、商务、工业、仓储、交通和居住等多类用地。各功能用地间存在功能分区，但加工、仓储、展览和运输等环节衔接紧密，各功能用地不一定存在实质的物理界限（如道路、绿化隔离等）。由于货流量大，交通设施用地是此类混合土地利用的关键 | 配套居住：居住、居住、居住、商业、商业；工业楼宇：办公、加工、仓储、加工、仓储、加工、仓储；货运交通；中心大楼：办公、办公、办公、展览、展览 |
| “工业区—商业区”演化式 | 是由市场的自发行为推动旧工业区演化为商业区的土地利用方式。对于位于良好地段的旧工业区，随着产业的转型升级，依托标准厂房的灵活转换性，其转变为商业、办公和居住功能混合的商业区。由于旧工业区的改建由市场自发进行，导致工业用地转变为其他用地没有经过法律途径，多数土地依然为工业用地。在用地性质的制约下，用地的平面和垂直混合程度很高。此类混合用地随市场需求的变化具有较大的差异，地权复杂，用地格局处于不稳定状态，对其规划与管理的难度较大 | 工业楼宇：办公、办公、办公、商业；工业楼宇：商业、商业、商业、商业；工业楼宇：居住、商业、商业、商业 |

### 6.1.3　城市用地的开发调控

凯泽（Edward J. Kaiser）在《城市土地利用规划》中将土地利用规划比作一场严肃的竞赛（serious game）。市场因素、政府、社会团体、规划师按照一定的游戏规则，在土地利用规划这个大舞台（arena）上展开利益的博弈。

土地资源具有不可再生性特征，土地利用应当经济合理，并努力提高土地资源的利用效率与产生效益。城市用地，在形式上是由城市土地管理部门综合城市现实条件和发展需求，通过编制土地利用规划形成的。在土地出让、开发、规划、设计、建造等城市建设活动中，受到社会、经济等多种因素影响，通过市场经济杠杆和政府行政调节的双重作用实现土地价值。

1. 土地价值

土地价值包括两个方面，首先是土地的使用价值，见表 6-13，由于土地具有与一般自然物质不同的使用价值，在市场经济体制和有偿使用土地的政策下，这种无价值的自然物质就被当作商品进行交换。人们在土地上投入了活劳动与物化劳动（也称投资），从而使土地具有资本价值。一般来讲，土地使用价值随市场供求关系的不同而变化，土地资本价值随投入土地上活劳动与物化劳动量的不同而变化。这两者之间相互作用、相互补充进而融合成为一个整体价值。这种整体价值在现阶段主要的表现形式为资本化的地租，地租货币化的表现形式即土地的价格。

表 6-13　土地使用价值的特性

| 特性 | 不可替代性 | 稀缺性 | 可占有性和可垄断性 |
| --- | --- | --- | --- |
| 范围 | 土地是人类赖以生存、发展和生产活动的物质基础，其他自然物均不可取代 | 任何国家和地区的土地总供给量是有限的，且在不同的地域能满足人们不同需求的土地数量也是有限的。如城市土地总供给量有限，而用于开发商业的“黄金地段”土地更稀缺 | 与其他自然物质如阳光、空气等不同，土地是可以被占有利用的 |

（1）土地产权

土地产权指以土地所有权为核心的有关土地财产权利的总和。土地产权制度是一个国家土地产权体系构成及其实施方式的制度规定，是土地财产制度的重要组成部分。世界各国的土地产权制度不尽相同，包括公有制、私有制、公有制兼私有制。我国实行的是土地公有制，城市的土地属于国家所有，土地的所有权由国务院代表国家行使，农村和城市郊区的土地除由法律规定属于国家所有的以外，属于集体所有。在城市建设中，行政划拨和市场出让是国家转让土地使用权的两种方式。

（2）地租

地租指土地所有者向土地使用者让渡其土地使用权所取得的收入，这种收入可以以货币的形式表现出来，也可以是非货币形式，或者由使用土地的一方交易者提供等价资产或劳动。城市地租是指住宅经营者或工商企业为建筑住宅、工厂、商店、银行、娱乐场所，租用城市土地而交付给土地所有者的地租。城市土地地租通常有绝对地租和级差地租两种基本形式。绝对地租是单纯由土地所有权引起的；级差地租主要是由土地位置和投资所决定的，是城市地租的主要形式。区位极差地租是城

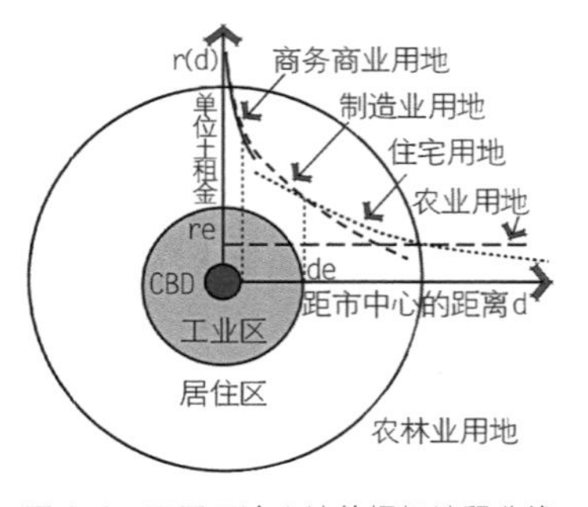

图 6-2　不同用途土地的招标地租曲线

市地租主要形式，商业用地地租是城市地租的典型形态，因此城市地租主要受距离市中心的远近和交通通达度两个因素影响。距离市中心越近，基础和配套设施齐全，人口关注程度高，地租水平越高；交通通达度越高，地租水平越高，见图 6-2。

（3）土地价格

土地价格亦称“地价”，指土地买卖时的价格，其本质是指能带来同地租等量的利息的货币额，即地租的资本化。但是土地价格不是土地自身的价格，而是等同于地租 / 资本化率。按表示方法，地价可分为土地总价格、单位面积地价和楼面地价等。我国土地价格的涵义不同于一般土地私有制国家：第一，它是取得一定年期土地使用权时支付的代价，而不是土地所有权的价格。第二，土地使用权价格是一定年限的地租收入资本化，土地所有权价格是无限期的地租收入资本化。从理论上讲，土地使用权价格低于土地所有权价格；土地使用权年限长的，其价格要高于土地使用权年限短的。第三，由于土地使用年期较长，按法律规定，最长为 70 年，而且在使用期间也有转让、出租、抵押等权利，类似于所有权（图 6-3）。

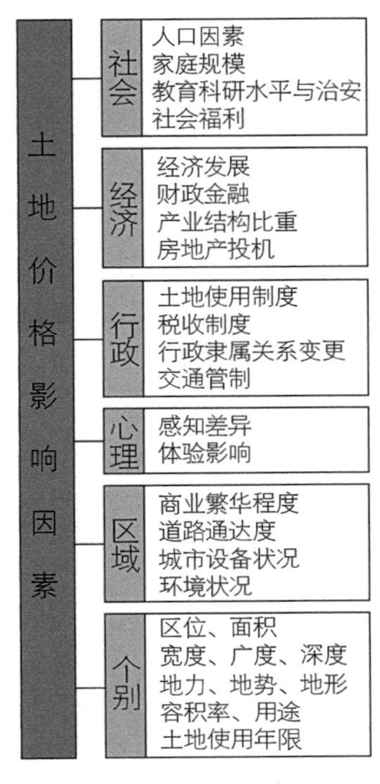


图 6-3　土地价格影响因素

2. 土地开发

城市土地开发是以城市土地利用为核心的一种经济性活动，主要以城市物业（土地和房屋）、城市基础设施（市政公用设施与公共建筑设施）为对象，通过资金和劳动的投入，形成与城市功能相适应的城市物质空间，并通过直接提供服务，或经过交换、分配和消费等环节，实现城市经济社会发展、人们生活质量改善的目标。根据土地价值的评价、土地等级的划分合理确定土地开发，减少土地浪费，是非常重要的问题。土地开发依据不同的标准有不同的分类方式，见表 6-14。

表 6-14　土地开发的方式

| 分类标准 | 分类方式 | 分类说明 |
| --- | --- | --- |
| 依据开发主导角色 | 一级开发 | 是指政府实施或者授权其他单位实施，按照土地利用总体规划、城市总体规划及控制性详细规划和年度土地一级开发计划，对确定的存量国有土地、拟征用和农转用土地，统一组织进行征地、农转用、拆迁和市政道路等基础设施建设的行为 |
| | 二级开发 | 是指土地使用者（如开发商）从土地市场取得土地使用权后，直接对土地进行开发建设的行为 |
| 依据开发功能类型 | 公共开发 | 以公共服务设施和公共建筑为主，偏重公益性质 |
| | 商业开发 | 以盈利为主，是城市地租和土地价格最大化的土地功能 |
| 依据开发用地特点 | 新开发 | 土地从非城市用途转为城市用途（新区） |
| | 再开发 | 城市建成环境的物质更替及功能转化（旧城改造）、土地开发与物业开发等 |

3. 调控管理

西方国家的城市发展更多的受到市场作用力的影响，城市土地利用结构与布局的形成与演化是市场选择与市场作用的结果，政府作用力在其中只占据辅助地位。

基本容积率

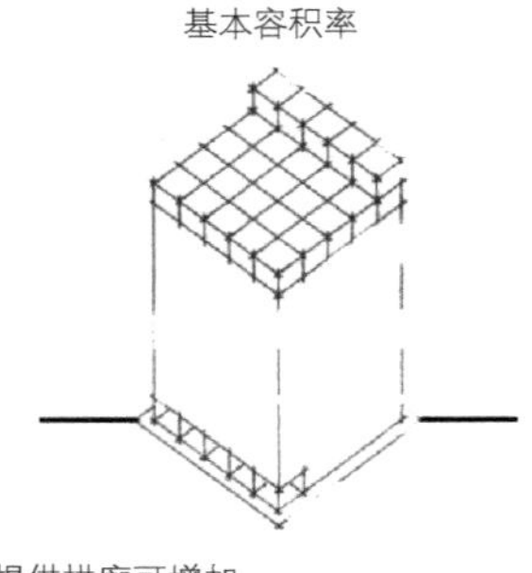

提供拱廊可增加
建筑面积 1/3

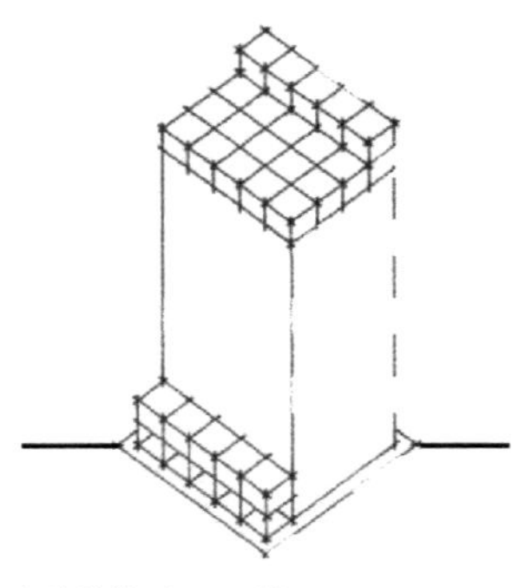

建筑体块后退可增加
建筑面积 1/12

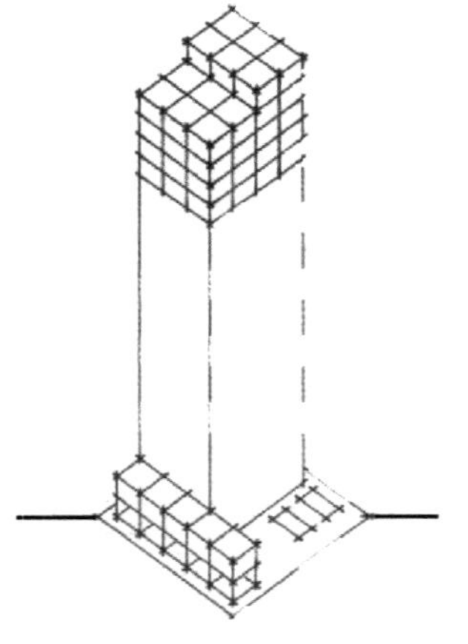

提供广场可增加
建筑面积 1/5

图 6-4 容积率转让方式示例

政府行为在我国的城市土地利用过程中起着关键性的、不可替代的作用，城市土地利用就是在政府强有力的推动和的协调多方利益的干预下发生和发展的。政府参与城市土地利用的各个方面，具有综合协调、控制引导的功能，以消除土地利用与开发建设所带来的负效应，实现社会目标。如通过规划管理促进城市土地资源的合理配置，确定城市土地利用结构、规模与空间布局的安排，促进城市土地利用格局的优化；通过信息供应，降低城市土地开发交易费用，促进城市经营水平的提高，土地市场的顺利运作。

（1）开发强度控制

土地开发强度，被视为一定区域土地利用程度及其累积承载密度的综合反映，是指建设用地总量占行政区域面积的比例，包括容积率、建筑密度、建筑高度、绿地率等几项主要评价指标。土地开发强度应依据区域经济、社会、生态环境、产业、交通等因素的具体要求，以“科学用地、节约用地、促进城市可持续发展”为指导思想，以改善城市环境为前提，是城市政府科学、合理管理城市的重要方法和手段之一。应综合考虑各类土地的使用性质、区域位置、周围的基础设施条件及空间环境条件等。在一般情况下，土地开发强度越高，土地利用经济效益就越高，地价也相应提高；反之，如果土地开发强度不足，土地利用不充分，或因土地用途确定不当而导致开发强度不足，都会减弱土地的使用价值，降低地价水平。

（2）开发奖励措施

政府在土地开发过程中，往往会制定很多的弹性策略来调控城市土地的开发利用。奖励制度作为容积率控制的弹性策略，是在硬性控制基础上，以公共利益为核心，以市场经济为杠杆，通过制定一系列规则，将空间效益与经济效益相联系，利用诱导型的弹性政策和目标型的远景构想，创造市场双赢或多赢的环境，优化空间秩序和空间资源的分配，以此取得政府、公众和开发商的三方利益的综合平衡。这些弹性策略既提高了容积率在执行过程中的弹性和适应性，又实现了开发建设的综合效益。奖励制度一般分为容积率奖励和容积率转让两种类型。

容积率奖励一般针对公共设施建设，鼓励私人投资对公共环境的建设。当前，中国许多城市都实行了类似的奖励办法，通过建筑面积的奖励，以激励开发商对公共空间和公益性设施的主动建设意识，见图 6-4。容积率转让一般是把有价值资源用地上空的开发权转移到指定的可开发用地中，得到开发权的开发商将被允许在高于原有区划限制的容积率进行土地开发。移出开发权的土地所有者能够继续有限制地使用土地或建筑，并从出售的开发权中获得经济补偿，目的是保护城市中有价值的资源，如历史资源、生态资源等。这样能使那些因规划控制而利益受损的地块业主可以从开发权转让中获得经济补偿，从而使保护历史建筑和街区的开发控制变得在经济上可行。

## 6.2　空间结构

日本建筑师丹下健三说过：我们相信，不引入结构的概念，就不可能理解一座建筑、一组建筑群，尤其不能理解城市空间。结构指物质系统内各组织要素之间的相互联系、相互作用的方式，是物质系统组织化、有序化的重要标示。结构表明物质系统的存在方式与基本属性，具有整体性、层次性和动态性等基本特征。就城市空间而言，其场所性的内在特征形成空间结构的隐性秩序，即中心、边界和连续性。本节在此基础上介绍空间结构要素及其组合关系。

### 6.2.1　整体规划

城市地段中的建筑群体、广场、街道、公园绿地等相互关联、影响，共同形成完整的空间片区和一体化空间，不存在静态的、孤立的空间要素。特别是城市中心片区，作为城市公共设施聚集地，高昂的地价及高密度的空间布局需要其高效运营，以获得足够的聚集效应。作为公共交往和游览活动的场所以及城市形象的窗口，需要具有足够的开放空间和优良的景观环境，双重的目标指向对整体规划提出更高的要求。

1. 基于场所理念的整体规划

空间规划设计的核心价值是“营造场所”，场所作为富含人的情感价值，映射人的生理、心理活动与需求的空间场地，对空间的构成有基本的诉求，只有具备“中心”“边界”和“连续性”三个方面特征的空间场地才可能成为场所。

（1）中心

“中心”指场所的精神中心，无论将场所的指向放大到整个城市，一个城市中心区，还是一片公共活动场地，中心是形成场所的第一条件。没有中心的存在，场地就失去了精神的统领和灵魂，无法形成归属与认同，场地就变成无主之地，成为失落的、消极的空间。对一个相对完整的空间单元而言，中心的存在不仅仅满足人们的使用需求，也是视觉认知和建立场所意识的基本条件。城市公共中心本身就是城市这样一个大尺度空间单元的中心，是建立城市共同价值，实现社会认同的核心区域。中心并非一个虚幻的概念，总是要落定在具体的物质空间环境上，无论是中心广场，核心绿地，还是大型公共建筑等，以中心为纽带将地段的空间形态建立起整体性的关联。

（2）边界

“边界”指场所中活动人群所占据空间范围的界限，这个边界并非绝对清晰，但一定存在。场所意识是共同生活的人们所形成的与场地关联的使用与精神联系，共同生活是在特定区域内发生的，这个区域就有它的边界，以界定共同的边疆，构建场所的辐射范围。边界同样具有功能与空间的双重含义，对于使用功能而言，边界是确定活动人群规模，区域空间容量的主要依据；对于空间形态而言，边界是建立视觉整体性的基本构成。城市中心片区聚集公共类活动设施，占据城市的核心区域，其空间范围与中心所在城市规模、城市形态、中心等级紧密相关。

（3）连续性

"连续性"指场所中活动与空间的有效关联，人们在一个区域内活动，行为与空间认知具有连续的特征，这是保证活动品质和对场地建立整体感的基本条件，需要对功能组织和空间布局进行统一规划。连续性在功能层面，指的是开展相关活动的持续性，对于城市中心区而言，公共活动的构成，相互关系与空间组织是规划设计要考虑的主要问题，在充分考虑人们的活动需求与特征的基础上，根据不同区域的角色进行功能排布。在空间层面，指的是其构成单元在空间形态上的相关性，片区由若干空间单元构成，空间单元之间应建立一定的逻辑关联，保证区域在空间认知上的完整性。

2. 片区整体规划设计原则

城市片区不是孤立的存在，与城市周边环境相互依托，是城市职能与空间的有机构成。片区内部各功能与空间单元按照一定的活动组织和空间秩序发挥整体效能。片区整体规划设计原则可以概括为"内"与"外"，"文"与"质"两个方面。

（1）"内"与"外"——规划片区与周边地段的整体化

城市公共中心作为城市空间的核心节点和枢纽，规划设计应该从城市整体格局以及周边地段的空间特征出发，研究并确定中心片区的空间构架，强化片区与城市的联系以及中心片区在城市骨架中的核心地位（图 6-5）。中心片区的选址一般都位于城市交通和景观资源最佳的区域，规划设计应充分发挥其区位优势，从大格局入手谋划片区的空间形态。并深入分析片区周边的环境特征，充分利用现有条件构想空间特色，强化地段与周边的生长特征。

图 6-5 巴黎德方斯新区

（2）"文"与"质"——空间形态与使用功能的整体化

城市片区的功能构成复杂，各类公共设施和公共活动场地密布，实现城市商业、商务、文化、市政以及市民公共活动等重要职能。其空间类型多样，大型公共建筑、城市广场、步行街道、公园绿地等聚集，成为城市最具代表性和特色的空间核心（图 6-6）。规划设计应将功能组织与空间布局统筹考虑，满足人们对活动使用和空间审美的双重需求。另外，规划设计还应考虑各功能与空间单元的整体性，避免出现功能之间的脱节和空间层次的混乱。

图 6-6 柏林波兹坦广场

### 6.2.2　空间结构要素

结构是事物各组成部分之间及部分和整体之间关系的组合方式。根据结构的涵义，空间结构可以定义为：空间的各组成要素之间的组合关系。所以，理解空间的组成要素是认知其结构的第一步。对于几何和形态学而言，空间结构可以由点、线、面三类基础的空间结构要素组织。而对位到城市，城市空间系统由若干层次构成，从区域、城市、片区、街区、街道到建筑等，当我们审视某个层次的空间系统时，那些在其中发挥联系作用的空间元素，就被称为结构要素。城市空间结构要素可以分为：核、轴、架、群四种，涉及了从平面到立体的各种空间架构元素。通过结构要素的梳理，城市的每一部分空间都有机地包容于城市整体秩序中。

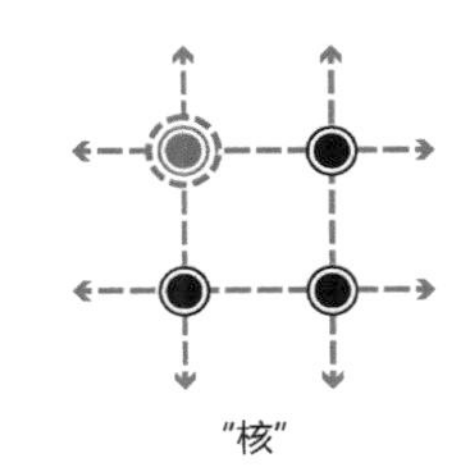

图 6-7　西安钟楼鸟瞰

1. 核

"核" 作为城市空间中最重要的标志性要素而存在，既是内在动力，也是外在引力。城市层面的空间核是城市的公共中心，凝结了城市最重要的文化价值和精神价值，是体现城市特色，形成城市归属感和认同感最重要的区域。这个中心既可以是城市的一个核心片区，如西安钟楼片区，是城市最重要的一级公共中心；也可以是片区中的开敞空间，如片区内的钟鼓楼广场，是最具市民和游客文化认同感的公共空间；也可能是重要的标志性建筑，如钟楼、鼓楼，代表城市精神与形象，见图 6-7。

片区层面的空间核是片区内最具空间识别性的核心，在片区空间中具有聚集、统领、触媒的作用，主要包括空间核心、功能核心、景观核心三种。三类核心在总体上是相互关联的，城市设计应充分挖掘地段特征，将空间之核与地段特有的自然环境或人文遗存充分结合，形成具有特定场所精神的地段核心。

2. 轴

"轴" 兼有建立空间序列及组织空间构架的作用，它是城市主要功能和空间开展的核心路径，串联了城市重要的功能、空间和景观节点，见图 6-8。轴线要素有空间发展轴线、功能组织轴线、特色景观轴线等。其中：空间发展轴对公共中心的结构拓展方向和功能转移方向起引领和控制作用，大多与公共中心内的交通路径相关或重合，有时空间发展轴也与自然地形条件相关，尤其是在沿海、沿河、沿江的滨水中心。功能组织轴线是地段内集中了类似或相关联的特殊城市功能，如行政功能线性集中形成的行政办公轴线，宗教活动集中形成的宗教文化活动轴等。景观轴线是城市重要的景观节点和标志性建筑的线性集中地段，通常能够体现城市公共中心景观特色的空间意向。这些轴线或交错或重合，反映公共空间在不同层次的结构特性。不论是哪种类型的轴线，都有主轴和次轴之分，主轴是主要脉络，次轴是空间延展。

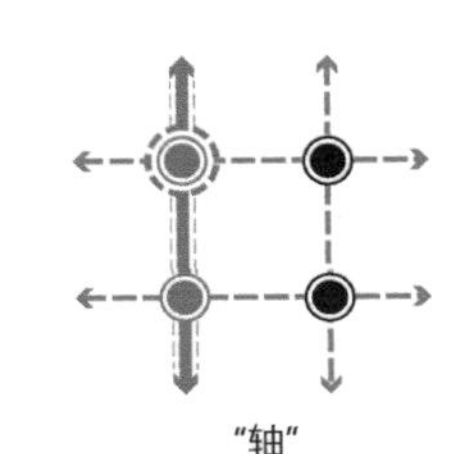

图 6-8　巴黎香榭丽舍大街鸟瞰

无论是主轴还是次轴，都串联了一系列的公共空间，因此轴线上的节点空间要有一定的连续性，形成系统，人们才会乐于使用和驻留。空间和设施的配置稍微分散，就可能会将人们的体验从精彩丰富转变为贫乏无味。应充分利用城市现有条件，如山林、水面、绿地等自然要素，历史古迹、人文景观等人文因素以及商业街区等人工要素，以此为基础，以步行方式为主，建立完整连续的城市公共空间网络。同时清晰的空间层次与序列、收放有序的城市公共空间，能使人们有明确的方向感和场所感，设计时应注意空间相互穿插、流动和呼应等关系处理。

3. 架

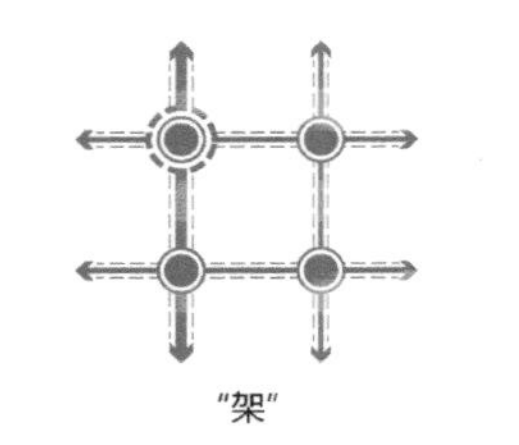

图 6-9　巴塞罗那鸟瞰

"架"指的是架构，是城市空间组织和交通组织逻辑。"轴"在总体上是架的一部分，是架的核心脉络。架分为平面架构和立体架构，见图 6-9。在城市设计中，不仅要关注体现系统性的平面构架，也要关注体现空间关系的立体构架，这两者共同作用形成空间结构完好的城市及片区空间结构。

平面构架指道路骨架。道路首先是城市有机整体的骨架，同时也是开展各项活动的大动脉，是各要素的联系纽带。相比较而言，城市中主干路多以交通功能为主，而支路则更多与市民日常生活以及步行活动方式相关。我们将城市道路体系所划分的车行体系、步行体系、地下交通体系和空中交通体系，他们之间共同组织作用形成城市的道路骨架。

立体构架指的是视线和天际线。视线是展示城市景观的重要途径，在设计时要力求将城市重要的自然和人文景观呈现在人们的视野中。另一方面，优美的景观往往有其最佳的观赏角度，所以在无法从各处看到重要景观的情况下，保证从最佳角度不遮挡人们的视线就更加重要，这就要求沿最佳视线方向对公共中心的空间关系进行控制和设计。

天际线即空间的天际轮廓线，是一条存在于围合空间的实体和天空之间的连续界线。由于建筑实体的真实感和天空的虚无缥缈形成了极其强烈的视觉反差，所以给人留下了深刻的印象。天际线是城市空间形态中极具表现力的因素之一，构成天际线的最小单位是建筑的天际轮廓线。城市中心天际轮廓线一般是城市天际线中最高潮、最富有变化的一段，也是最具戏剧性的一部分，设计中应给予充分的重视。

4. 群

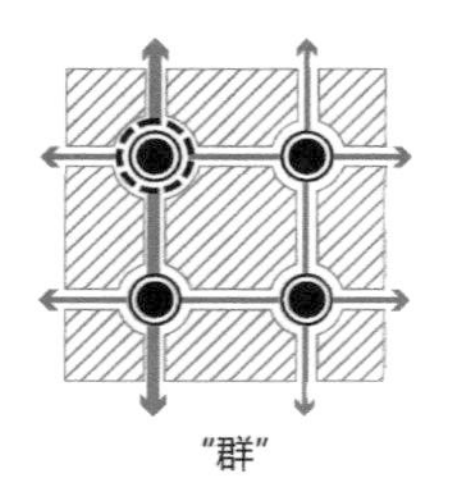

图 6-10　束河古镇鸟瞰

"群"指的是建筑群体和功能组团，是一类功能相似或相关的建筑在平面上形成的功能集合体，见图 6-10。它是城市设计研究较小的空间单元，是城市空间的基底，是功能关系在空间关系上的直观反映。可以认为"核"是群的突出表现形式，是群中具有特殊意义的核心要素。

虽然城市设计"只设计城市，不设计建筑"，但现代城市中的建筑规模越来越大，功能越来越复杂多样，因而建筑所涉及的空间领域也越来越向城市靠拢，彼此交织。正如“小组 10”所言，在当代，“城市将愈来愈像一座巨大的建筑，而建筑本身也愈来愈像一座城市”。建筑周边环境乃至部分内部空间的设计都越来越多的渗透着城市环境的要求，使得建筑群体在城市空间中的结构关系更为突出。

根据不同类型和等级的城市片区，其功能设置不尽相同，要考虑各建筑功能之间的亲疏关系，以及对位置的要求。同时兼顾当代空间一体化的设计理念，在适当分区的基础上，营造复合多元的空间组织方式。

### 6.2.3　空间结构类型

“核、轴、架、群”作为空间结构的要素，他们之间通过多样有机的组合，便形成了空间结构。在整体上需要通过核的引领确立地段的中心，特别是需要建立核的主空间和主形象。轴与核直接关联，当代城市呈现空间复合化的趋势，轴的表现形式更为多样和丰富，在主核和主轴的统领下，构建地段整体框架，组织不同的功能空间群。空间结构首先具有层次性。所谓层次性，是指根据设计相关内容复杂性的不同，结构可能包括不同隶属程度的组合关系。如空间结构——街道、广场、绿地、建筑群等以一定关系构成的结构；景观结构——景观、视廊、视觉中心等相互联系而构成的结构；功能结构——商业空间、交往空间、流通空间、游憩空间等不同功能的相互关联；意象结构——空间环境作用于人所形成的空间知觉及心理表象的相互作用。这些不同层级的结构相互影响和作用，构成了城市空间结构的总体。

此外，空间结构具有有序性。有序性是指各种要素按照城市规划相关法律法规或技术规范性、城市设计以及设计者的主观美学要求建立起应有的秩序。这一过程就是将影响各个空间要素和设计特征从无序转化为有序的过程。城市结构系统从整体到子系统层次很多，且互相穿插、互为条件，任何子系统的变动都会引起其他部分的改变。有序性是设计功能和空间符合使用和审美逻辑的基本保证。

1. 以核为主引领的空间结构

以核为主的空间结构是最常见的结构类型之一，它发生在结构的初始阶段，一般以公共中心为结构核心，公共活动烈度随着距核心的距离增大而衰减。这一空间结构的特点是核心向各个方面具有等同的意义（服务半径基本相等），拥有“主宰”空间的影响力，带有强烈的向心和聚集倾向，其规模的大小取决于核“影响范围”的大小。但是，当城市核的影响力无限扩大时，势必会导致城市各种因素在核心区的过度聚集，使核心区难以承受，进而引发新的核点形成，新旧核点之间通常会形成轴线，进而引发以轴为主的空间结构的出现，见表 6-15。空间节点要素往往是公共性建筑的集中区域、核心景观区域，亦或是在空间上高度或形态突出的区域。这

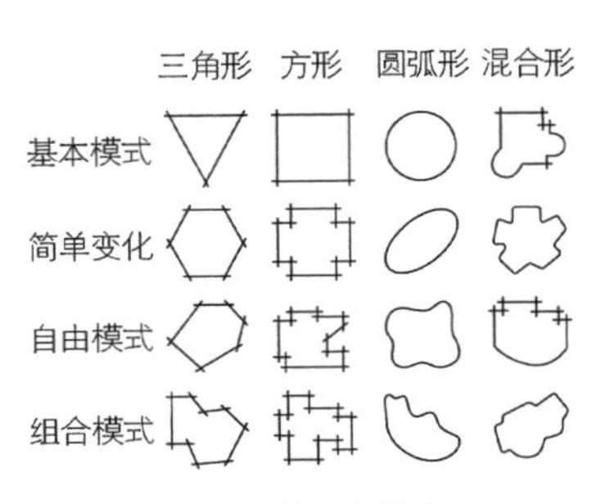

图 6-11　空间“核”的形式

些区域在具体项目中会结合周边环境与自身条件综合考虑，形成片区的空间核心。节点通常表现为一种空间的集聚性，没有具体的形态，但是当其反映为城市的公共开敞空间或公共区域时，就有了具体的形态，如图 6-11。

表 6-15　以核为主引领的空间结构

| 模式分类 | 以建筑实体为核 | 以空间虚体为核 |
| --- | --- | --- |
| 模式特点 | 整体空间以一个或者一组中心建筑为中心展开。核点一般呈现具体规则的几何形态，或是几何形态之间的组合关系。一般占据最好的交通位置和公共资源，依托公共建筑，承载最公共的用地功能，是空间序列中的统领。在图纸表达中核心节点亦塑造为平面表达的中心部分 | 整体空间以广场或公园等开放空间为中心展开。核点一般形态自由，常依托片区中的核心蓝绿景观资源，形成片区的软质景观核心；并结合周边自由的建筑形式，进一步强化核心的作用 |
| 模式图 | 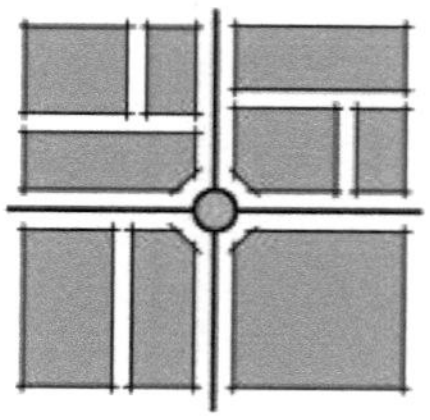 | 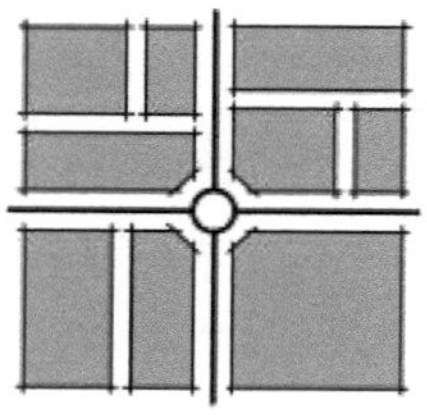 |
| 示例图 | 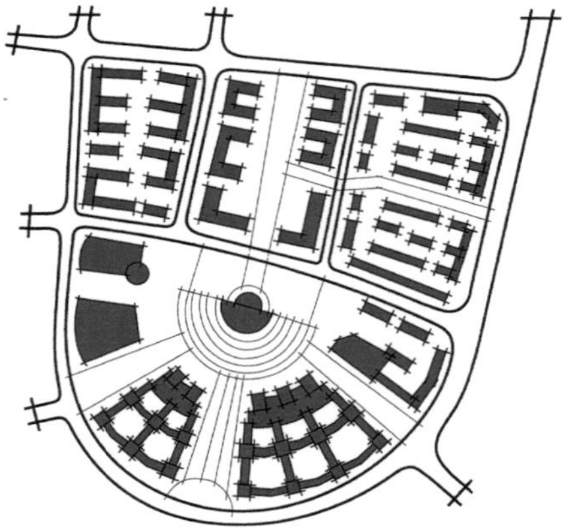 |  |

2. 以轴为主引领的空间结构

以轴线为主的空间结构由核状结构扩展而成。这种结构增加了城市核心的“影响范围”，改变了单核结构的向心特征，使得整体的功能结构具有良好的均衡感。同时轴线结构的可伸展性也较好地满足了城市继续扩张发展的需要。轴线结构通常和核点结构相互结合，其完整性和连续性是这一结构的关键，一旦轴状结构及核点出现“断裂”，那么这种结构将会出现极大的破坏。

以轴线为主的空间结构在大型设计层面主要表现为线形要素，对于小型区域设计而言，表现为区域地块的景观线。轴线结构的重点在轴线上节点与边界的设计处理上。依据节点的数量与边界的特点，分为对称轴线、放射轴线、混合轴线三类，见表 6-16。其中混合轴线包括多向折线和自由曲线两种类型。

表 6-16 以轴为主引领的空间结构

| 模式分类 | 对称轴线式 | 放射轴线式 | 混合轴线式 |
|---|---|---|---|
| 模式特点 | 轴线有一个方向，两侧界面相似对称，常出现于纪念性场地或地形平坦区域，体现宏伟和壮大的城市风貌。在轴线的末端，常设竖向节点或景观水平节点 | 轴线依托一个节点，向多个方向放射，在节点作用的同时，注重多条轴线之间的主次关系，强化主要的空间延伸方向 | 适用于被地形地貌、重要历史元素所限制的区域，亦或是围绕自然要素组织的带状绿地或水域空间，需要强化轴线两端以及转折处的多个节点 |
| 模式图 | 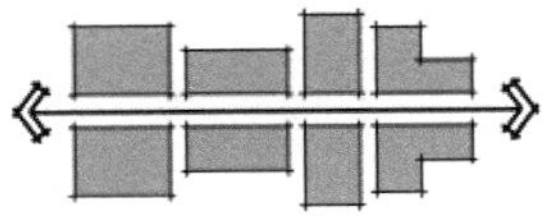  | 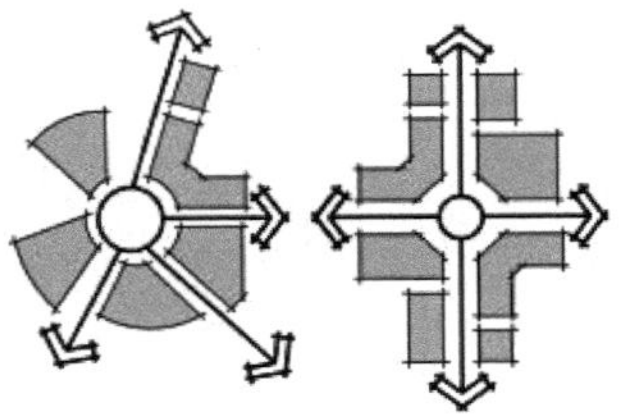  | 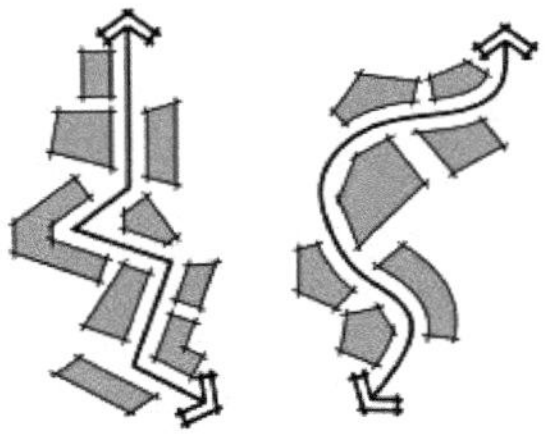  |
| 示例图 | 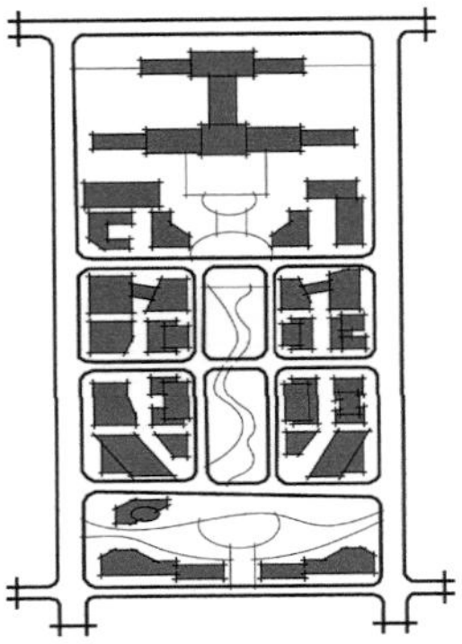  | 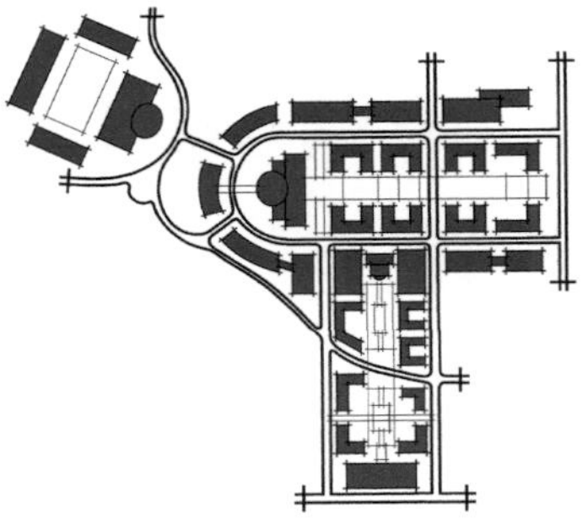  | 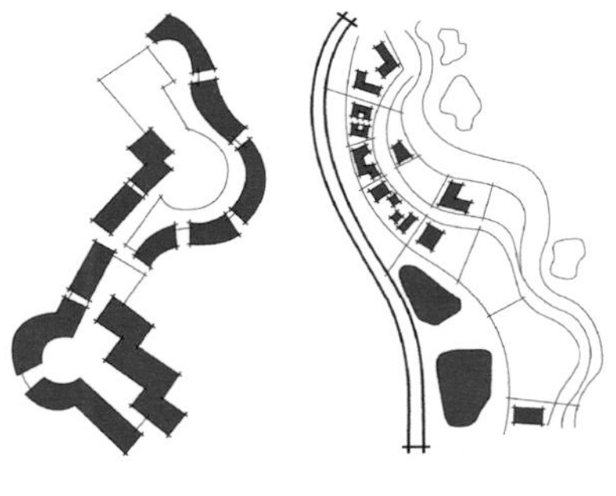  |

3. 以架为主引领的空间结构

以架为主的空间结构是多个节点和多条轴线相互作用、相互叠加形成的结构模式。当核点和轴线的关系交错为网，每个单核具有独立、相对完整的功能形式和各自的影响范围，核与核之间强有力的联系呈网状结构，整体上呈现平衡、协调、均质的空间结构。这种空间结构将完整的空间形态进行分散疏解，从而促进人工城市环境与自然生态环境的有机组合。而空间的效率取决于各核、各轴之间的联系路径、联系方式和联系效率。这种结构依据节点和轴线的大小、位置关系、影响力的大小以及内部的相互关系，可以分为均质网格和有机线网两类，见表 6-17。

表 6-17 以架为主引领的空间结构

| 模式分类 | 均质网格式 | 有机线网式 |
| --- | --- | --- |
| 模式特点 | 节点和轴线大小、影响力都接近相等，形成均好的网状组织方式。"井"字为均质网格的最简形式 | 各节点和轴线有机布局，不一定追求完全的对称和平行关系，但是整体上呈现平衡的状态 |
| 模式图 | 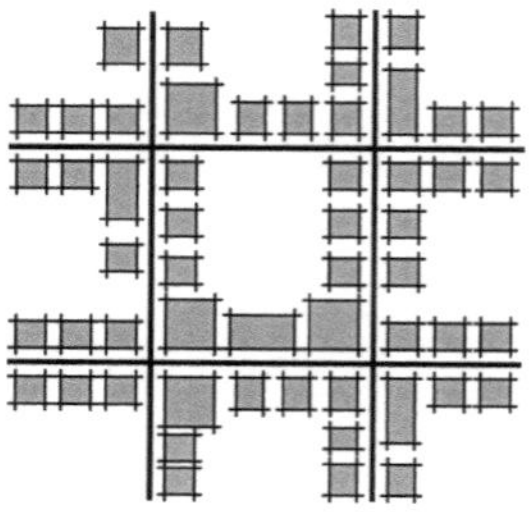 | 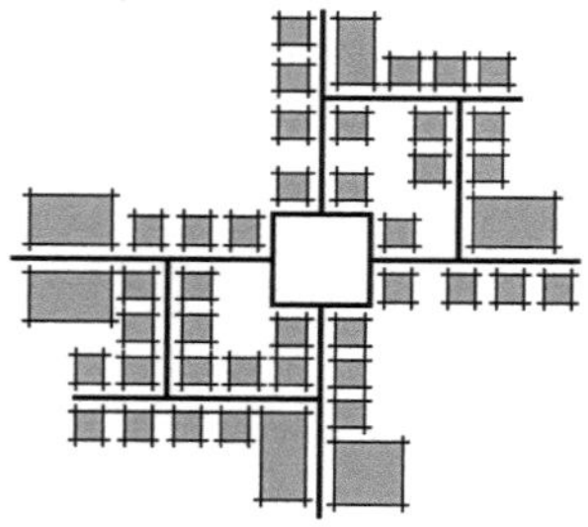 |
| 示例图 | 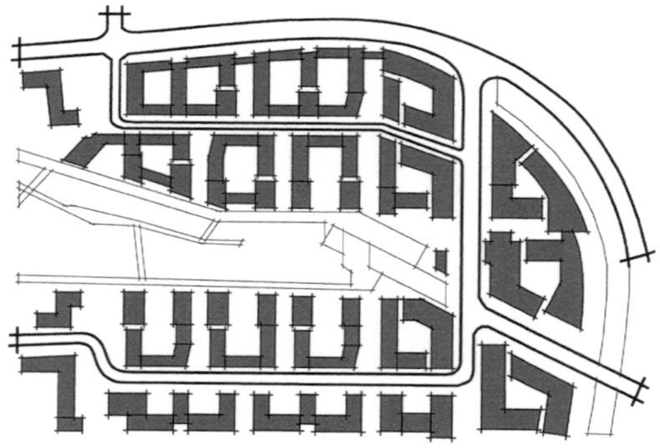 | 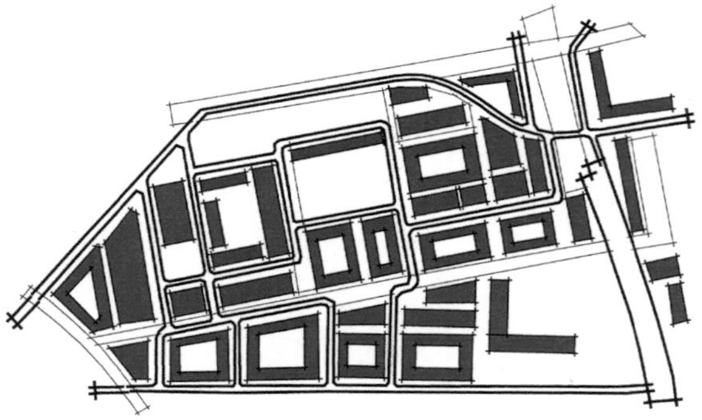 |

4. 以群为主引领的空间结构

以群为主的空间结构主要侧重各个建筑群组之间以及建筑群组整体形成的空间结构关系。这种结构没有明显的节点和轴线，没有点、轴空间直白的结构关系，而是关注人的活动流线和行为习惯，通过建筑之间的自由组合，强化建筑与环境的协调关系，形成一种流线式的空间布局方式。这种结构方式可以分为依托环境的自由布局式和强调建筑组群关系的组团串联式，见表 6-18。

表 6-18　以群为主引领的空间结构

| 模式分类 | 自由布局式 | 组团串联式 |
| --- | --- | --- |
| 模式特点 | 依托场地条件，通过建筑之间的自由组合关系，合理利用并强化场地中最佳的资源环境，将人工环境与自然环境一体化考虑，形成以建筑组合与环境融合关系为基底的空间结构 | 相关联的建筑形成一个组团，通过一定的线索将各个组团进行串联，形成以建筑组团为肌理的空间结构 |
| 模式图 | | |
| 示例图 | | |

## 6.2.4　复合空间结构

当代城市的快速发展改变了人们关于建筑和城市的时空观念，在功能复合化、多元化以及建筑巨型化、立体化的双重推动下，以往清晰的内外边界被打破，空间一体化设计成为城市、建筑、景观环境领域基本的设计理念。城市空间一体化设计的目标就是要建立整体的城市空间体系，在职能上表现为城市功能与建筑功能互相接纳和紧密联系，在空间形态上表现为城市公共空间与建筑内部空间的交叉叠合和有机串接。

1. 空间一体化规划原则

一般而言，城市中建筑功能群组的组织是以单体建筑的功能为基本单元，在二维平面上以街道和广场等交通要素为纽带将这些封闭自足状态下的建筑功能单元联结起来，这是最为典型的传统模式。而现代城市与建筑一体化的功能互动机制则引出了城市建筑功能组织的新力法和新趋势。

（1）功能空间的集约化

集约化是指城市建筑在占有有限土地资源的前提下，形成紧凑、高技、有序的功能组织模式。20 世纪 70 年代后，各种类型的建筑综合体的出现正是集约化组织方式的具体表现。在当代，功能组织的集约化发展更为突出地表现在城市交通建筑的策划和设计观念的变革。传统交通建筑的策划概念是将基于不同交通工具的站房分布在城市中的不同地段或地块中。在流动人口日益剧增，生活工作节奏不断加快的今天，这种不同交通站点独立设置的方式已经越来越难以适应时代的要求。交通建筑策划的主要变革就在于将单一站房概念转变为由不同交通方式有机组合的综合换乘中心。选择不同交通工具的旅客、快线交通与慢线交通、市际交通与市内交通都在这样的综合换乘中心内部完成不同交通方式的转换，从而实现紧凑、高效、便捷的转运系统。在这种综合换乘系统中，旅客滞留的时间大大缩短，因此其空间组织也出现相应的变化，候车厅相应萎缩，而立体化流线组织的复杂性较单一站房将会大大增加。

（2）功能空间的复合化

指同一空间中多种功能层次的并置和交叠。功能复合化的依据在于城市中人群的公共行为所具有的兼容性，如购物与步行交通、参观游览与休闲社交等行为可以相互兼容。在商业建筑的变革中反映的最为明显，传统的购物行为形成了单一流线：到达—进入—购物—出门—离开，购物变成机械的功能划分，只能作为一项功能性需求，刻板单一的模式使商业街区缺乏吸引力和停留感。现代购物模式还具有随机性、多样化的特点，它相对于传统消费中把购物活动作为主要目的而言，其消费行为不带有明确的购物目的，“逛街”可能并未购物，也可能等待、欣赏、驻留、玩耍、餐饮等，同时伴有消费发生，这一类已成为购物消费的重要补充形式。例如南京水游城。

（3）功能空间的延续化

指多种功能单元间的串接、渗透和延续。功能延续化的直接动因来自现代城市生活的多元化和运作的便捷性需求。许多城市公共行为之间具有有机的内在关联，如娱乐与餐饮、交通集散与买卖行为等。城市公共中心成为城市主要的公共生活场所，其功能的配置应相互支撑，综合考虑本地居民、外地游客等各类使用人群公共活动的需求，将地段内商业、文化、休闲、交通换乘等功能之间建立有效的关联，实现公共中心经济、文化、社会等价值的最大实现。并运用全时化功能组织观念将发生在不同时段内的功能活动按照其空间位序的不同要求组织成整体，大大提高了城市土地开发和空间营运的容量，同时使得城市环境更具生机和安全感。日本横滨MM21地区皇后街（Queens Mall）对标志塔、购物中心、和平会馆及纵横交通站点的延续串接几乎难分难解，是一种典型的延续性功能组织方法。

（4）功能空间的网络化

功能的网络化是对集约化、复合化、延续化和全时化功能组织方式的综合运用，以地面为基准对城市空间进行水平面和垂直面的综合开发，形成协调有序、立体复合的网络型功能群组。功能的网络化模型是对传统城市功能组织模型（二维的树形结构）的发展和修正。它综合地体现了现代城市多元集约与高效的需求。网络化模型的关键在于立体交通网络（含机动交通与步行交通）的建立，以及交通网络与各功能单元的多方位连接。法国巴黎德方斯新区采用外部交通快线与沿中轴线的地下交通快慢线相结合的方法，通过竖向交通设施完成交通快慢线之间、机动交通与地面人行广场之间的转换，并通过竖向交通设施直接与区内重要公建的室内空间相连接。

2. 立体化复合空间结构

建筑空间与城市空间在三维空间坐标中彼此穿插叠合，构成协同发展的有机系统。这种有机系统一般被称为复合结构，因其自身多种职能的高度集聚，且与城市职能密切交织而区别于一般的建筑综合体。它具有如下主要特征：

第一，建筑的单体概念模糊而转向成片的综合群体；

第二，在用地方式上表现为跨街区的联合开发；

第三，在功能组织上表现为高度集聚的功能群组；

第四，在空间组织上表现为城市空间最大限度的立体综合开发利用；

第五，在交通组织上表现为内部交通与城市地上、地面、地下三维交通动线及人行步道系统联结成网，在外形上表现为庞大的超人尺度。

复合结构是一种典型的系统构成，它在理论上比较完整地体现了城市空间一体化设计的理念。在城市建设活动中，它随着城市CBD（Central Business District）和其他高密集地段（商业中心、交通枢纽区域、娱乐中心等）的开发建设而逐渐孕育出现。复合结构是城市公共空间系统中的重要组成内容，其职能与空间的高度复合性和开放性是其本质特征。复合结构中各种流线组织及其空间组合的高度复杂性要求设计者必须突破常规的自足建筑的组织方法，上升到城市设计层面进行研究才能完成。

## 6.3 道路交通

道路交通有连接城市功能和塑造城市形态的作用。同时与城市功能、土地利用、人口分布等影响城市发展的要素紧密结合，直接影响城市的社会经济发展。道路界定了城市单元的边界，在平面上具有空间识别性和指向性，构建了清晰的目的地和空间走廊，也是灾害逃生和救援的通道；在立面上，道路两侧的建筑凸显出城市街道空间特点和景观结构。交通反映了城市车流、人流、物流的流动状态，影响了城市的运转效率。城市对外交通设施和城市内部客运、货运设施的布局直接影响城市的发展方向、城市干道走向和城市结构；而城市内部合理的交通疏导与设计对道路系统建构和道路通畅具有重要意义。

### 6.3.1 交通组织

城市交通是指城市（包括市区和郊区）道路（地面、地下、高架、水道、索道等）系统间的公众出行和客货输送。交通方式划分就是出行者出行时选择交通工具的比例。例如城市居民完成一次出行，使用某种交通工具，或者虽然采用了多种交通工具，但也是以某种交通工具为主，则为某种交通类型。综合来看，城市居民出行交通方式主要分为：步行、自行车、摩托车、公交车、汽车、地铁或轻轨等。不同交通方式因为城市经济状况、人口密度、气候、居民个体特征等的不同而存在差异。现代交通网络是一种立体化的、具有多种交通方式共存的综合性网络。合理组织车行交通与步行交通是城市和片区发展的首要任务。

1. 车行交通

车行交通是针对慢行交通而言的，是包括所有的机动车辆以及大运量的地铁、轻轨、云轨、有轨电车等新交通方式的出行方式，见表 6-19。

表 6-19 车行交通的分类与特点

| 分类 | 内容 | 特点 |
| --- | --- | --- |
| 汽车交通 | 包括小汽车（私家车和出租车）、公交车、货运车三大类 | 占据了城市道路的车行路面，是城市道路拥堵或顺畅的主要原因。一定程度上，决定了城市道路模式、路网密度、道路宽度等，在城市空间形态构建上起到关键的影响作用 |
| 轨道交通 | 地铁、轻轨、云轨等大运量快速公共交通系统 | 具有运量大、速度快、班次密、安全舒适、准点率高、全天候、运费低和节能环保等优点。能够有效缓解城市内部密集客流的交通压力，但同时常伴随着较高的前期投资、技术要求和维护成本，并且占用的空间往往较大 |

（1）车行交通特点

车行交通是现代城市最重要的交通方式之一，不同的交通工具其交通方式也存在一定的差异。如：汽车交通重点研究城市道路车行路面的通行，轨道交通重点研究运输效率、准点率和节能环保等方面。

（2）车行交通组织

由于轨道交通由城市专门的部门进行统一设计，而且偏重于市政设施配套领域，道路系统也在城市结构层面进行划定。故本书视角落定在城市道路与地块的关系中，道路围合形成了地块，同时也对地块内的交通有引入和疏导的作用。本书以商业中心区为例分别对外部车行流线和内部车行流线进行说明，见表 6-20。

表 6-20 车行流线组织

| | 模式 | 特征 | 模式图 | 示例 |
|---|---|---|---|---|
| 外部车行流线组织 | 平行式 | 城市主干道与城市地段中的主要道路平行布局。这种组合方式适用于地段占地范围狭长的情况，平行主干道迅速疏导过境交通，而车流则通过多条垂直的次干道进入地段内部。优势是提供多条分流支路，在缓解周边交通压力的同时，也提高了地段内部可达性 | 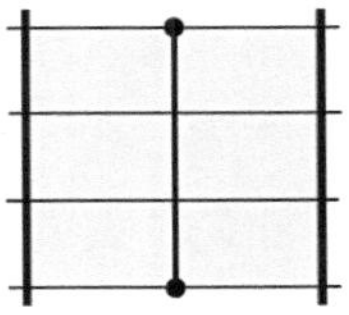 | 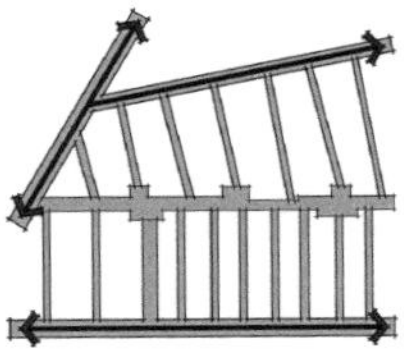 |
| | 垂直式 | 城市主干道与城市地段主要道路垂直布局。城市支路与地段主要道路平行，车流由支路进入地段。存在的问题是，主干道与地段内道路交接的入口较多，交接处是人流、车流高度混杂的交通节点 | 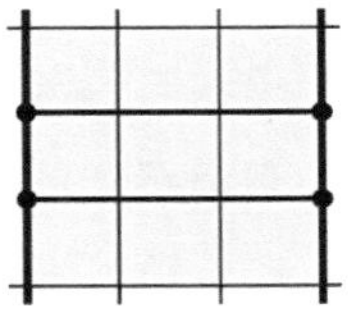 | 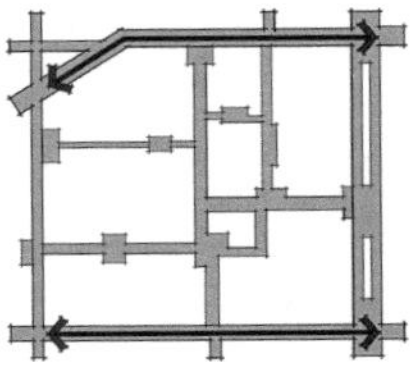 |
| | 环道式 | 倘若地段的道路纵横交叉，呈十字状、网络状或放射状，通常采用主干道围绕地段形成环路的模式。采用此种模式时，沿环道周边设置足够的停车场，并注重两者之间交接的入口 | 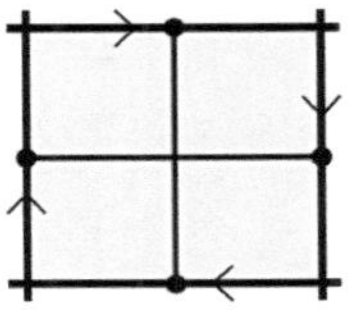 | 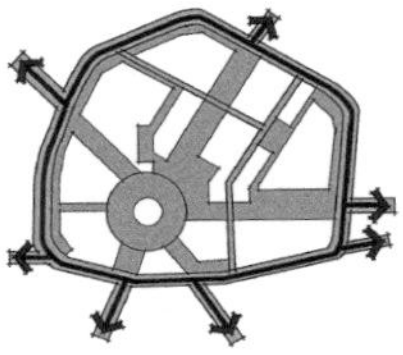 |
| | 立体式 | 此种模式是采用建立下穿道路或上跨车行道的方式来引导车流。立体化可以是某一条道路的下穿、上跨，也可以是在地段地下建立完善的道路网络，并与建筑的地下空间联系。优势是完全避免了人车之间的干扰，车行速度可以达到最大 | 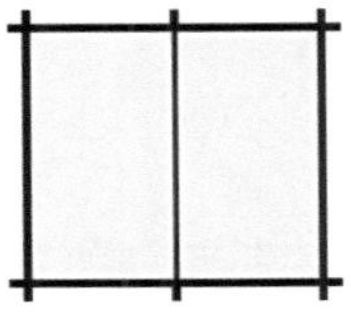 | 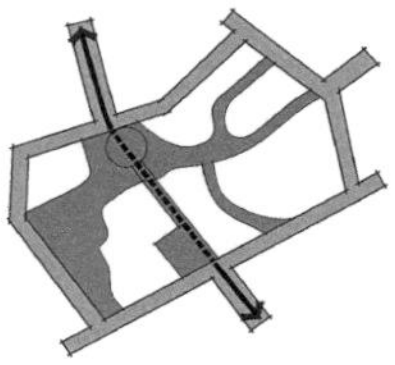 |
| 内部车行流线组织 | 穿越式 | 这是一种在建立步行区后，由于限制条件多，交通改造难度大，不得已而为之的解决方法，并非最优方案。但是我们仍然能通过设计，使车行与步行的矛盾减至最小，具体做法是：将车行流线与步行流线最好形成交叉，而非重叠，交叉点作硬质路面铺装，保持步行空间的连续感 | 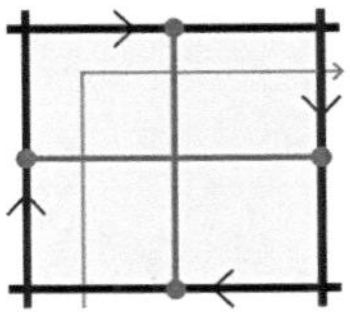 | 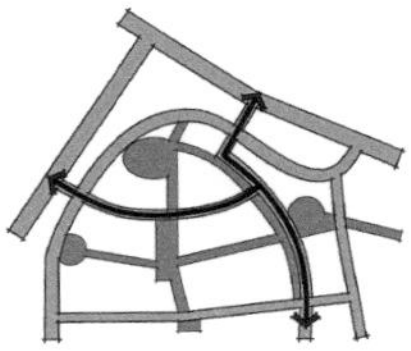 |
| | 尽端式 | 车行流线进入步行区后，形成尽端道路。这种流线组织方式既能使车辆到达商业步行区内部，又能避免车流活动与主要步行活动的相互干扰。采用尽端式模式时，通常会在步行区与车行道交接处设置步行广场，为人、车转换提供足够的活动空间 | 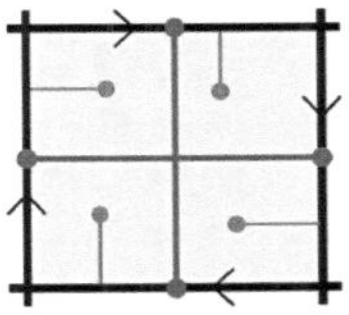 | 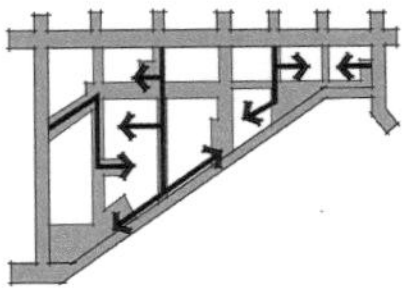 |
| | 边缘环绕式 | 进入地段的车行流线沿步行区边缘组织，形成单向循环的小环道。外围环道、内部车行道和步行区呈“口袋状”交接。这样既能避免人车混流，又能使车行流线深入到步行区内部。是一种较好的组织方法 | 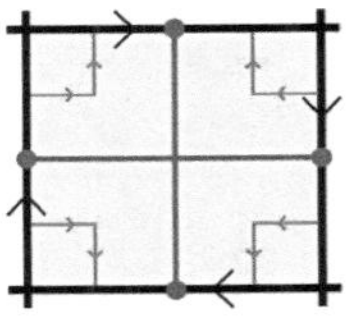 | 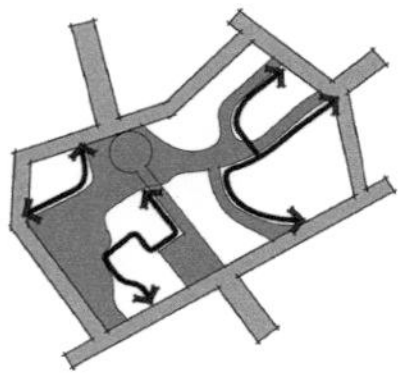 |
| | 简图图例：━ 主干道 —次干道 ●-··-● 内部道路 | | | |

2. 慢行交通

图 6-12 与城市道路平行的自行车道

图 6-13 厦门空中自行车道

慢行交通是由步行系统与非机动车交通系统两大部分构成，一般是指出行速度不大于 20km/h 的交通方式，贯穿于城市公共空间的每个角落，不仅是居民休闲、购物、锻炼的重要方式，也是居民短距离出行的主要方式，是不可或缺、无可替代的交通方式。常结合城市沿线土地利用以及服务设施，给不同目的、不同类型的行人和骑车人提供安全、通畅、舒适、宜人的行车环境（图 6-12、图 6-13）。

慢行系统通常分为城市交通需求和个人休闲需求两种。城市交通需求是为了满足基本的功能需求，在城市道路网络体系下，提供安全、连续、方便、舒适的慢行出行系统网络。个人休闲需求是为了满足人们的休闲健身游憩需求，主要是依托现有道路中的慢行路、绿道、人文景区和休闲广场而设立的都市型慢行空间，以及依托城镇外围的自然河流、小溪及景区而设立的郊野型慢行空间。

3. 静态交通

静态交通是指非行驶状态下的交通形式。为静态交通使用及服务的所有设施总称为静态交通设施，包括：停车场、汽车站、车辆保养场、修理厂等设施。其中停车场是与道路交通关系最为紧密的静态交通。

停车场包括地面停车场、地下停车场（库）、停车楼，是为城市车辆提供临时或日常停放的场所，见表 6-21。

表 6-21 停车场分类

| 序号 | 分类标准 | 类别 | 说明 |
|---|---|---|---|
| 1 | 按用地性质分 | 路内停车场 | 在红线内划定的供车辆停放的场地<br>包括：车行道边缘、公路路肩、较宽的隔离带、高架路及立交桥下的空间。设置简单、使用方便、用地紧凑、投资少，适合车辆临时停放 |
| | | 路外停车场 | 在红线外专辟的停车场地<br>包括：停车库 / 楼及各类大型公共建筑物附设的停车场。一般由停车泊位、停车出入口通道、计时收费等管理设施及其他附属设施（给水排水、防火栓、修理站、电话通信、绿化、生活设施）组成 |
| 2 | 按停放车辆性质 | 机动车停车场 | 主要是汽车停车场，可分为：小汽车停车场、公共汽车停车场、货运汽车停车场、出租汽车停车场等 |
| | | 非机动车停车场 | 主要指自行车停车场，包括各种类型的自行车停放处 |
| 3 | 按停车场服务对象 | 公用停车场（社会停车场） | 大型集散场所的停车场：公园、广场、体育场馆、大型客运枢纽的；车辆多而集中，有明显的停车高峰，要求集散迅速 |
| | | | 商业、服务业的停车场：商业网点（停车分散、停车周转快）、影剧院和展览馆的停车场（有场次时停车集中，没有展览或演出时得不到充分利用） |
| | | | 生活居住区的停车场：早些年多为非机动车，现机动车增加，夜间停放较为集中 |
| | | 专用停车场 | 主要指机关、企事业单位、公共汽车公司和汽车运输公司专用的停车场，主要停放自用车辆 |

4. 立体交通

立体交通是一种向空中及地下要空间的交通形式，它将城市多种交通方式进行复合，是缓解交通问题、构建人车分流的重要手段。通过研究地铁、公交车、小汽车、自行车、步行等方式，以及综合运输体系的整体效应，在交通断面上，形成多层次的立体交通，在交通换乘上，实现无缝对接，提高交通的效率。

（1）立体交通特点

一般来说，城市立体交通有复合化、高效化、品质化三大特点。

复合化：立体交通包含小汽车、公共交通、自行车交通以及步行等多种交通方式，考虑其综合运输体系的整体效应，以建立良好的交通秩序。

高效化：立体交通有利于各类交通之间的换乘和联系，同时在垂直层面对交通进行分类，各类交通各行其道，极大地促进了城市的运输效率。

品质化：立体交通可以将大多数的城市交通网络转移到地下层，开放地面空间作为步行道路，并引入自然景观，极大地提升了开放空间和步行空间的品质。

（2）立体交通组织

立体交通适用于公共设施密集、交通复杂多元、人流量大、运转效率高的城市中心区。通过合理规划布局，形成地下铁路、地面交通和空中轨道（道路）多层次的立体交通体系，把人群活动与行车区域进行隔离，缓解城市中心区的动态交通压力。在立体交通网络中，人行天街、城市地下道路、城市轨道交通发挥巨大作用，见表 6-22。

表 6-22 立体交通方式比较

| 立体分流方式 | | | | |
|---|---|---|---|---|
| 分类 | 地面步行，车行上跨 | 地面步行，车行下穿 | 地面车行，步行上跨 | 地面车行，步行下穿 |
| 图示 | | | | |
| 适用地段 | 中心区周边道路 | 中心区周边道路及内部 | 中心区周边道路及内部 | 中心区周边道路及内部 |
| 优势 | 地面完全供步行者使用，方便，易到达 | 地面完全供步行者使用，方便，易到达 | 建设成本较低 | 与地铁结合可有效带动地下商业发展 |
| 劣势 | 上跨道路对视景破坏较大，降低了商业建筑的可见性 | 下穿道建设成本较高 | 需要考虑与商业建筑的连接关系 | 地下步行空间环境品质较差，需要考虑与地面空间的衔接 |

## 6.3.2 道路系统

城市道路系统是在一定的社会条件、城市建设条件及当地自然环境下，为满足城市交通，解决生产、生活的相互联系，以及其他各种要求而逐步形成的。道路系统是城市的骨架，是城市结构布局的决定因素。

1. **道路分级**

按照城市道路所承担的城市活动特征，城市道路分为三个大类、四个中类和八个小类，见表 6-23。不同城市应根据城市规模、空间形态和城市活动特征等因素确定城市道路类别的构成。

依据其功能特点、道路断面以及与周边建筑的关系等要素可分为“道－街－巷”三个类型，见表 6-24。在城市层面，应将不同的道路进行整合，恰当处理其间距与组合交织关系，打通城市脉络，构建清晰完善的城市道路系统。

表 6-23 城市道路功能等级划分与规划要求

| 大类 | 中类 | 小类 | 功能说明 | 设计速度（km/h） | 高峰小时服务交通量推荐（双向 pcu） |
|---|---|---|---|---|---|
| 干线道路 | 快速路 | Ⅰ级快速路 | 为城市长距离机动车出行提出快速、高效的交通服务 | 80~100 | 3000~12000 |
| | | Ⅱ级快速路 | 为城市长距离机动车出行提出快速交通服务 | 60~80 | 2400~9600 |
| | 主干路 | Ⅰ级主干路 | 为城市主要分区（组团）间的中、长距离联系交通服务 | 60 | 2400~5600 |
| | | Ⅱ级主干路 | 为城市主要分区（组团）间的中、长距离联系以及分区（组团）内部主要交通联系服务 | 50~60 | 1200~3600 |
| | | Ⅲ级主干路 | 为城市分区（组团）间联系以及分区（组团）内部中等距离交通联系提供辅助服务，为沿线用地服务较多 | 40~50 | 1000~3000 |
| 集散道路 | 次干路 | 次干路 | 为干线道路与支线道路的转换以及城市在内中、短距离的地方性活动组织服务 | 30~50 | 300~2000 |
| 支线道路 | 支路 | Ⅰ级支路 | 为短距离地方性活动组织服务 | 20~30 | — |
| | | Ⅱ级支路 | 为短距离地方性活动组织服务的街坊内道路、步行、非机动车专用路等 | — | — |

表 6-24 “道－街－巷”职能分析

| 类别 | “道” | “街” | “巷” |
|---|---|---|---|
| 主导职能 | 交通功能主导的城市中心区通道 | 经营功能主导的城市中心区通道 | 配套功能主导的城市中心区通道 |
| 车道数 | 4 车道以上 | 2 车道或 4 车道 | 2 车道以下 |
| 道路宽度 | 车行道宽度大于 18m | 车行道宽度 8～18m | 车行道宽度在 8m 以下 |
| 车流状况 | 车速较大，车辆多，但车流以穿越为主，较少停留，车速往往超过 60 km/h | 整体道路网设计车速在 30km/h 左右，车速较慢，出入口较多 | 人流较为聚集，但车流与物流很少在此穿越 |
| 道路尺度 | 车行道较宽，车辆出入口较少，不利于交通流的停留并产生活动 | 道路尺度较为合适，交通往来便利频繁 | 道路尺度较小，不适宜车流的通行 |
| 与周边建筑的关系 | 道路两侧的用地相对比较独立，之间缺乏联系。因此在这类地区，仅有若干大型的综合商业商务设施，缺乏特色 | 车速较慢，路边可以停留，人流和车流混合，道路两侧高楼与店铺密集 | 市民在道路两侧下棋、聊天，道路两旁即是其居住的楼房，底下一、二层的小商店为其生活提供了很大的便利 |

2. 路网结构

城市路网构成体现在路网密度和路网空间结构两个层面。其中，路网密度主要反映道路在一定面积中的布局程度；路网空间结构主要反映道路网络的布局方式和组织形态。道路长度与用地面积之间的比例关系为道路网络密度。结合不同城市特点，兼顾城市各种生活的不同要求，对道路网密度进行规定，过小则交通不便，过大则造成用地和投资的浪费，且影响城市的通行能力。路网按照密度有高密度与低密度两种，不同的路网结构能体现不同的城市空间秩序和特色。

路网空间结构是片区城市设计中空间形态和特色的直接反映，由道路平面组织形式、立体组织形式等因素构成，见表6-25。影响路网结构的原因有很多，包括地形特征、用地形状、历史传统、文化价值等。在考虑城市道路网结构时，应注意用地分区形成的交通运输、城市地形条件和原有路网的影响作用。

表6-25 典型路网结构

| 类型 | 特点 | 图式 | 典型模式 |
|---|---|---|---|
| 方格网式路网 | 道路向城市各个方向扩展，交通组织便利，系统明确，易于识别方向。划分街坊规整，便于建筑物的布局，在功能布局上的灵活性较强，但是对角线两点间的交通路程长，增加市内两点间的行程，非直线系数大 | | |
| 环形放射状路网 | 道路由同心圆和放射性结构组成。放射形道路从城市中心呈放射状延伸，增强了城市中心与郊区的联系，环形干道有利于市中心与各区的相互联系，各级道路分工明确，路线曲直均有。但易把车流导向市中心，造成市中心交通压力过重。同时产生许多不规则的街坊，不利于建筑布局 | | |
| 自由式路网 | 根据不同地域的地形地貌来组织道路结构，能充分利用自然地形，节省道路建设投资，多依山就势，形式自然活泼，可以形成丰富的景观。但是不规则街坊多，影响建筑物的布置，路线弯曲，不易识别方向，不仅能取得良好的经济效益和人车分流效果 | | |
| 混合式路网 | 将两种或者两种以上的道路网形式混合起来从而优化道路网结构，弥补各个道路网结构的不足，提高城市主干道的通过效率。有前述几种形式道路网的优点，也能避免它们的缺点 | | |

## 课后思考

1. 如何对城市用地进行合理的布局与安排?
2. 如何通过调控手段对土地开发进行引导与控制?
3. 如何合理安排结构要素以组织空间结构?
4. 如何对道路交通进行合理的组织与设计?

## 推荐阅读


1. [美] John.M.Levy. 现代城市规划 [M]. 张春香译. 北京：电子工业出版社，2019.
2. 田莉等. 城市土地利用规划 [M]. 北京：清华大学出版社，2016.
3. 陆红生. 土地管理学总论 [M]. 北京：中国农业出版社，2015.
4. [美] 伯克. 城市土地使用规划 [M]. 吴志强译. 北京：中国建筑工业出版社，2009.
5. 彭震伟，张尚武等. 城市总体规划 [M]. 北京：中国建筑工业出版社，2019.
6. 吴志强. 城市规划原理 [M]. 北京：中国建筑工业出版社，2011.
7. [日] 日笠端，日端康雄. 城市规划概论 [M]. 南京：江苏凤凰科学技术出版社，2019.
8. 杨俊宴. 城市中心区规划设计理论与方法 [M]. 南京：东南大学出版社，2013.
9. 文国玮. 城市交通与道路系统规划 [M]. 北京：清华大学出版社，2013.
10. 徐循初，汤宇卿. 城市道路与交通规划 [M]. 上海：同济大学出版社，2007.

# 第7章

# 群体建筑组织

空　间　场　所　的　实　体　建　构

# 本章导读

## 01 本章知识点

- 单体建筑形态特征；
- 群体建筑设计原则；
- 各类群体建筑空间组织方法；
- 既有建筑更新设计方法。

## 02 学习目标

- 熟悉单体建筑的形态特征；
- 理解并掌握群体建筑的组合方式，以及群体建筑与外部空间的组合方式；
- 理解群体建筑设计原则；
- 理解并掌握各类群体建筑空间组织方法；
- 掌握既有建筑更新设计方法。

## 03 学习重点

能理解并掌握群体建筑的组合方式，熟悉各类群体建筑特点，掌握各类群体建筑的空间组织方法。

## 04 学习建议

群体建筑组合涉及的问题是广泛和复杂的，群体建筑空间组合要处理建筑与建筑之间，建筑与外部空间的关系，因此，应该注意以下几个方面：

- 群体建筑空间组合的方式是多样和复杂的，本章将其进行简要模式的归纳，学习者应对群体建筑组合方式进行融会贯通，达到举一反三的效果。
- 各类群体建筑的功能和形态特征是不同的，学习中应真正理解各类群体建筑之间的共性和特性，总结各自的空间特点，空间组织方法，尝试一两种群体建筑的空间组织练习。

## 7.1　组合要素

从功能角度讲，人们不同的生活需求催生不同的建筑功能，如居住、商业、商务、文化等，随着现代社会的发展，城市群体建筑呈现高度复合化，明确的功能分区逐渐减少。从空间角度讲，作为实体的群体建筑与作为虚体的环境共同构成了城市空间。群体建筑组合就是把若干栋单体建筑组织成为一个布局合理、空间有序的建筑群，构成地段基本的空间单元。群体组合主要与场地环境和空间联系等条件有关。大部分建筑，只有当它和环境融合在一起，并和周围的建筑共同组成一个统一的有机整体时，才能充分地显示出它的价值和表现力。如果建筑脱离了环境、群体而孤立地存在，即使其本身尽善尽美，也不可避免地会因为失去了烘托而大为减色。群体组合涉及的问题是广泛和复杂的，本章对单体建筑的主要类型进行归纳整理，并介绍各类型群体建筑的组合方式与设计方法。

### 7.1.1　建筑的形态特征

建筑单体是群体组合的基本元素，了解单体建筑的形态特征有助于掌握群体建筑的组合设计方法。单体建筑的形态特征包括平面形态与空间形态两方面内容。

1. 单体建筑的平面形态

单体建筑的平面形态包括点状、线状、面状三种类型，见表 7–1。

表 7–1　单体建筑的平面形态

| 类型 | 特点 | 平面形态 |
|---|---|---|
| 点状 | 点状建筑是相对的概念，可以把不同于周边建筑的、相对独立的、平面相对较小的建筑称为点状建筑。最常见的点状建筑是矩形，可以演变为三角形、多边形、自由形、圆形、椭圆形等 | 矩形点　三角形　多边形　自由形　圆形　椭圆形　自由形 |
| 线状 | 相对细长的平面形态被称为线形，大量的建筑都会采用线状形态，比如传统商业建筑、商务办公类建筑和教育科研类建筑等。线形以直线为原型，可以演变为直角折线、自由折线、几何曲线和自由曲线等 | 直线形　直角折线　自由折线　几何曲线　自由曲线 |
| 面状 | 面指相对较大的、长度与宽度相差不大的形态，不同大小、不同形状或不同位置的面进行相互叠加或相互减缺，演变出丰富的面形态。商业建筑、文化建筑、博览建筑、交通枢纽建筑大多采用面形态，其通常会成为环境中的主体建筑或焦点 | 矩形面　多边形面　面的叠加　面的减缺　几何曲面　曲直结合面 |

2. 单体建筑的空间形态

单体建筑的空间形态包括低层、多层、高层三种类型。

（1）低层

根据《民用建筑设计统一标准》GB 50352-2019 的规定，低层建筑一般指高度低于或等于 10m 的建筑物，层数通常为三层以下。低层建筑接近自然、尺度亲切、领地感强，结构施工相对简单、造价低，也存在用地不经济、密度低等问题。选择低层建筑需要结合其优缺点综合考虑。低层建筑在平面形态上涉及“点”“线”“面”等各种类型，如点状的独院式住宅、环境中的小品建筑等；线状的传统商业街、临街商铺、园林中的游廊等；面状的购物中心、博物馆、文化馆、科技馆、展览中心等。

（2）多层

建筑高度不大于 27m 的住宅建筑、建筑高度不大于 24m 的公共建筑及建筑高度大于 24m 的单层公共建筑为低层或多层民用建筑。多层建筑尺度较适宜、用地较经济、工程造价较低，能够形成良好的城市空间氛围。多层建筑的平面形态多为“线”或“面”状。如线状的多层住宅、办公楼、科研机构、教育建筑等；规模偏大的商业类建筑常常采用多层的面状形态，如百货商场、大型超市、商业综合体等；规模较大的文化类建筑及交通枢纽建筑，如博物馆、文化馆、艺术中心、火车站、航站楼等通常采用多层的面状形态。

（3）高层

建筑高度大于 27m 的住宅建筑、建筑高度大于 24m 的公共建筑为高层建筑。高层建筑具有提高土地利用率、节省市政投资费用、空间利用效率高以及丰富城市空间风貌等优点。也存在尺度巨大、施工难度大、建设成本高等弊端。高层建筑需要考虑水平方向风荷载的应力影响，特别是超高层建筑，通常采用“点”状平面形态。此外，一些中高层建筑会采用“线”或“面”状平面形态，如较大规模的商务办公建筑，超大型的商业综合体和购物中心常以高层线状或面状形态出现。

### 7.1.2 建筑单体组合

建筑群体的空间形态是在对场地特征，如地形地貌、气候条件、植被分布等综合分析基础上，结合设计概念、功能布局、流线组织等的统筹，形成不同空间和形态单元的相互关系。功能群组之间的内在关联以及这些建筑功能群与城市功能的交织反映在空间关系上，就构成了空间一体化的形态组织。建筑单体组合构成一般包括下列几种形式。

1. 分离

运用建筑流线组织分区、分组、分层的手法将不同属性、不同功能的空间按照各自适宜的空间区位进行组织，相互之间不构成直接的联系同时拥有相对的独立性，见图 7-1。但其中的公共部分（如入口大堂、公共交通和服务设备）仍有共同使用的可能性。分离的构成方法避免了空间综合利用中可能出现的混乱和相互干扰，它适用于私密性、独立性较强的功能单元。被分离的空间单元一般占据地段空间区位中的外围。例如常见的建筑综合体中，办公、居住与商业功能之间往往需要严格分区，办公和居住一般要与核心空间保持距离而占据地段的边缘或是近地面层以上的高空层。

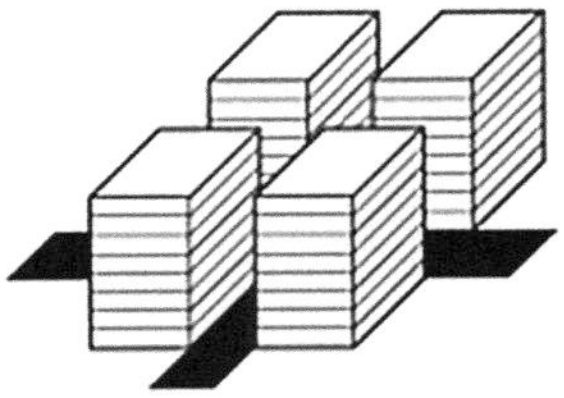

图 7-1　分离

2. 复合

某空间单元同时具备建筑个体空间和城市公共空间的双重性质和双重归属。这种复合空间由建筑内部使用者和城市公众共同使用，在功能上加强了建筑与城市间的直接联系，同时也大大提升了空间的使用效益，见图 7-2。复合空间的组织形式适宜于开放性、公共性程度较高的功能群组，如商业、娱乐、交通、商务办公群组等等。特别是商业建筑综合体，通过复合化的空间手法，能够强化全天候的公共活动空间。复合空间由于不确定的归属关系往往造成管理上的难点，因此它需要公众文明素质提升、管理方法管控和设计处理的共同配合。

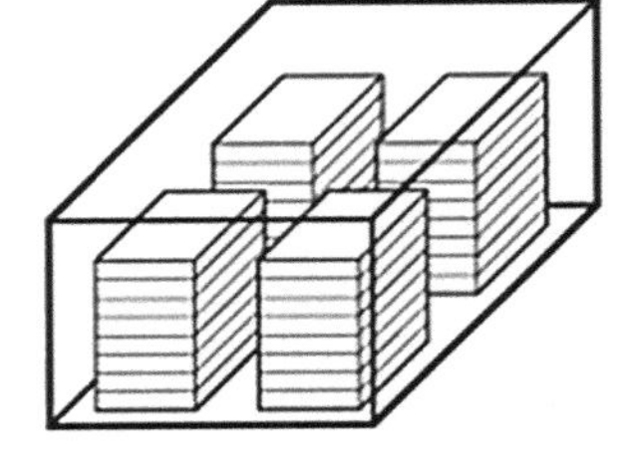

图 7-2　复合

3. 穿插

建筑空间与城市公共空间或设施在三维坐标系中的立体交叉，能够促进建筑功能群组和城市功能的双重整合，见图 7-3。这种建筑空间与城市空间相互穿插的组织方式其另一层意义在于其对土地利用极限的挑战，它涉及城市交通路线上空权和下空权的开发归属问题。空间的穿插组织对城市中自然景观要素的保护与利用也不失为一种积极的方法。

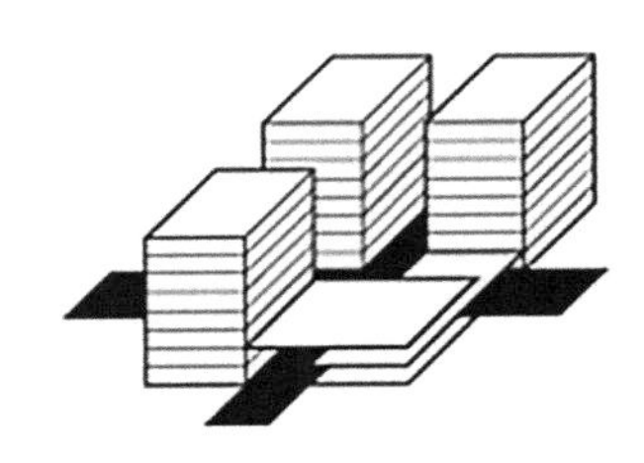

图 7-3　穿插

4. 串联

若干不同归属的建筑空间单元相互串联起来，不设严格的空间分割，保持一种彼此流通、延续、渗透的状态，从而在建筑内部构成连续的城市空间体系，见图 7-4。一般而言，这些在产权上具有不同归属的空间单元应具有开放性，并且其使用功能有密切的相通关系。纽约世界金融中心的近地面层各公共空间之间即运用了串联方式，将商店、餐馆、办公门厅、室内广场等内容组织到了一个连续的步行空间体系之中，从而避免了无谓的交通往返，也使得地段整体功能得以整合。香港中环地区的空中人行步道连续穿越市中心各公共建筑，典型的串联组织方式很好地适应了南方多雨地区的气候条件，创造出优质的空间体验。

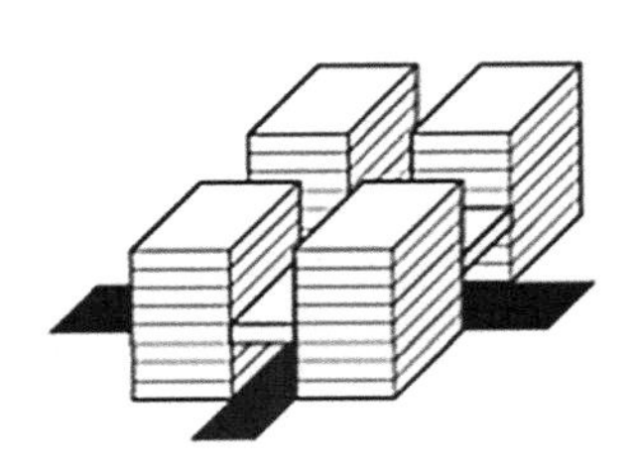

图 7-4　串联

5. 并联

不同归属的建筑空间单元分别与城市公共交通空间相连接，在各自保持其相对独立性的同时，又构成了彼此延续相通的关系，见图 7-5。建筑单体在城市区段范围内通过交通空间形成并联式的建筑群组，这是一种传统的城市空间组织方式。在此

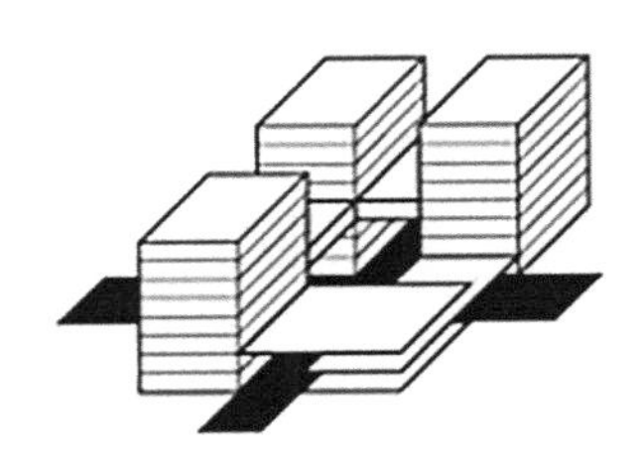

图 7-5　并联

承担联系媒介的公共空间常常是街道和广场。这种并联式空间组织方式在当代的新发展主要表现在交通联系媒介的人车分离以及由此而产生的立体化城市步行空间体系。与串联方式相比，其人群步行轨迹对各单体建筑空间具有更大的选择性和灵活性。由于各空间单元的归属感更为明确也带来管理上的便利。一般来说，这种交通媒介空间也可以采用更为灵活的形式从而具有广泛的适应性。串联和并联两种空间组织方式由于其各自不同的特征通常可以同时运用、相互补充，从而增加其广泛的适应性，这两种组织方式还可以进一步演化为不同的形态，如单线形态、围合形态和放射形态等。

6. 层叠

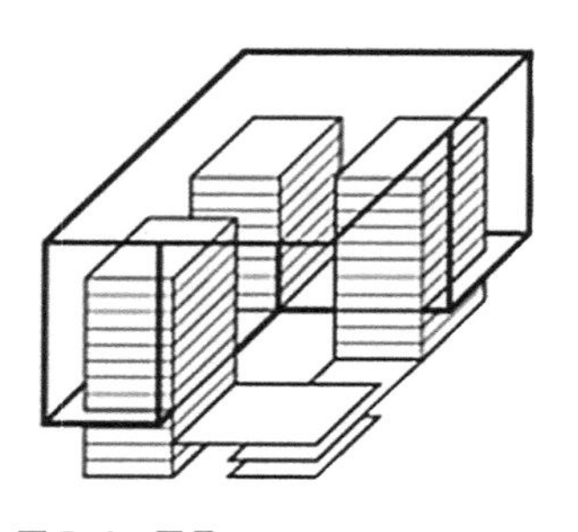

图 7-6 层叠

建筑使用空间与城市公共空间或设施在垂直方向（剖面方向）上下叠置，空间层叠的组织方法是城市空间利用趋向立体化发展的一种表现形式，它与人们对城市垂直向空间区位的认识密切相关，见图 7-6。在传统城市中，城市人群活动大都集聚在地面范围。随着人们对空间资源的积极探索以及空间开发技术的日益提高，地面上、下部空间正在成为城市空间区位构成的重要组成元素。城市空间的垂直区位越是接近地面层，其空间性质越是趋向开放和密集，其区位价值越高，也越适合发展城市公共空间。从空间设计角度来讲，其最重要的变革就在于将传统习惯中集中于地面或近地面层以公共性为主的功能、环境、空间向地面上下两极延伸和推展，从而实现城市地面的再造和增值。下沉广场、高台广场、屋顶花园、空中客厅、地下步道、二层步道、高空天桥等城市环境元素层出不穷。建筑空间和城市空间的层叠，其实质就是城市空间的垂直运动，并在垂直运动中加强建筑与城市的整合，从而起到改善环境质量，促进城市机体运作便捷和保护自然生态要素等多重作用。

### 7.1.3 建筑群体组合

两栋以上的建筑物排列在一起，无论是相同还是不同的体型，如果没有共同依据的组合法则，就会造成一种互不关联和各自为政的局面，无法形成完整的空间形象，从而带来使用和认知的缺陷。如果参照同样的形态要素，建立关联的秩序，将有助于削弱建筑单体的独立性，从而改变原来各自为政的局面，形成整体的场所印象。群体建筑的组合方式与其所在场地自然环境特点、周边建成空间特征、建筑功能性质、建筑空间形态、外部空间需求等要素直接关联。不同类型的建筑群，由于环境条件和组合元素的差异，反映在群体组合的方式上各有特点。就一般性的特征而言，群体建筑的组合方式主要包括四种模式：线性、行列式、围合式、复合式。前三种模式混合使用即为复合式组合，见表 7-2。

表 7-2　建筑与建筑的组合方式

| | 线性组合 | 行列式组合 | 围合式组合 | 复合式组合 |
|---|---|---|---|---|
| 单元素线性组合 | 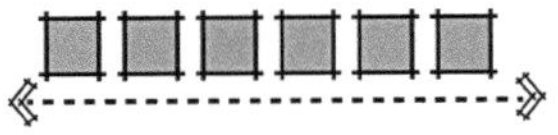 基本直线型 | 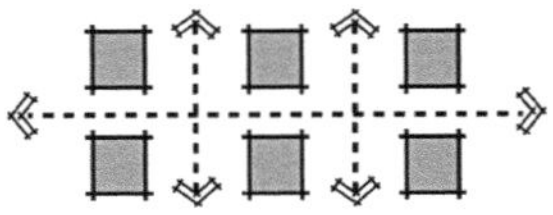 平行行列式 | 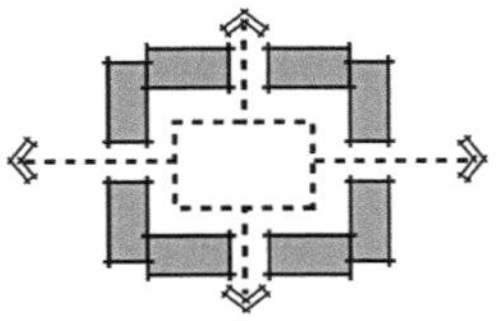 四面围合式（均值为和） | 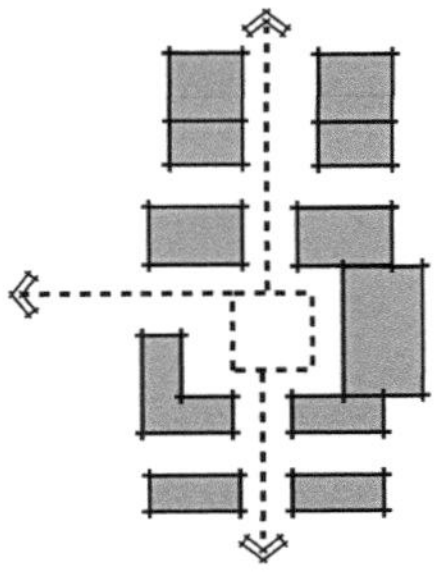 线性 + 围合式 |
| | 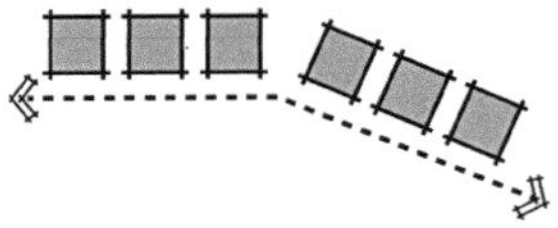 单折线型 | 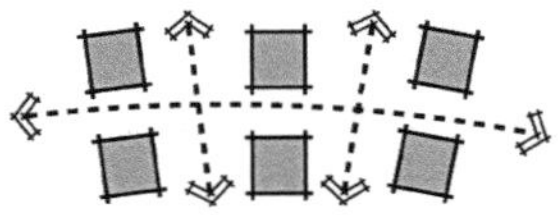 扭转行列式 | 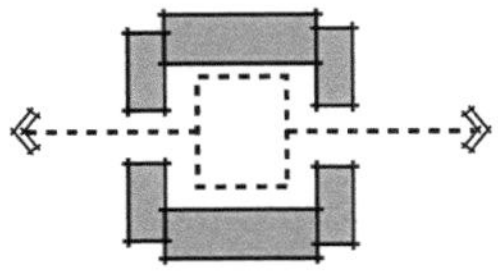 四面围合式（扣合围合） | |
| | 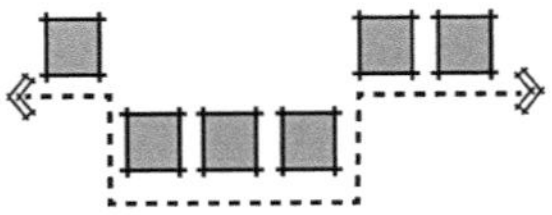 多折线型 | 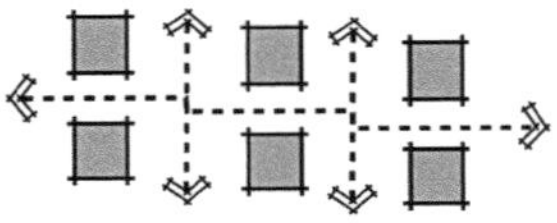 横向错动行列式 | 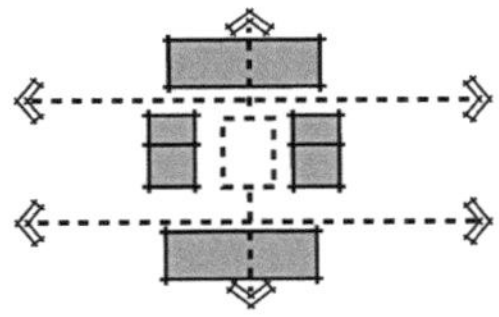 四面围合式（轴向围合） | 行列式 + 围合式 |
| | 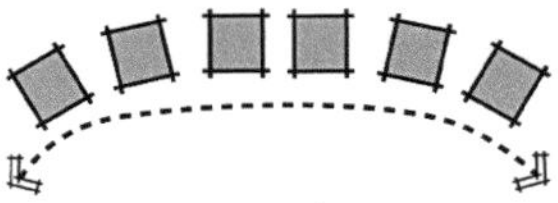 基本曲线型 | 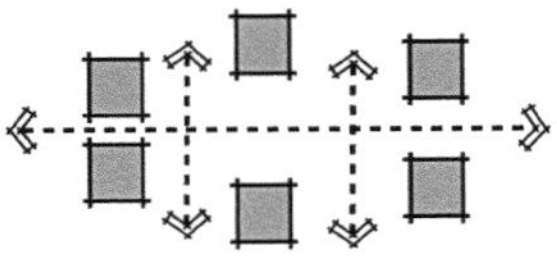 横向错动行列式 | 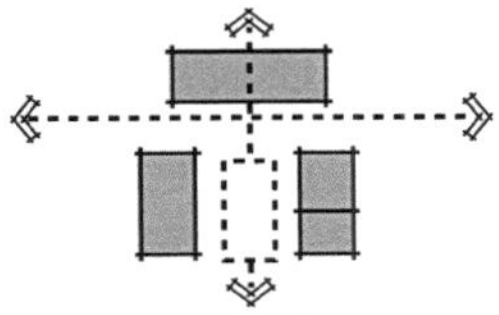 三面围合式 | 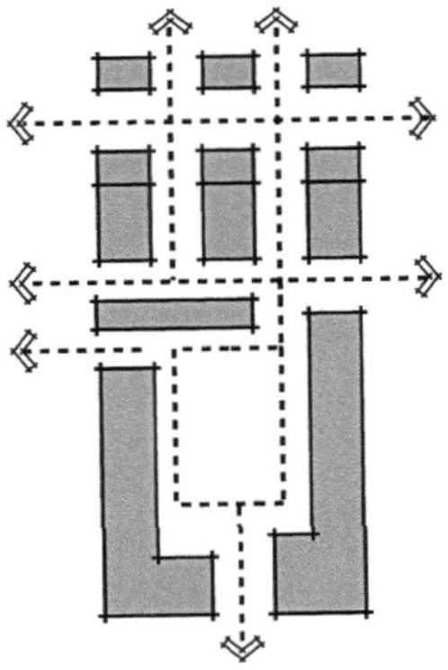 |
| | 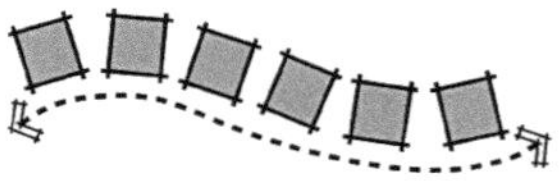 几何曲线型 | 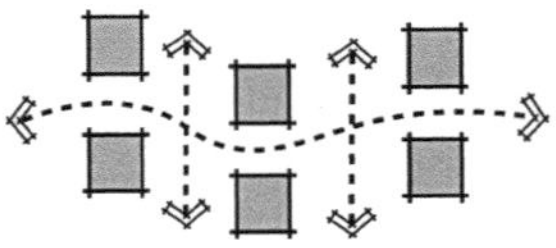 自由行列式 | 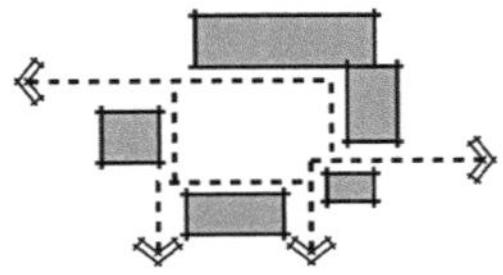 自由行列式 | |
| | 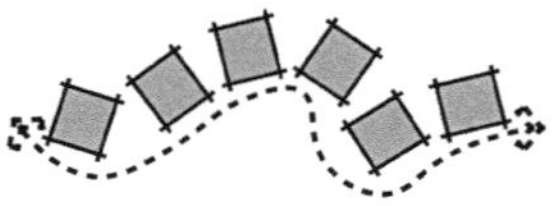 自由曲线型 | | | |
| 多元素线性组合 | 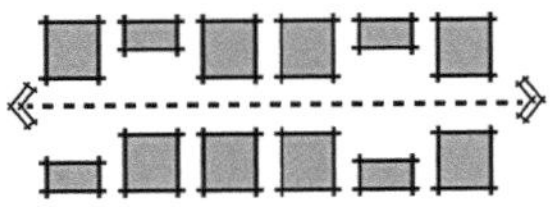 | 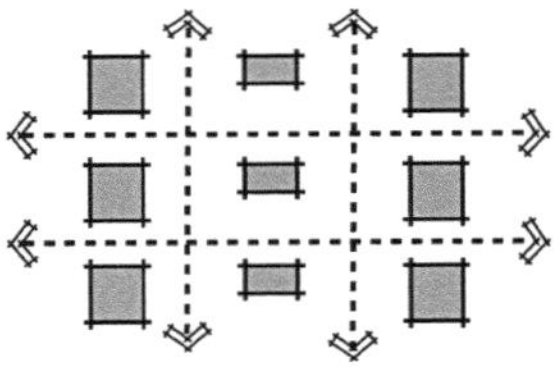 | 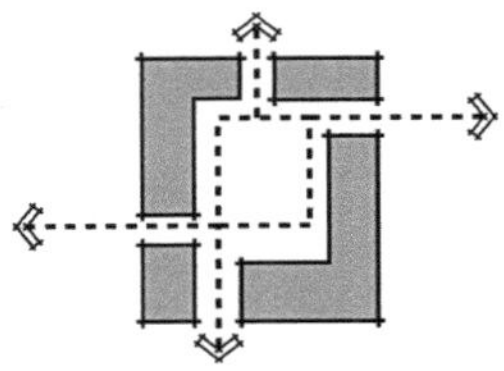 | 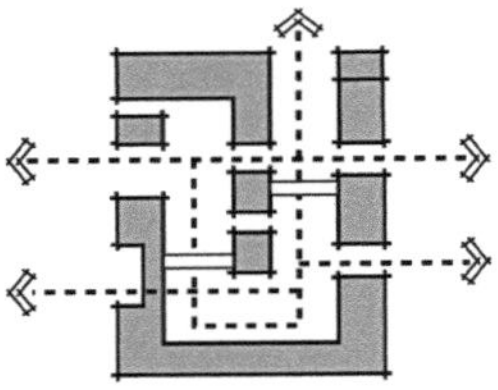 |

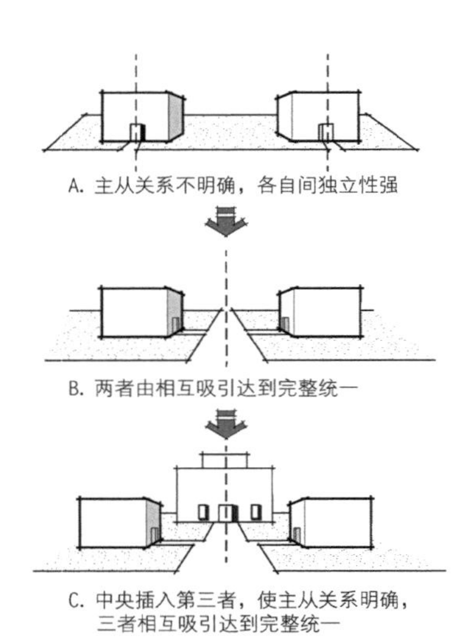


图 7-7 对称式组合特点

1. 线性组合

线性组合中的“线”即轴线。将各个单体建筑沿着一条轴线进行规则或不规则的排列会形成线性组合的建筑群体。轴线的表达可以以多种形式呈现：直线、折线、曲线、曲直结合等。在进行线性组合时，应考虑群体建筑空间的连续性、完整性以及适当的节奏与变化，形成统一却不乏变化的空间感受。当建筑沿直线形成对称排列时，就形成对称式组合，见图 7-7，对称的排列给人以强烈的秩序感和仪式感，当功能要求、地形限制、规模过大等因素不适合采用完全对称的布局形式时，可以运用轴线引导或转折的方法来组织建筑群。应特别注意轴线交叉或转折部分的处理，这些“关节点”不仅容易暴露矛盾，同时也是气氛或空间序列转换的标志。

2. 行列式组合

行列式组合以相似单体为依据，将各个单体建筑按照一定的朝向和间距成排布置，以便形成行列式组合的建筑群体。行列式组合能够使大多数建筑获得良好的日照和通风，在居住类建筑和教育类建筑的组合应用中最多，但空间层次不够清晰且缺乏内聚性，易造成单调直白的感受，也易产生穿越交通的干扰。在设计组合时可采用一些变化的形式来避免这些缺点，如通过扭转、错动、自由行列等方式，形成一定的空间围合，达成较为丰富的空间体验。

3. 围合式组合

将各个单体建筑围绕中心院落或公共开放空间周边布置，便形成围合式组合的建筑群体。围合方式可以是较为封闭的四面围合，也可以是较为开敞的三面围合。在围合式组合中，图形中空部分的形状、大小、边界可灵活变化，从而形成不同空间效果的围合式建筑群体。围合式因其明显的内聚性特征成为城市公共建筑群较常采用的组合模式。

4. 复合式组合

复合式组合模式是将以上三种模式进行结合所产生的复合形式。其相较于以上三种单一模式的组合，具备更大的灵活性与变化性，从而给人带来更为丰富的空间感受。随着城市公共建筑在功能与形态上日趋显著的复合趋势，群体建筑空间的复合式组合也成为一种主要的表现形式，建筑单体之间、建筑单体与外部环境之间的边界逐渐模糊化，形成联系密切的空间整体。

### 7.1.4 建筑与外部空间组合

存在于特定场地环境中的建筑实体与外部空间，犹如铸件与模具，一个为实，一个为虚，互为镶嵌，通过互余、互补及互逆的关系共同构成场所环境的整体印象。建筑实体与外部空间首先需要适应场地环境，在此基础上，遵循空间营建的基本法则，通过一体化设计，形成有机和谐的空间组合和整体秩序。

1. 群体建筑适应场地环境

任何建筑都不能离开场地环境，建筑形式与环境之间存在联系与制约关系。场地环境通常包括地形、道路、绿化、水体等方面。群体建筑布局要顺应环境，强化和凸显场地有利的形态特征，规避不利条件，见图 7-8。

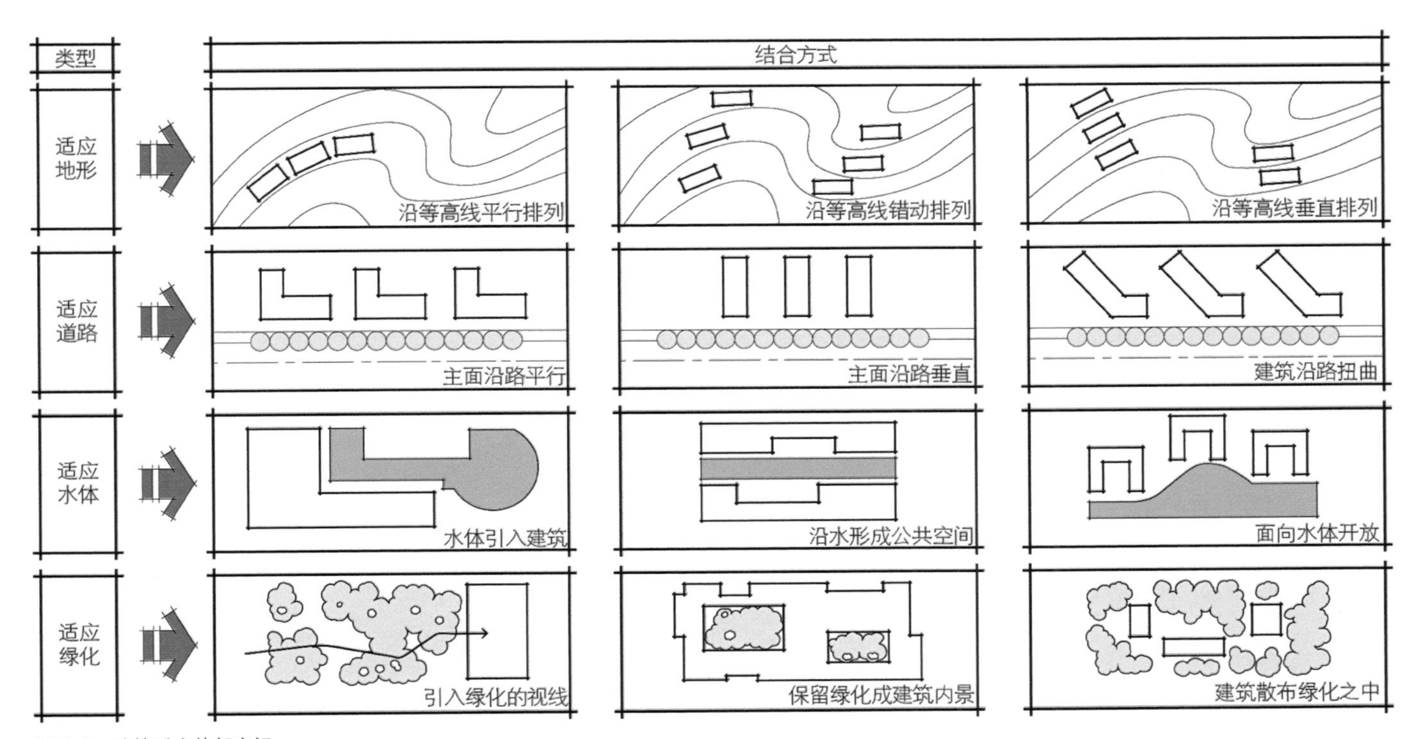

图 7-8　建筑适应外部空间

2. 建筑营造外部空间

建筑实体界定外部环境的空间尺度与形态。空间的封闭程度不单取决于围合的形式，同时还取决于建筑物的高度与距离之间的比例关系，愈近、愈高的建筑所围合的空间封闭性愈强（图 7-9D）；愈低、愈远的建筑所围成的空间封闭性愈弱（图 7-9A）。另外，处于同等的条件，愈严、愈密的建筑所围成的空间封闭性愈强；愈是稀疏的建筑所围成的空间封闭性愈弱。设计应该从人对空间的视觉感受出发，根据使用性质和空间特性选择适度的建筑体量与形态，城市广场和街道的形成与此关系密切。

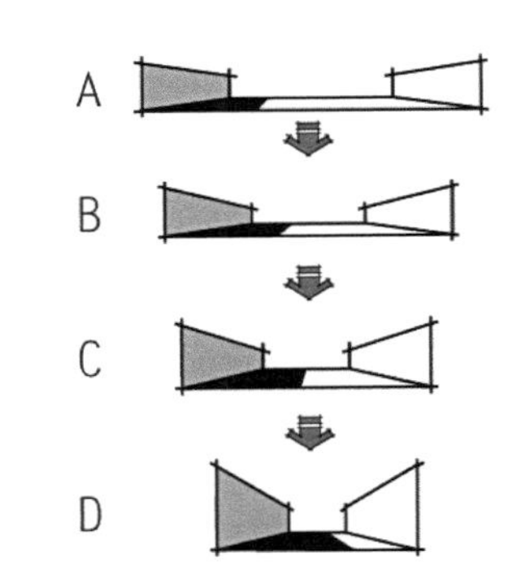

图 7-9　建筑营造外部空间

在实践中外部空间与建筑体形的关系更加复杂。以圣彼得教堂总平面为例，来说明外部空间与建筑体型的关系，见图 7-10。

在空间构成的角度下，人对于外部空间的感受很大程度上是通过尺度对比形成的。芦原义信在《街道的美学》中的研究表明，街道宽度（$D$）与沿街建筑高度（$H$）

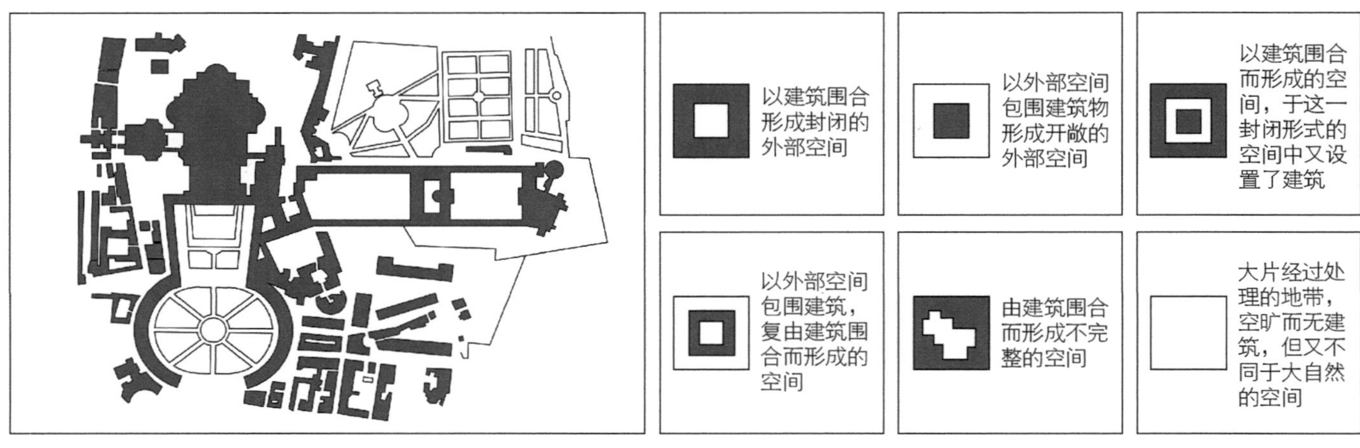


图 7-10　外部空间与建筑体型关系

之间不同的比例关系会产生如下感知：

当 *D*/*H*<1 时，空间具有一定的封闭感；

当 *D*/*H*=1～3 时，空间存在围合感，且当 *D*/*H*>2 时，产生宽阔感；

当 *D*/*H*>3 时，则几乎不存在空间围合感。

因此，对于大部分城市而言，*D*/*H*=1～2 是比较理想的街道断面构成比值，此时的空间高度与宽度之间存在一种均衡关系。但对于交通量较大而导致路幅较宽的道路，如城市快速路、主干道等，*D*/*H* 常常会达到 3 以上，为弱化路幅过宽而引起的街道空旷感，利用复数列的行道树对街道断面进行细分成为常用的设计手法之一。*D*/*H*<1 的断面多用于城市支路、巷道等街道特征相对突出的街道，以创造亲切宜人的生活尺度与氛围，见图 7-11。

实际生活中，人们对于街道空间的感受不是静止的，而是在持续进行的过程中逐渐形成的。因此，街道长度 *L* 与街道宽度 *D* 之间的比值成为体现街道连续性与统一性的重要指标。一般来说，当 *D*/*L* 的数值达到一定程度，即路幅宽度宽而长度短

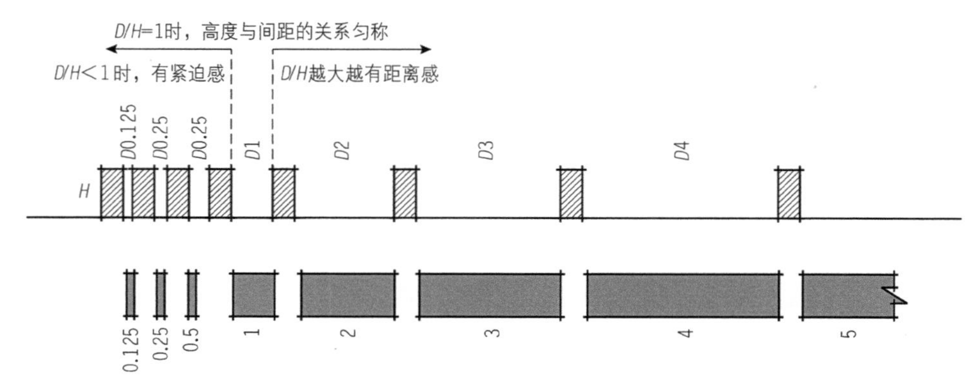


图 7-11　街道空间比例与空间感受

时，街道的线性空间感削弱，继而形成类似城市广场的感受；反之，如果 D/L 数值小，即路幅窄而长度长时，街道的线性空间感增强，街道给人的印象强烈。

建筑的尺度同样决定了广场空间的封闭程度。一般来讲，低的周边建筑使广场空间显得宏大，高的周边使之显得狭小。但这种空间必须与广场的大小联系起来观察，因为广场的空间效果不仅仅取决于广场的大小，还取决于广场的深度以及周围建筑高度的比例关系。卡米罗・西特（Camillo Stte）曾指出，广场最小尺寸应该等于它周边主要建筑的高度，而最大尺寸不应超过主要建筑高度的 2 倍。广场需要考虑人的尺度，因为广场在一定程度上是为缓解和调剂现代高节奏的城市生活，并让他们共享优美的城市公共环境而建设的，见图 7-12。

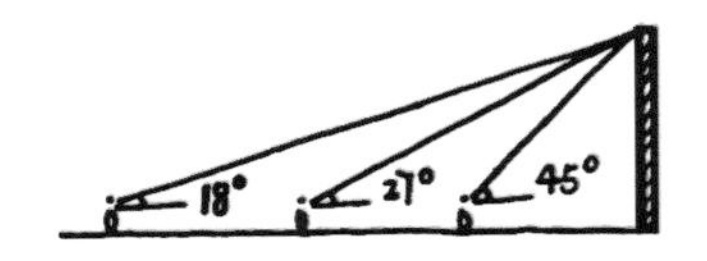


图 7-12　观察对象三种距离关系

如果用 H 代表界面的高度，用 D 代表人与界面的距离，不同的比例代表不同的感受（图 7-11）。
D/H=1 即垂直视角为 45°，可看清实体细部，有一种内聚、安定感。
D/H=2 即垂直视角为 27°，可看清实体整体，内聚向心而不至产闲散感。
D/H=3 即垂直视角为 18°，可看清实体与背景的关系，空间离散，围合感差。

### 3. 建筑与外部环境要素组合

外部空间环境要素主要指广场、绿化和水体等。在设计中，彼此因借，共生互融，形成整体的空间形态和良好的环境品质，见图 7-13。

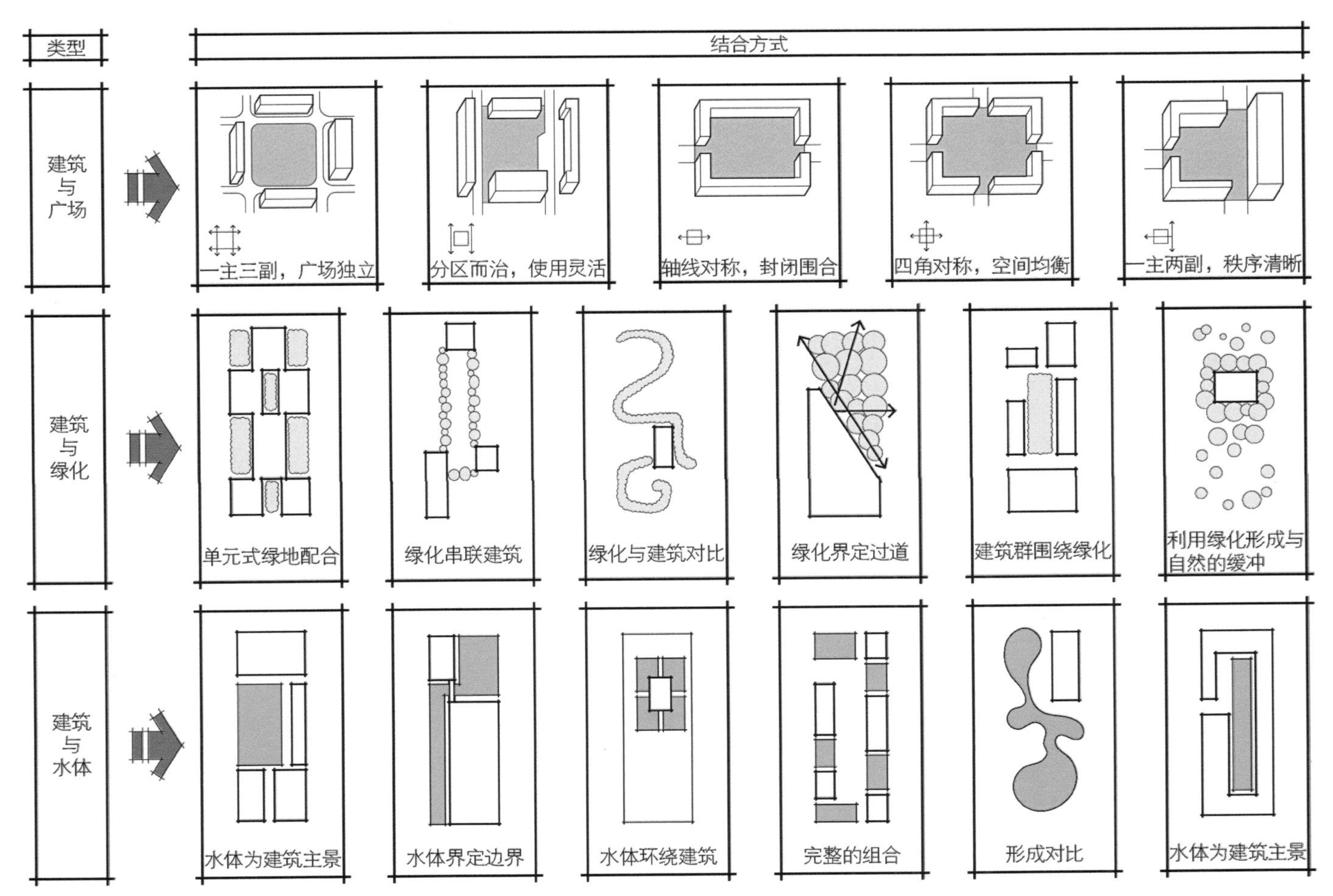


图 7-13　建筑与外部空间要素组合

## 7.2　群体组织

城市建筑群的功能类型很多，群体组织的空间形式应服从建筑的性质和内容，其本身也有独立的审美意义和规律。形式美的规律是带有普遍意义的美学法则，就建筑群体组织而言，多样统一是基本法则。建筑群体通过若干个组成部分，以一定的内在秩序和结构方式，组合成和谐的有机统一体，缺乏多样性就会单调、枯燥、令人厌烦；缺乏和谐有序，则会杂乱，单调或杂乱的群体建筑组织无法达成形式审美的需求，更妄谈场所意义的实现。本节首先介绍群体建筑组织的基本形态原则，然后分别就城市设计中最主要的居住类、商业类、商务类建筑群体，介绍各类建筑群体空间组织的形态特征和设计要点。

### 7.2.1　群体建筑组织的形态原则

群体建筑组合在视觉审美的角度上应满足人们对空间的认知习惯，形成重点突出、层次清晰、特点鲜明的群体关系。

1. 尺度与比例

图 7-14　尺度与比例

尺度是以人的标准来决定的，必须满足人的物质与精神需求，群体建筑应当表达人的审美需求尺度。结合不同功能性质的空间营造出不同调性的尺度感，这是建立场所认同的基本前提。尺度与比例的关系密切，群体建筑组合首先应当考虑人的行为活动和视觉认知特征，在符合人的尺度基础上，达成良好的空间比例关系。空间比例既遵循如“黄金分割比”等形式逻辑法则，也受到地域、民族、习惯、审美的影响，群体组织需要统筹协调，从而达成各部分和谐统一，见图 7-14。

2. 对比与调和

对比是运用不同的视觉元素在组合中强调相互间的变化关系，缺乏对比的建筑群体构图会显得单调和乏味，而过分对比就会显得刺激强烈、杂乱无章。对比是形式创作的基本手法，如大小、高低、纵横、曲直、虚实、刚柔、强弱、动静等的对比。调和是借助构图要素间的共同性、避免相邻要素的突变，保持连续性以取得调和的美感。调和包括方向、形式、环境、内外、主从等的调和。在群体组织中，为求得统一与变化，离不开对比与调和手法的运用，见图 7-15。

3. 主导与从属

图 7-15　对比与调和

在建筑群体中，每个建筑单体在整体中所占的比重和所处的地位，将会影响到整体的统一性。在一个有机统一的整体中，各组成要素不能毫无区别而同等对待，它们应当有主与从、重点与一般、核心与外围组织的差别。倘若所有的建筑单体都突出自己，或都处于同等重要的地位，则会削弱建筑群体的完整统一性或多样性。在进行群体组合时，可以在形状、大小、线条、方向上体现主导和从属的差异，主导是基调、从属是和声。从属是用来衬托主导的部分，是显隐、强弱对比中隐与弱的那一方，或是图形与背景中属于背景的一方，见图 7-16。

图 7-16　主导与从属

4. 重复与交替

群体建筑组合中的某种形态和某个主体的重复和再现，将会产生整体性的和谐统一效果，但如果处理不当，就会显得单调。因此，运用重复的设计手法时，应当注意在重复中蕴含变化，这样不仅能避免单调，而且能够加强空间及构图的韵律。与重复规则相近的是交替，交替是指两种或两种以上的元素有规律的重复出现，有主有从、有显有隐、有实有虚、有繁有简、有大小的交替、有方向的交替，互相穿插组织能够产生复杂的交替构图美，见图 7-17。

5. 节奏与韵律

自然界的事物、形态往往呈现有规则、有秩序地重复再现，建筑群体组合也普遍采用这种方式体现形式美。条理性、重复性是创造节奏与韵律的前提，节奏与交替比较接近，但节奏体现为在交替变化中总有一个元素处于主导地位，简单重复再现，而其他元素处于从属地位，主导元素表现的越突出、节奏感就越强。韵律不是一般形式上的简单重复，而是有渐变的节奏，形状、形态、长度、宽度、密度、凹凸的等额渐变，形成既不单调、拘谨，又自然流畅、有韵味、富有象征和适宜的形式美感。在建筑群体中，节奏与韵律是组合空间和形式的一种手段——借助主题要素和空间序列组织的连续、渐变、起伏、交错等规律重复或秩序变化，加强建筑群整体的统一性，并求得丰富多彩的变化，见图 7-18。

图 7-17　重复与交替

6. 平衡与层次

平衡是与稳定联系在一起的，稳定的建筑群体给人安全感，安全感是人的本质需要，安全感是建筑的舒服感、美感的基础，所以平衡也是审美的重要原则，在群体组合中，可以通过对称和不对称的组织方式达成平衡。平衡与稳定的关系归根到底是力的平衡关系，所以不对称的平衡要维持力与势的平衡。在群体组织时，除了静态平衡，还需要考虑人群活动中形成的动态平衡。层次与平衡的关系密切，空间没有层次，就会十分单调死板，如果是不对称的平衡，那就更应该以层次增加审美情趣。中国园林的建筑群体与外部环境设计非常注重层次，既有辽阔舒朗之感，也有含蓄曲折之感，通过借景、分景、隔景，在多样变化中求得有机统一，见图 7-19。

图 7-18　节奏与韵律

### 7.2.2　居住类建筑群体空间组织

居住建筑作为城市居民日常生活的核心领域，是城市最主要的建筑类型。一般包括传统合院式住宅、自组织建造住宅、独院式低层住宅、多层集合住宅、小高层以及高层住宅等类型，通常以群体组合的方式形成居住生活片区。

图 7-19　平衡与层次

1. 住区规划设计要点

居住建筑群体是居住生活片区的基本生活单元，两者不可分割，开展居住建筑群体设计首先需要了解住区整体规划。

（1）用地组织

住区用地包括住宅用地、公共配套设施用地、公共绿地等。各功能片区之间既要有机联系，保持结构整体性，又要有所区分，通过绿化和道路形成各层级相对独立的活动领域。住宅用地应考虑居住生活的私密性和安宁性，避免与城市主要干道和大型公共设施用地毗邻，用地划分需考虑居住组团的规模和层级。

（2）空间结构

住区的空间结构主要体现在围绕住区中心形成的小区、组团、院落等居住层级的整体构架上，通过小区级核心空间、各个组团中心以及住宅院落等来共同建构层级清晰、结构明确的规划布局。住区空间结构包括两种类型：小区、组团和院落组成的三级结构；小区和院落组成的两级结构。在具体设计时，根据用地条件和规模选择合适的空间结构。每个居住层级都有对应的核心空间，突出核心空间是统领整个住区结构的关键。

（3）道路交通

住区道路分为人行和车行两种。车行道路以机动车交通为主，兼有非机动车交通功能，人行道路兼有步行交通和步行休闲功能。居住区的主要车行、人行道路出入口在空间上应该完全分开，不能重合。应设置步行道路和车行道路两个独立的路网系统。步行道路必须是连续的、不间断地贯穿于居住区的内部，服务于整个社区，将绿地、活动场地、公共服务设施等串连起来，并深入到各住宅主要出入口。车行道路应分级明确，一般以枝状尽端路或环状尽端路伸入到各住宅或建筑群体的背面入口。在车行道路沿线周围配置适当数量的停车位，在路的尽端处设置回车场地。

（4）绿化景观

从景观结构的连续性和完整性出发，兼顾集中的核心绿地与分散的组团绿地。将景观的营造与步行系统结合，利用主要步行轴线设置绿化，实现绿化景观的连续统一。住区绿化景观可以分为核心绿地、组团绿地、院落绿地三个层级。核心绿地一般以绿地广场为主，当核心绿地与会所结合的时候，除了要考虑建筑布局与景观的有机融合，还要保证出入口、人流的相对独立。组团绿地位于组团中心，是居民日常交往最接近的休息和活动场地。其规模较小，活动场地间或绿化，可以考虑设置运动器械等小型运动设施。

2. 居住建筑群体组合模式

居住建筑群体组合需要考虑日常活动、邻里交往、休憩娱乐等居住生活要求，构筑适宜居住生活的空间领域与外部环境；应当考虑日照间距、自然通风、住宅朝向和噪声防治等，满足居民基本生理和物理要求；需要注意营造良好而富有特征的景观，形成良好的居住环境氛围。居住类建筑群体组织可以概括为行列式、周边式、点群式、混合式等组合方式，见表 7-3。

表 7-3　居住类群体建筑组合模式

| 类型 | 行列式 | 周边式 | 点群式 | 混合式 |
| --- | --- | --- | --- | --- |
| 特点 | 行列式指建筑按照一定朝向和间距成排布置的形式。行列式能够使绝大多数房间获得良好的日照和通风。如果处理不好容易造成单调呆板的感觉，也易产生穿越交通的干扰，为了避免这些缺点，在规划设计时可以采用一些变化的形式 | 周边式是指建筑沿街坊或院落周边布置的形式。周边式形成较封闭的院落空间，便于组织公共绿化和休息场地。这种布置形式易造成一部分房间朝向较差，有的还形成转角的建筑单元，不利于使用。在具体设计时可采用一些变化的形式来避免这些缺点 | 点群式是指以一组或几组点式建筑组合的形式，高层住宅建筑大部分采用这种方式。这种组合方式适应性强，布局灵活，既能够充分满足住区日照和通风等基本要求，也能够形成丰富的空间和景观层次 | 混合式是指以上三种形式的组合形式，集多种形式的优点于一身，有利于住区的空间组织和景观营造。例如，可以以行列式为主，局部布置若干点式住宅，或者以行列式为主，以少量住宅或公共建筑沿道路或院落周边布置 |
| 结合方式 | 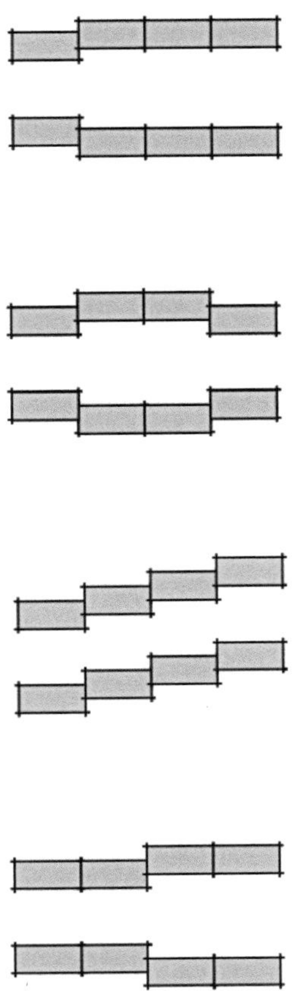  | 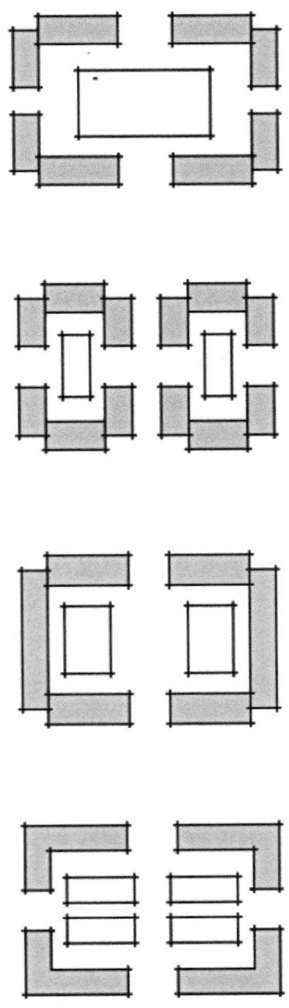  | 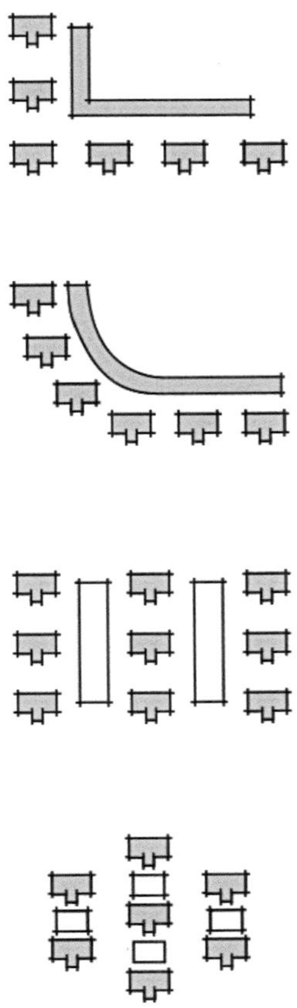  | 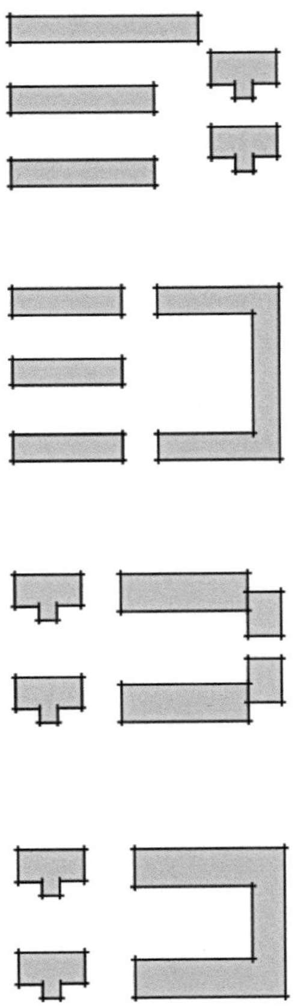  |

图 7-20　成都太古里

### 7.2.3　商业类建筑群体空间组织

随着商品种类和消费方式的不断演变，商业建筑类型日趋多样。常见的商业建筑包括商业街、购物中心、百货商店、超级市场、专卖店以及连锁店等。商业建筑与人的活动关联度高，其空间形态的发展演变深刻地反映着生活方式的变革。当代商业建筑设计不仅要求建筑自身具有人性化与个性化的空间特征，同时也要求各类型的商业建筑通过合理的布局有序组织在一起，形成具有舒适性、多元性、综合性、室内外相得益彰的建筑群落，见图 7-20。

1. 商业空间设计要点

商业建筑适应城市消费活动的快速发展，形态多样且与外部空间联系密切。设计的重点在于界面和形态设计。通常以外檐空间、导引空间及退让空间等方式形成联结室内外的界面空间，并通过单体建筑间的空间围合复合成为商业广场和商业街，集聚而构成商业群体，再由群体之间借助空中、地面、地下三维度的立体组织，将商业建筑与城市空间相互融合、穿插，构成多元一体的城市复合公共空间。

（1）空间界面设计

商业建筑单体层面的外部空间，包括建筑外檐空间，导引空间和退让空间等几种空间界面的基本构成方式。

在进行建筑设计中，运用各种构成手法去组合、分割和解构建筑空间的同时，也产生了许多形形色色，大小各异的“剩余”空间，它们主要产生于环境、建筑与空间三者相交或相邻所限定的边缘地带。

建筑空间界面在此积极地扮演了室内外互动的角色，提供了人们生活的场所。以招人、引人、留人为目的商业建筑，更应提供人们漫步、观赏、滞留的空间界面，并使人不自觉地在室内外交融的空间连续运动中实现各种要求的满足，见图 7-21。

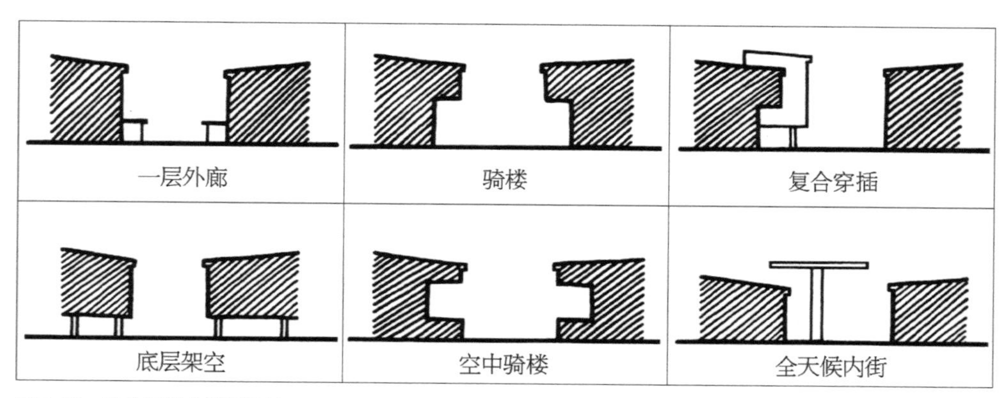


图 7-21　商业空间的界面设计

商业建筑空间界面的主要特征表现为，顶面与底面限定明确，垂直界面限定则不够确定，使室内外空间流动，且与街道空间形成视线交流和行为互动，这类空间特征进一步可分为。

- 亲和与联结：外檐空间设计

建筑外檐空间是指建筑边缘伸展空间，如檐廊、骑楼、雨篷及屋檐下部空间等，其使商业建筑产生一种向外的扩展力，一种内部空间外向膨胀的“指向性”或为一种“张力”，它加强了建筑与周围环境的结合力，使商业建筑对城市的亲和力大大增加。而檐廊、骑楼和檐下空间，在促成建筑内外融合共处上，它既界定了建筑的内外，又可以将许多商业建筑串联起来为人们连续的购物活动创造条件，同时还可以提供沿街购物，成为室内商业空间的延伸，见图 7-22。

- 聚合与导向：导引空间设计

建筑导引空间是在场地中，通过凹入后形成的临街开放空间，或底层凹入形成架空的边缘环境。它是商业街区连续性空间的“节点”或转折，使建筑产生向内聚合力，产生外部空间向内的指向性，是十分活跃独具魅力的单体空间界面，其空间的平缓过渡可以诱发行人的滞留行为和注意力，从而使城市空间形成强烈的导向性，在心理上造成“牵引”的态势而诱发行人的购买情绪与欲望。与此同时，开敞的底层空间界面在拥挤繁华的商业区中也是活跃的城市景观，改善市民公共生活场景的重要手段。这类引导空间包括前庭广场和底层架空两种方式，见图 7-23。

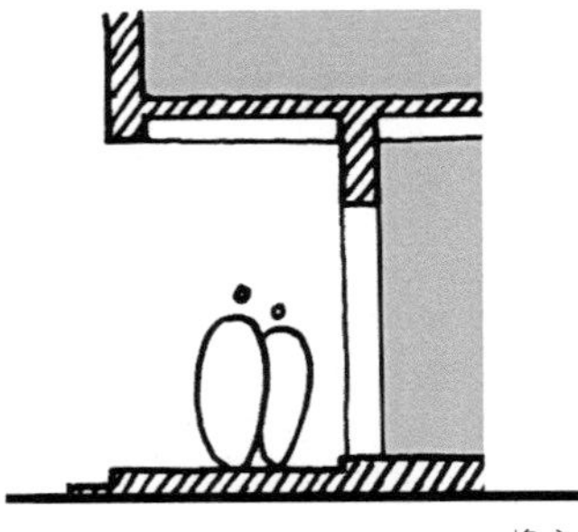
檐廊

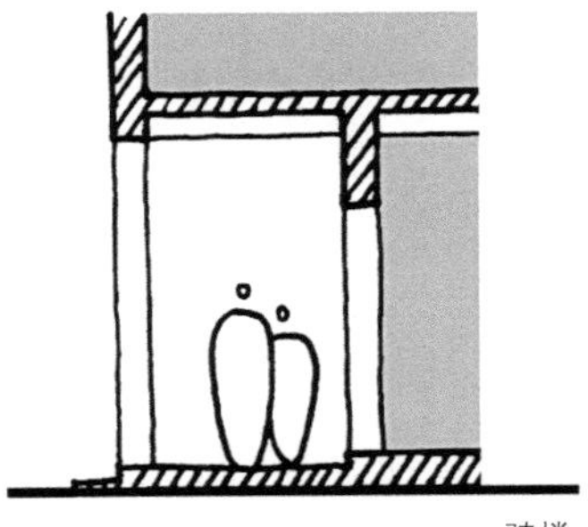
骑楼

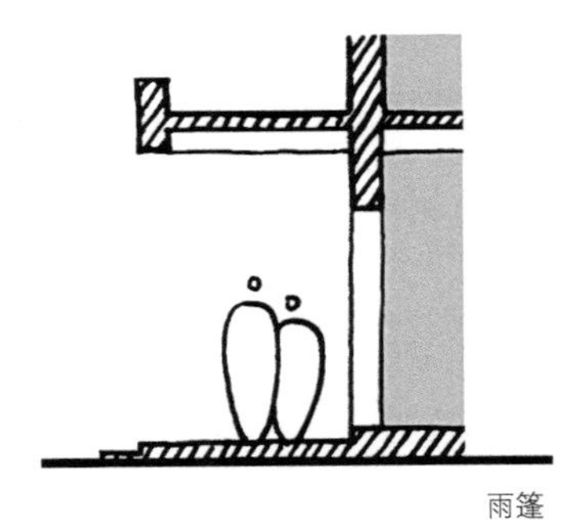
雨篷

图 7-22　商业建筑外檐空间

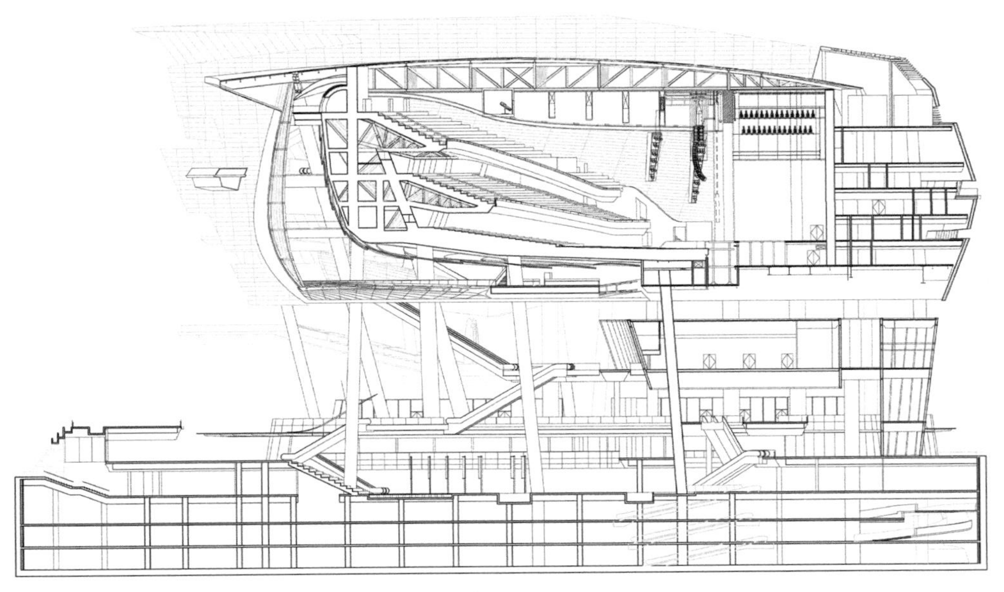

图 7-23　地面与屋顶的交叠新加坡星商业文化综合体

图 7-24 上海世茂广场改造

• 缓冲与调节：退让空间设计

现代商业建筑从小型专业商店到大型的综合商业设施，无论是从城市规划的要求而言，还是以商业建筑自身与城市空间的联系出发，都可以利用建筑的退让或通过形体的变化，营造形态各异的连接建筑与城市的过渡型空间。商业建筑或是后退广场，或是沿街退让，其借助铺装、高差、方向感和材质的变化，以及户外陈设、景物、标志物的安排，加强沿街建筑立面的延续性，凸显各类建筑的个性特征。它往往成为街道整体景观序列的一个环节和标志性领域，为人流、车流的动线提供必要的缓冲空间，为行人参与商业活动创造心理准备的前奏，建立目标空间的可识别性。建筑退让空间包括转角退让、沿街退让、空间围合、建筑退台等几种形式，见图 7-24。

**（2）建筑形态设计**

商业建筑在城市层面的外部空间，包括地下商业街、空中步道及空中、地面、地下三位一体复合而成的立体步行网络体系。

随着城市发展，商业中心区公共空间也呈现立体化发展趋势。立体化通常是以多层次的交通空间、天然地形条件为基础，形成空中步道、立体化广场、地下街道等多种立体公共空间。立体化公共空间的优势是提高了空间的开放性和流动性，增加空间利用效率，将地面、地下和空中三个层次的空间编织成系统的网络。

立体化的公共空间整合应当注重保持空间连续性。在室内外空间、地面和地下空间的衔接部分，尽量将空间开放，促进不同性质空间的贯通。立体化空间的交接主要有两种形式：一是地面与屋顶空间的交叠；二是地面与地下空间的交叠。

图 7-25 昆山康居新城江南片区商业街

• 地面与屋顶空间的交叠

随着人们对空间资源的积极探索以及空间开发技术的日益提高，建筑屋面空间被纳入城市公共空间加以利用，形成了层叠化的公共空间，见图 7-25。

将屋顶空间作为公共空间加以利用时，应当注意以下几个问题：首先，屋顶空间应当具备能吸引人前往的功能，如屋顶绿化公园、露天茶室等。其次，屋顶空间应当便于到达，即建筑尽可能采取层层退台的形式，并设置扶梯，将人们引导至屋顶。第三，如果在有地形高差的城市中，建筑屋顶平面可以利用高差与地面直接相联系。

• 地面与地下空间的交叠

图 7-26 广州天环广场

地面与地下空间交叠设计，最重要的是考虑如何将室外的自然光线和人的活动引入到地下。哪怕只是视线上的交流，也好过完全封闭的地下空间。最好的方法是控制下沉空间的尺度比例，并在地面与地下空间交接处，设置缓冲空间。下沉广场、地下街道上的天井或玻璃通廊，都是可以引导视线、光线的缓冲空间，见图 7-26。

**2. 商业建筑群体组合**

商业建筑群体组合方式灵活多样，通常以线性的商业街和面状的商业街区为主。商业街通常采用线性组合模式或线性与围合式的复合式组合模式，在设计时应考虑街道空间的连续性、完整性以及适当的节奏与变化，形成良好的步行环境。商业街区的组织方式包括围合式组合模式、围合式与行列式的复合组合模式等。随着人们生活水平和当代商业空间的持续发展，商业空间复合化的趋势越加明显，应综合用地形态、业态构成、消费需求等因素灵活布置，见表 7-4。

表 7-4　商业类建筑群体空间组织模式

| 商业街的群体组织模式 | | 商业街区的群体组织模式 | |
|---|---|---|---|
| 线性组合 | 线性＋围合 | 围合式组合 | 复合式组合 |

### 7.2.4　商务类建筑群体空间组织

图 7-27　纽约曼哈顿

商务建筑也称办公楼、写字楼、商务楼等，包含办公、会议、展览等功能，是实现城市经济职能的主要建筑类型，主要承担金融、经营、管理等职能。商务办公群体建筑应突出商务活动高效、简约、鲜明的特征，通过整体的组织与布局，形成符合当代审美价值的办公建筑群。统筹考虑其群体组织、沿街形象、裙楼、外部环境、街道家具、绿化系统等，实现空间的美感与统一，最终达到提升商务类群体建筑的形象及提高使用效率的目的，见图 7-27。

1. 商务建筑设计要点

当代商务办公活动更加多元化和人性化，群体组合设计要充分考虑其公共活动空间的营造，这是高品质商务办公空间的基本构成与特征。商务建筑的单体形态相对比较单一，大部分情况下以群体的方式出现，其组合设计的重点就是整体的空间形象和所营造的公共空间。

（1）过渡与活动：室外广场设计

室外广场是商务建筑群体之间或与周围道路、建筑之间形成的外部空间。广场空间打破了传统摩天楼中城市道路—人行道—入口—室内空间的简单构成方式，形成建筑与城市之间的良好“过渡”。它不仅是交通上的缓冲部分，也是人们心理上的放松地带——在城市“紧、密、快、闹”的大背景下，求得一块“松、缓、静”的乐土。建筑通过室外广场与城市公共空间的结合可采取以下几种形式：

图 7-28 平面式广场

• 平面式广场

这是一种常见的处理方式，即通过标高与街道基本相同的街道层广场将建筑与城市公共空间相联系。其优点是与城市道路具有直接的联系，便于人员进出，但在组织上较为复杂，易受干扰，见图 7-28。

图 7-29 下沉式广场

• 下沉式广场

在高层商务办公建筑室外空间开辟下沉广场，作为与城市公共空间联系的纽带。广场标高低于街道层，视线及交通干扰小，安全感强，易于形成阴角空间；界线清晰，空间明确，又可免受高层底部风口效应的气流冲击，易于营造良好的气氛；并可以通过竖向设计，与出入口、地下交通站、地下步道系统等相联系，创造富有层次的流线和空间，著名的纽约洛克菲勒中心广场的下沉式处理加强了广场空间自身的吸引力，三条大街的墙面围合着下沉约 4m 的广场，避免了街道层噪声、视线的干扰以及“高层风”的影响，因而创造出较为封闭、安静的空间环境，见图 7-29。

图 7-30 台座式广场

• 台座式广场

它一般比街面高出一层左右，其下部可结合街道组织多种功能空间，广场又可作为城市与建筑的空间过渡。典型的例子如纽约世界贸易中心广场，它比街面高出一层，由宽敞的大台阶与街道相联系，地下设有纽约最大的超级市场，从广场可直接进入两幢摩天楼的二层。在这里，结合景观与环境的台座式广场，创造了静谧秀丽的空间环境，大大缓解了城市生活的枯燥和单调，见图 7-30。

图 7-31 复合式广场

• 复合式广场

该广场是综合上述三者而构成的多层立体广场，因而包含它们各自的特点。如建外 SOHO，在建筑群中部，有一个下沉广场，通过底层的商场等公共部分将三幢建筑联系起来。国贸大厦与中国大饭店的主要入口在二层，在下沉式广场的周围通过平台，将整个建筑群连为一体。多层次的限定，使外部空间的层次丰富，加上灯具等小品的点缀，使外部空间的尺度更加宜人，见图 7-31。

（2）景观与阳光——室外庭院设计

建筑室外庭院的开放，是使建筑与城市空间融为一体的另一有效途径。庭院空间在人口高度集中、建筑高度密集的城市空间中创造宜人的环境，满足人们对于自然环境的需求。作为建筑与城市空间的联系媒介，室外庭院通常表现为平面型和空间型两大体系。

• 平面型庭院

即街道层上的庭院空间，其与城市建筑的相对位置关系有以下各具特点的处理形式：前庭创造良好的入口环境，减少道路交通对建筑的干扰，同时又美化了街景；位于建筑群中间的庭院，具有良好的微观气候，可以进行丰富的园林绿化，最具设计潜力；侧庭是当高层部分紧临街道时，通常采用的休息空间布置形式，与裙楼紧密联系，同时又作为城市空间的一部分；后庭是在临街用地紧张情况下的一种弥补做法，一般作为休息之所，与城市关联较少，见图 7-32。

图 7-32　平面型庭院

• 垂直型庭院

包括沉井式花园和屋顶花园两类。沉井式花园与下沉广场的区别在于它通常不作为大规模活动的场所，具有较少的交通功能，而主要用作园林绿化空间；屋顶花园是充分利用形式的多变性所产生的各种屋顶或平台，开辟为花园式广场向社会开放，是建筑室外空间与城市公共空间结合的有效形式。其不仅节约用地，补充了室外环境的不足，而且避开城市交道的干扰，并结合设置各种娱乐、交通、绿化设施，吸引公众的活动参与，使城市空间得到多层次的发展。如法兰克福商业银行总部大厦便是一例，其每隔三层的绿化空间，不仅补充了中庭的采光，还突破了单一层面的生态模式，使在办公室工作的人们更有机会接近自然，见图 7-33。

图 7-33　垂直型庭院

2. 建筑界面设计

商务类群体建筑中高层建筑的半室外空间是其室内外空间的接口部分，在空间归属上具有不定性，既是外部空间的向内渗透，又是内部空间的向外延伸，充当与城市联系的“中介体”作用。其中介作用的实现，可以通过以下三种手法：

• 提示与交通：入口空间设计

对入口做夸张处理，使之成为一个有顶盖的“广场”，形成建筑与城市之间的过渡空间。黑川纪章设计的日本福冈银行总部，将建筑的中部挖空，形成巨大的出入口的空间。其间种植大小树木，并设置雕塑、长凳等设施，供人们休息、活动，在满足内部功能要求的同时也为城市公众服务，成为城市中的一块“绿洲”，见图 7-34。

图 7-34　商务建筑入口空间设计

• 模糊与柔化：柱廊空间设计

在建筑底部作收进处理，形成既内向又外向的模糊空间，有利于吸引人流，促进底部商业性功能的发挥。在荷兰鹿特丹，市中心有大量的商务类建筑底层为柱廊空间，由此界定出一个内外交融的半室外空间，为人们提供聚散和休息的舒适环境，同时也柔化了建筑体量对城市环境的影响，使街道空间得以延续，见图 7-35。

图 7-35　商务建筑柱廊空间设计

图 7-36　商务建筑架空空间设计

• 公共与通透：架空空间设计

利用结构手段，挖去高层建筑底部的某个部分，开辟支柱层，形成城市空间的穿越和渗透，促使其与城市公共空间更大程度上的结合。与柱廊形式相比，架空手段形成的半室外空间规模更大，建筑底部除交通核心部分和必要的结构构件外，其余均开放为城市公共空间。如诺曼·福斯特设计的香港汇丰银行，它采用全新的悬挂结构，底层除交通枢纽、工作间及厕所外全部架空，形成了一个无障碍且通透空灵的空间。在这里，底部全部架空形成的广场既是大楼的门厅，又是城市的共享空间，见图 7-36。

3. 商务建筑群体组合

当代商务办公活动更加多元化和人性化，群体组合设计要充分考虑其公共活动空间的营造，这是高品质商务办公空间的基本构成与特征。商务建筑的单体形态相对比较单一，大部分情况下以群体的方式出现，其组合设计的重点就是整体的空间形象和场所营造的公共空间。商务类群体建筑的组合手法大致可分为两大类：一类是对称的形式，这种形式较易于取得庄严的气氛；另一类是不对称形式，这种形式更有利于充分按照建筑物的功能需求以及相互之间的联系特点，来考虑建筑物的布局，较易于取得亲切、轻松和活泼的氛围，见表 7-5。

表 7-5　商务类建筑群体组织模式

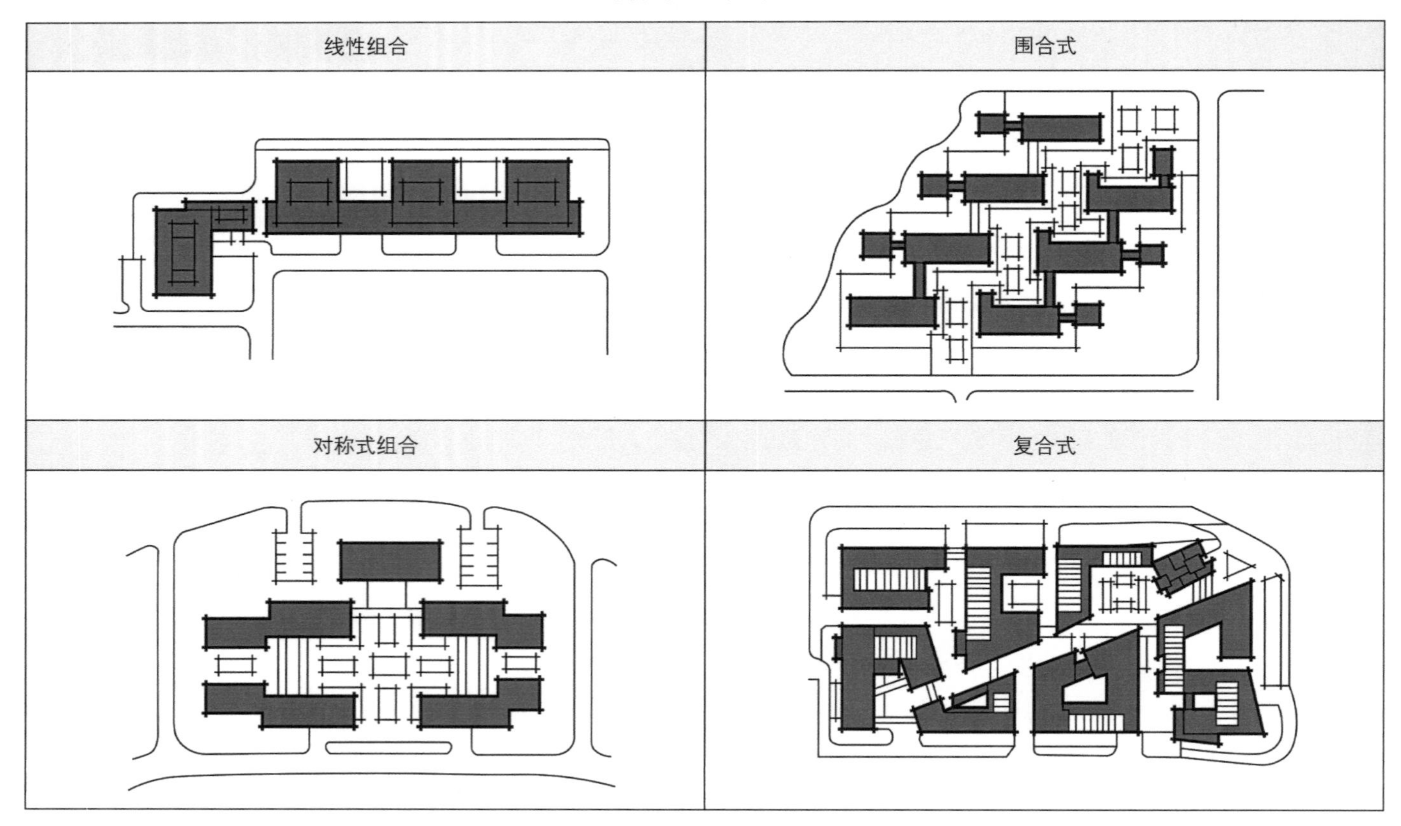

## 7.3　建筑更新

既有建筑是一个城市历史发展的见证，蕴含丰厚的历史人文信息，是体现城市特色和人文价值的核心地区。在既有建筑更新设计中，应避免简单粗暴的大拆大建方式，通过对地段深入而全面的调查研究，从城市空间、文化传统、社会经济、环境生态等多方面综合考虑，以期让城市旧区展现出和谐的空间形态、深厚的文化底蕴和充沛的现代化活力。

### 7.3.1　既有建筑更新设计原则

在进行既有建筑的更新设计时，应深入、全面了解建筑及其周边场地的现状条件，从地段整体环境、历史文脉、现代生活、空间功能等方面综合考虑更新策略与实践路径，在设计过程中遵循四个基本原则：

1. 环境整体性原则

建成环境中的任何一栋建筑不是孤立存在的，它与所处的场地、环境及其他建筑之间有不同程度的联系，因此，在进行建筑更新改造时，不能将目光仅仅局限在狭隘的单体层面，应从地段空间的整体层面出发，从优化“此建筑”与周边其他建筑的关系入手，思考建筑在地段整体环境中应当承担的角色和定位，跳出以往片面的、“红线内”设计思维，以动态的、“关联中”视角审视处于历时和共时下的设计改造诉求，形成适宜的空间方案。此外，应从地段整体风貌层面评估既有建筑的形态、体量、立面、材质、色彩，注重既有建筑与场地环境及周边其他建筑的协调共生关系，避免因过于强调更新后的视觉反差或特异形态而破坏环境整体的有机性与连续性，见图 7-37。

图 7-37　环境整体性

2. 文脉延续性原则

既有建筑蕴含着丰富的历史文化信息和场所记忆，是地段乃至城市发展变迁的见证者和记录者。不同年代、不同类型的既有建筑共同构成了一个特定场所的历史文脉，在建筑更新过程中，任何简单而粗暴的拆除、替换或是迁移都有可能对在地文脉带来致命性的破坏，因此，应谨慎处理“保留”“修复”“改造”“重建”等更新策略之间的平衡关系。在最大限度呈现建筑原真性的同时，运用现代建筑语言，通过恰当的模仿、转译、对比或烘托，建立“历史”“当下”与“未来”之间的时间与文脉关联，在传承建筑历史文化信息的同时，为其注入多元的现代活力，见图 7-38。

图 7-38　文脉延续性

3. 功能适应性原则

建筑的根本价值在于满足人们的生活使用需求。随着社会的进步和生活方式的不断转变，大多数既有建筑的原始功能已经滞后于现代生活的使用需求，造成建筑

图 7-39　功能适应性

实用价值的持续衰退。因此，新的功能植入与复合利用作为焕发既有建筑生命力的基本途径，成为既有建筑更新需要考虑的关键问题。通过对建筑使用者的深入调查或是重新构想，归纳整理与他们行为习惯、喜好兴趣、现实诉求相关的建筑功能清单，思考这些功能与建筑原始功能之间的相互关系，开展合理的功能筛选、置换、植入、复合，对建筑空间的使用方式进行重构，使其能够适应当代生活的发展变化，见图 7-39。

4. 空间适宜性原则

空间适宜性主要体现在使用的安全性、建造的规范性、改造的经济性三个方面。

出于对使用时间、建造年代等因素的考虑，既有建筑在更新改造前，必须首先对其“安全性”进行评估，评估内容涉及结构的坚固性与稳定性、建材的防水性与耐火性、建筑的抗震能力与安全疏散能力等多个方面。

图 7-40　空间适宜性

使用需求的不断增加使得既有建筑中常会出现一些不合规范的建造行为，不仅容易引发安全问题，还大大降低了空间整体的连贯性和秩序性，在更新过程中，应结合国家相关规范要求对这些建造行为进行调整与优化，在最大限度满足使用需求的同时，保证建造施工的合理性和规范性，见图 7-40。

既有建筑的更新方式和改造力度在很大程度上取决于项目运行的经济条件，合理的成本评估和预算策划对于项目开展而言至关重要，应在综合考虑项目诉求与资金状况的前提下，统筹安排保留、修缮、改造、扩建、重建等不同更新策略的内容清单及预算标准，注意合理降低经济成本，避免因资源的不善利用或浪费而产生的经济折损。

### 7.3.2　既有建筑更新设计类型

以更新力度为标准，可将建筑更新划分为三种主要类型：微更新、适度更新和大规模更新，体现了不同更新主体在价值观念、操作方式、目标效益等方面存在的差异。

1. 微更新

微更新的力度最小，具有投资少、周期短、见效快等特点，常作为持续更新活动开展的前期催化剂。目前，城市社区层面的建筑与环境微更新已成为一种典型的存量更新方式，是实践社区公众参与、创新管理、自治共治及动态持续发展的有效途径。微更新往往源自社区居民或者城市特色街区具体、细微的生活和使用需求，通过对老旧建筑进行修缮维护或对建筑、环境进行局部改造，达到快速提升功能效率和空间品质的目的。由于投资方式灵活、资金投入量较少且操作周期较短，因而居民个体常会自发性开展或与社区组织机构联合开展，在微更新的过程中，需要结合专业人士的设计引导、管理制度的优化创新、沟通平台的持续建立等，形成具有包容性和生长性的自下而上更新机制，见图 7-41。

图 7-41　上海社区微更新

2. 适度更新

适度更新的力度适中，通过投入一定的资金，在可接受的时间周期内获得较为稳定的后期效益，是开发商主导更新项目的常用方式。这种更新适用于现状条件较好、规模适中、改造难度不大的既有建筑，对建筑内外进行适量的植入、置换、翻新或改造，达到功能优化、空间增效、形象提升、特色塑造等目的，见图 7-42。此外，在多元主体共同参与的社区更新项目中，适度更新的案例也逐渐增加，借助市场资金支持、媒体宣传推广、设计师专业引导等多方力量介入，在社区微更新项目的基础上进行升级拓展，形成更具辨识度与影响力的公共空间，带动社区整体层面的活力提升和多维度发展。

图 7-42　西班牙布尔戈斯火车站更新

3. 大规模更新

大规模更新的力度最强，通过大量的人力和资金投入，对既有建筑与环境进行较大程度的翻新、扩建甚至重建，常见于政府和开发商共同主导的规模较大、难度较高的更新改造项目，如城市既有工业区更新、历史文化遗产保护更新、重要建筑扩建更新等。由于投资大、风险高，需要在项目前期开展全面、合理的策划与可行性研究，充分预测、评估更新开展的必要性、具体方式及效益目标，避免因决策失误而导致的破坏性更新和资源浪费。在大规模更新的项目中，力度的把握至关重要，应在既有建筑中有价值的属性（如历史性、社会性、美学性、标志性等）与新项目的需求（如功能、空间、结构、技术等）二者之间寻求一个平衡的立足点，见图 7-43。

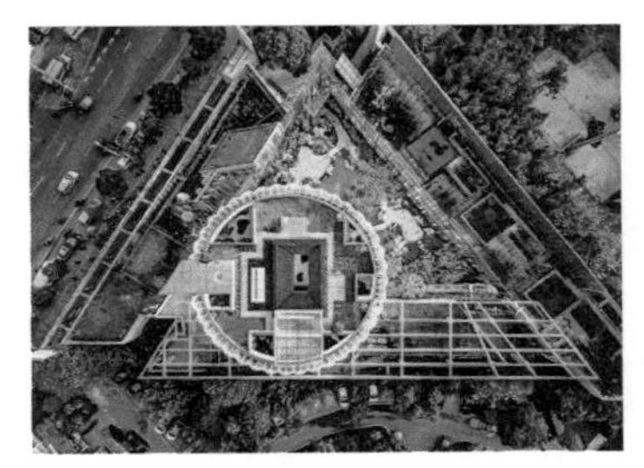

图 7-43　上海八分园

### 7.3.3 既有建筑更新设计手法

既有建筑更新涉及结构优化、空间重构、形态调整等多方面问题，是一项综合性很高的工作。根据更新改造干预程度的不同，我们将常见的更新设计方法概括为以下四种类型。

1. 内部并置

内部并置是针对既有建筑内部空间进行更新的设计方法，是在完整保留建筑外立面的前提下，通过内部的轻量植入，塑造更为丰富的空间层次和使用体验。建筑内部植入的部分通常较为独立，与原建筑的主体结构脱开，形成新旧并置的内部空间格局。这种方法适用于内部空间较大的既有建筑更新，例如谷仓、教堂、火车站及工业建筑等，此外，当建筑的原有肌理因其历史价值或美学特质而受到重视时，也可使用这种更新策略，在提升建筑内部空间使用效率的同时，对外部面貌进行原真性的呈现。

在既有建筑内部进行新的空间植入时，应充分考虑并利用原有空间的属性特征。当原建筑内部在垂直方向上有较大体量时，新植入部分通常沿空间外围或一侧放置，以保证整体的垂直感并强化其空间效果。当原建筑内部在水平方向上有较大体量时，

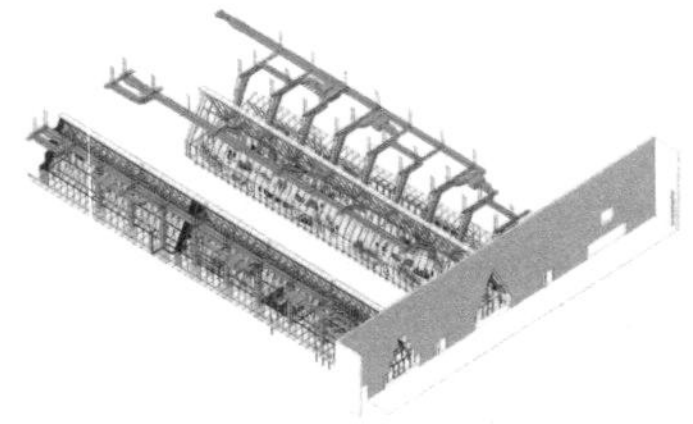

图 7-44　内部并置

图 7-45　外部并置

新植入部分通常布置在空间的中央，以形成一系列公共空间，或是策略性地做一些内部空间切口，使新植入部分成为连接原有分离空间的“纽带”。

内部并置的更新设计方法通常会受到原有建筑空间及结构的影响，应在前期规划、遗产价值及城市环境等方面进行合理决策，使轻量植入的新空间既对原有空间形成尊重，又不拘泥于现状而有所突破，为衰败的建筑重新带来活力与特色，见图 7-44。

2. 外部并置

与内部并置相对应，外部并置是针对既有建筑外部空间进行更新的设计方法，通过在原有建筑结构之上或相邻位置增建一个新的独立结构，满足更多的空间和使用需求，同时，在建筑外部形成新旧并置的对话关系，使更新后的建筑及其周边环境成为一个空间与时间叠合的复合性场所。

当新项目的空间需求比既有建筑的主体空间大许多时，这种更新策略便十分适用，它为新设计提供了最大的自由度，可以建立起一种与原有建筑截然不同的语言体系。在既有建筑外部进行增建时，通常会在新增部分的形式语言上采取两种不同的策略，一种是“相似性”的构建策略，另一种是“差异性”的构建策略。在“相似性”构建策略中，新建部分常与既有建筑紧密连接，且在规模、体量、形式等方面与既有建筑具有较高的相似度，形成“镜像”效果，通过玻璃幕墙、锈蚀钢板等现代建筑材料的应用，与原建筑产生一种相互折叠的空间意象，通过对旧的模仿和演变，生动地体现出建筑的时间性和动态发展变化。在“差异性”构建策略中，新建部分往往通过拆除一部分既有建筑结构而与之形成咬接关系，或是相距既有建筑一段距离，在体量、形态、材料等方面与原建筑形成鲜明的反差，通过新植入的“特异体”为更新后的建筑带来视觉焦点和凝聚力，使其成为一个具有丰富层次感的整体性空间，见图 7-45。

3. 翻新与植入

翻新与植入是针对既有建筑的内外空间进行综合性更新的设计方法，更新对象以室内空间为主，通过在建筑内部植入新的结构体系重新划分、整合室内空间，以适应新的功能和使用需求，在建筑外部采用以保留修复为主、局部翻新调整的方式，使建筑面貌更具辨识度、时尚感与现代性。

这种方法适用于外墙状态较好且具有一定保留价值的既有建筑更新，其内部空间通常会由于条件不佳或新功能的需要而经历较大程度的翻新。在对建筑内部进行翻新时，应根据结构和空间的现状条件选择恰当的更新方式。当现状条件尚可时，一般会保留其中最有价值的原始结构或空间形式，拆除其余条件不好的结构部件，以新的结构或空间系统填补被拆除部分，在最原始层与最新层之间创建对话关系。这种对话关系可能是柔和而协调的，即新介入的结构或空间系统在形式语言上与保留部分具有较强的呼应性，以一种“穿针引线”的姿态与既有空间融合相生；也可能是反差而冲突的，即新介入的结构或空间系统在形式语言上与保留部分具有截然不同的个性，通过材质、颜色、形态、质地等的鲜明对比，彼此衬托出新旧空间的特质和魅力。

当既有建筑的内部结构已大面积损毁，残留部分无法提供太多关于建筑原有形式的线索时，便需要建造一个全新的内部结构系统，此时，新的空间结构营造应对原有建筑的外部肌理和形态特征有所回应，在“外壳”与“内质”之间建立一种良性的互动关系，避免内外空间的脱离与落差。在翻新与植入的更新设计方法中，有时既有部分是支持新部分的骨架，有时新的部分为既有部分营造出一个全新的场景，无论以何种方式，新旧部分都紧密地交织在一起，形成折叠混搭的独特空间景象，见图 7-46。

图 7-46　翻新与植入

4. 重建与扩建

相较于前几种方法，重建与扩建后的建筑更新效果更为明显，它同时涉及建筑内部与外部的更新改造，改造内容可以是结构的、空间的、美学的，或是这些方面的组合，新植入的内部空间结构通常会延伸至建筑外部，并不同程度地显露出来。这种方法适用于既有建筑被评定为只有部分结构或空间值得保留的情况，当原建筑的结构和空间因遭受灾害或时间年限受到损毁时，“重建”就是必要的。有时，既有空间无法与新功能的需求相匹配，也可能需要“重建”，如果既有建筑的尺度和规模达不到新功能的要求，那么就需要对其进行“扩建”或部分拆除。采用这种更新方式时，建筑师必须谨慎评估既有建筑的价值和需要拆留的内容，确保改造方案不会损害原建筑的美学特征及场所文脉。

无论改造程度如何，既有建筑的属性特征都会被有选择地保留下来，建筑体量、立面形式、材料色彩、结构方式等都有可能成为被保留的对象，也可能是改造行为即将干预的主要内容，例如通过局部加建扩建适当改变原建筑的体量规模以具有更明显的地标性；通过立面节奏调整或新元素的融入增加现代感，并与改造后的内部空间形成呼应；通过当代建筑材料与传统建筑材料的质感、色彩对比营造视觉冲击和美学效果；通过整合修补原建筑的结构体系并植入新的结构方式使建筑内部空间具有不同的秩序感和使用体验等等。这些改造方式都在努力探讨“改”与“留”之间的平衡关系，尝试在延续既有建筑历史价值的同时，增加其与现代生活的适应性和互动性，使建筑处于一个与时俱进的动态发展变化之中，见图 7-47。

图 7-47　重建与扩建

总体而言，既有建筑的更新设计方法，都是在探讨“新”与“旧”之间的对话关系，既要尊重既有建筑，也要通过谨慎而大胆的改造来创造性地解决问题，无论是外部空间还是内部空间的改变，都将为建筑带来新的活力与生机。

## 课后思考

1. 群体建筑有哪几种组合方式？
2. 群体建筑与外部空间的组合关系有哪几种？
3. 群体建筑的主要类型特点及其空间组织方法？
4. 既有建筑更新的设计原则与方法？

## 推荐阅读

1. 彭一刚．建筑空间组合论[M]．北京：中国建筑工业出版社，2008.
2. 沈克宁．建筑类型学与城市形态学[M]．北京：中国建筑工业出版社，2010.
3. 程大锦．建筑：形式·空间和秩序[M]．刘丛红译．天津：天津大学出版社，2008.
4. 汪丽君．建筑类型学[M]．天津：天津大学出版社，2005.
5. 徐岩，蒋红蕾，杨克伟．群体建筑设计[M]．上海：同济大学出版社，2000.
6. [德]扬·凯博斯．设计与居住[M]．马琴，万志斌译．北京：中国建筑工业出版社，2019.
7. 胡纹．居住区规划原理与设计方法[M]．北京：中国建筑工业出版社，2010.
8. 周洁．商业建筑设计[M]．北京：机械工业出版社，2013.
9. 皮耶．冯麦斯．建筑的元素[M]．台湾：原点出版社，2017.
10. [德]弗兰克·彼得·耶格尔．旧与新：既有建筑改造设计手册[M]．黄琪译．北京：中国建筑工业出版社，2017.

# 第 8 章

# 公共空间设计

外 部 环 境 的 场 所 营 造

# 本章导读

## 01 本章知识点

- 外部环境的一般特征；
- 街道、广场、绿地水体、环境设施的概念与分类；
- 街道、广场、绿地水体、环境设施的空间设计原则；
- 街道、广场、绿地水体空间的系统设计；
- 街道、广场、绿地水体空间的设计方法。

## 02 学习目标

- 了解外部空间的主要类型，以及每种类型空间的主要特点；
- 理解并辨析各类外部空间的概念，熟悉各种空间的类型划分及其涵义；
- 掌握各类外部空间的设计重点和设计步骤；
- 熟悉各种类外部空间的一般设计方法，能根据设计需要因地制宜的运用相应的外部空间设计手法，掌握几种街道、广场、绿地水体、环境设施的空间设计方法。

## 03 学习重点

准确理解街道、广场、绿地水体、环境设施各类空间的涵义。
掌握街道、广场、绿地水体、环境设施的空间设计方法。

## 04 学习建议

- 城市外部空间并非是一个个独立存在的空间，每种外部空间设计是一种高度综合性的工作，学习者根据各类空间特点进行设计，应注意理解各类型空间特点，掌握正确的设计方法。有以下几点注意：
- 设计之初要明确空间在城市中的定位，针对不同类型空间特征因地制宜进行系统设计，深刻理解系统设计在外部空间设计中的重要性。
- 学习过程中注意区分易于混淆的概念，如街道和道路的概念界定，环境设施的概念界定等。
- 学习者在设计中注意培养正确的空间尺度概念。

# 8.1　外部环境

外部环境作为承载城市居民室外活动的主要场所，与实体建筑共同构成城市空间，形成地段整体视觉感受和空间体验。当代城市与建筑空间的复合化趋势进一步消解了实体建筑与外部环境的边界，呈现一体化趋势。城市设计主要研究具有公共空间属性的外部环境，包括街道、广场、绿地水体等，外部环境与实体建筑的关系、自身的形态、尺度、绿化、铺装、水体、雕塑等是设计的主要内容，首先需要考虑对市民基本室外活动的支持，其次应当反映城市的特质和公共精神，外部环境在很大程度上体现了城市的设计品质。建筑师密斯・凡・德・罗曾经说过“上帝在细微之处”，城市的质量不仅仅反映在空间规划布局及功能组织上，也在于它的环境设计细节。

## 8.1.1　外部环境的构成

广义的外部环境是一个很大的范畴，包括城市外部的农田、自然林地，以及城市内部的外部空间，如庭院、街道、广场、绿地等。按照使用属性、功能特征和形态特征可以进行如下分类。

1. 属性分类

按照外部环境的属性来分类，包括私密空间、半公共空间及公共空间。私密空间指没有被建筑实体占据的封闭型外部空间，如别墅庭院、办公楼内院等；半公共空间指以没有被建筑实体占据的、属于特定人群使用的半开放空间，如居住小区公共绿地、商务楼群内部庭院等；公共空间指的是面向所有人开放，供城市居民进行公共活动使用的外部开放空间，如广场、街道、绿地等，见图 8-1。

图 8-1　不同功能的外部环境

2. 功能分类

按照外部环境的功能分类，可分为街道、广场、绿地等，其中街道又可分为步行街道、快速干道等，广场又分为市民活动广场、交通广场、纪念性广场等。绿地则分为大规模的城市公园以及小规模的街角绿地或带形绿地等。

3. 形态分类

按照外部环境的形态分类，可分为点状、线状、面状三种类型。点包括城市中重要的广场、景观节点、口袋公园等空间，是城市空间系统的枢纽和节点；线则包含重要商业步行街、滨水绿带、重要道路等，具有串联联系的作用；面是在规模上与其他城市空间单元类似，如大型城市公园、绿地广场等，构成城市的功能片区。

图 8-2　从属性

图 8-3　独立性

图 8-4　功能性

图 8-5　景观性

图 8-6　场所性

### 8.1.2　外部环境的特征

城市空间是在特定的环境基底上累加建设形成的，建成环境从环境场地的使用特征上分为实体建筑和外部环境两个部分，两者有机统一，相互影响，共同发挥使用功能，实现场所价值。就外部环境而言，其具有从属性、独立性、功能性、景观性、场所性五大特征。

1. 从属性

外部环境与周边建筑共同构成了功能关联、视觉完整的场所环境，外部环境既从属于整体，又统一于整体。外部环境在设计概念、功能布局、空间形态、色彩应用、材质肌理以及基本要素的选择等方面都要与所在地段的整体设计理念及周围的建筑物相协调，避免喧宾夺主，见图 8-2。

2. 独立性

外部环境在人们的空间认知中，同样具有一定的独立性。无论是城市的绿地公园，还是公共开放的广场街道，在符合地段整体定位的基础上，应塑造符合其自身特征的独特品质，通过恰当的主题、空间形式、环境设施等形成在视觉上的完整形象以及鲜明个性，见图 8-3。

3. 功能性

外部环境在功能上需满足使用者行走、休息、观赏、交谈等室外活动要求。设计应该充分考虑人的主体性以及与周边建筑设施功能的相关性，针对外部环境特定活动人群的使用需求确定外部环境构成要素的形态、范围、尺度、布局及设施内容等，见图 8-4。

4. 景观性

以广场、街道、绿地为代表的外部环境是城市最具代表性的公共空间，在城市中的认知度高，也是调整和柔化建筑实体空间的有效手段，从视觉景观上具有强烈的艺术化特征。设计中应充分发挥这一特征，使得外部环境景观成为地段的点睛之笔，见图 8-5。

5. 场所性

城市空间环境设计的核心价值在于场所营造，外部环境应强化其场所意义，使环境成为场所。有认同感的场所是有具体的环境特质的，认同感是归属感的基础，意味着与环境为友。利用环境给场所特质，并使这种特质与人产生密切关系，从而形成场所精神，见图 8-6。

### 8.1.3　外部环境设计要素

城市外部环境是整个地段空间系统的有机构成，外部环境和建筑实体之间联系密切。只有当这些要素处于整体关系中，并且作为空间不可分割的组成部分发挥作用时，它们才共同构成完整的空间环境。

外部环境可以看作是由显性的自然要素和人工要素以及隐性的社会要素构成的。其中，自然要素包括地形、地质、气候、水文、植被、空气、日照等；人工要素包括铺装、植被、水体、设施、雕塑等；社会要素则包括政治制度、经济发展、地方文化、社会活动、人口构成等。社会要素虽然是非物质性的，要通过自然要素和人工要素才能得以体现，并且受自然要素和人工要素的约束和影响，但是，社会要素在外部环境中是空间形态和环境设计的决定性因素。人的动机和价值观是改变自然要素与人工要素的首要力量。按照空间要素的形态，外部环境设计要素可以分为基面要素、垂直面要素和环境设施要素等，见图 8-7。

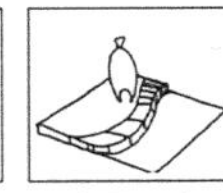
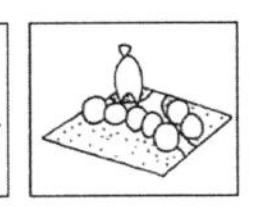

基面要素

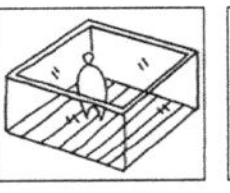
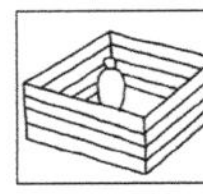
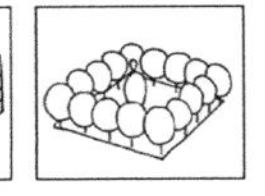

垂直面要素

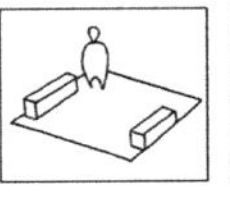
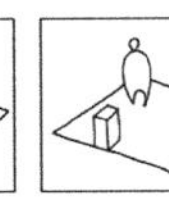
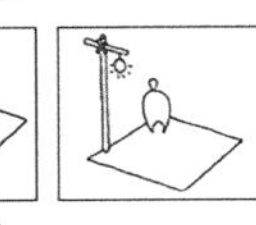

设施要素

图 8-7　外部环境设计要素图示

1. 基面要素

基面要素是指外部环境的底界面，包括了水平面上确定空间范围和形态的城市广场、停车场、街道、水面、绿地、运动场地、游乐场地等。基面要素除了直接提供和支持大部分的实用功能，如集会、娱乐、游憩、交通以外，还能通过其形式的设计，如空间、色彩、材质的变化，造成视觉上的明确分区，对人的活动进行引导和调节。按照基面的表面特征可以将其分为硬质基面和软质基面。

（1）硬质基面

硬质基面指为便于人的交通和活动而铺装人工材料的地面，具有耐损防滑、防尘排水、容易管理的特点，并以其导向性和装饰性的地面景观服务于整体环境。道路和广场通常采用硬质基面。硬质基面是外部环境开展活动的主要支持场地，聚会、行走、休闲等公共活动的开展都需要一定范围的硬质场地；具有分隔空间、组织空间以及组织交通和引导游览的作用，并将各个绿地空间和水体空间有机地联系成一个整体；通过适当的场地划分、纹样，不同材料的质感、色彩等创造优美的地面景观，给人以美的享受；利用恰当的形式烘托、渲染环境气氛，深化景观意境，增强空间的艺术效果。

图 8-8　硬质基面

硬质基面的要素分为：线条、面积和纹理。线条是地面铺装的第一个形式要素，它决定了整个场地的基本尺度。一般情况下，较大的广场宜用间距小的分隔线，降低大尺度感；小的场地用间距大的分隔线，增大尺度感。线条兼具功能与装饰的双重作用，分隔活动区域，表达场地主题，常通过描绘边界、强调方向、与环境整体结合的方式，在空间界定、三维透视等方面发挥着积极的作用。面积和线条一样，能改变场地的尺度感并赋予场地多样性和兴趣感。设计中既应避免过大的、单一面积的过度重复，也应注意整体的统一与协调，避免过多的差异和不同。面积具有与线条一样的作用，同时其本身又是表面装饰的主体。纹理与铺砌的方法手段密切相

图 8-9　软质基面

关，既可以通过自然的纹理达到设计目的，也可通过人工处理制造出一定的纹理效果，丰富地坪的视觉语言，见图 8-8。

（2）软质基面

软质基面则是自然形成或者运用自然材料形成的基面，主要包括绿地和水体。绿化主要指通过人工设计、栽植、养护等手段形成的植物造景，也称绿化造景。绿化是外部环境景观构成中最广泛、最特殊而又最为亲和的要素，同时也是现代城市可持续生态发展的重要主题。不断生长的树木是时间的见证，又是人们记忆的标志，绿化在四季中轮回变化的形象中，为城市赋予不同的容貌和性格。乔木、灌木、草坪和花卉经过恰当的配植对所在环境发挥空间限定、景观营造与环境调节等作用，见图 8-9。

水体作为人与自然之间的情感纽带，是外部环境中必不可少的景观要素。水体的用途非常广泛，主要包括以下几方面：营造城市景观，改善环境生态，提供活动场所，提供观赏性水生动物和植物的生长环境，汇集、排泄天然雨水，保护隔离场地，创造曲线路线等。在城市外部环境的景观设计中常用水体进行基面划分。

（3）基面要素的限定

基面对空间的限定可通过设置、围合、覆盖、抬高、下沉、倾斜、变化等手段来实现，见图 8-10。

设置限定是指在一个均质的空间上设置一个标志物，空间就会向这个物体聚集，形成有一定意义的场所。该物体就形成一个中心，限定了周围的空间。空间就不再是均质的了，从中心向四周，物体的限定性逐渐减弱。

围合限定是指在竖向上限定空间的方式，区别于围护面要素的围合方式，基面上的围合封闭性较弱。

覆盖限定是指在空间上部加以遮盖，从而限定遮盖物下部的空间。遮盖物可实可虚，形成不同的开放效果。一旦顶部和四周都有很强的限定性，空间就成为室内空间。一些空间由于界面围护介于虚实之间或室内外之间，这样的空间构成“灰空间”，如一些城市常见的过街楼下的空间就是由于上部的遮盖形成的。

抬高限定是通过基面标高的变化使抬高的空间得到突出。被抬高的空间往往成为主导性空间，在这种空间中再使用设置限定的方法，就能形成空间中的标志物。

下沉限定通过基面标高的降低使局部空间从周围空间中独立出来，这种空间处理方式由于在可达性、安全性、维护以及卫生等方面容易产生一些问题，应该慎重使用。

变化限定是通过某种变化对空间进行限定，基面可以处理成平地、坡地、台阶，

a 设置限定

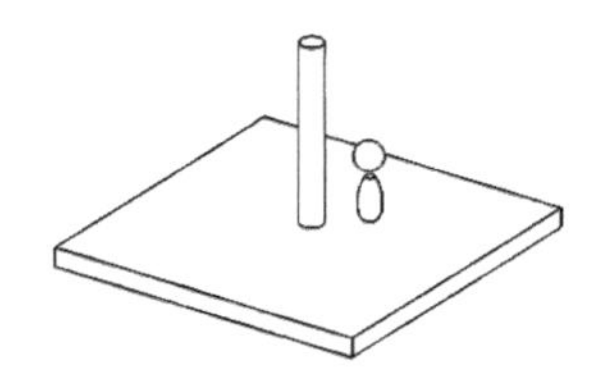

b 围合限定

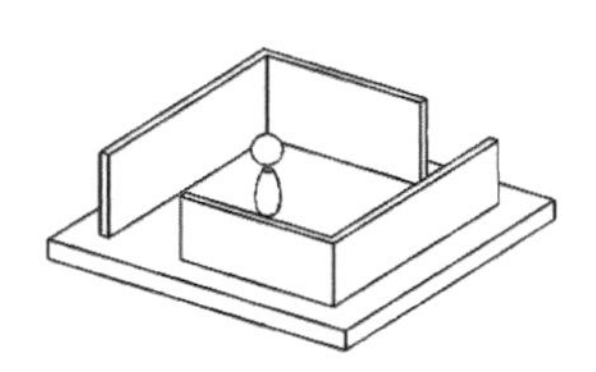

c 覆盖限定

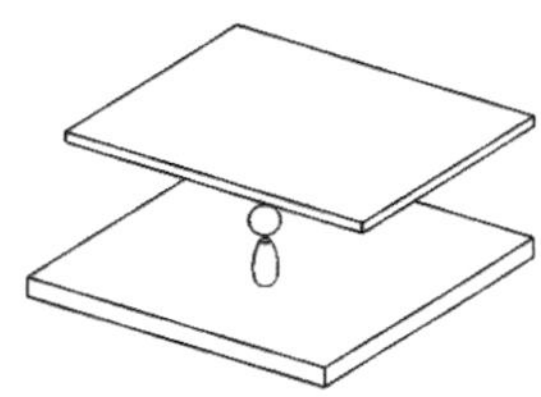

d 抬高限定

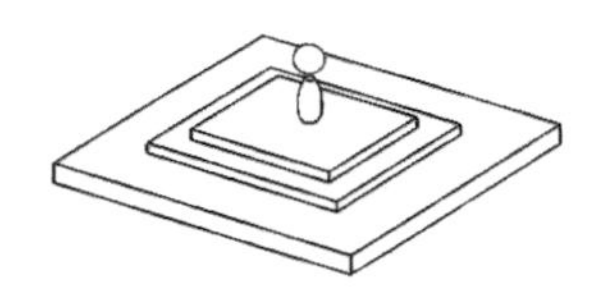

e 下沉限定

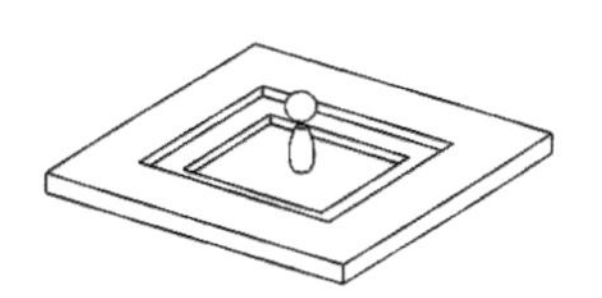

f 变化限定

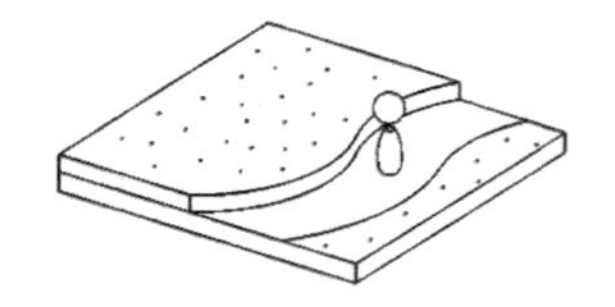

g 倾斜限定

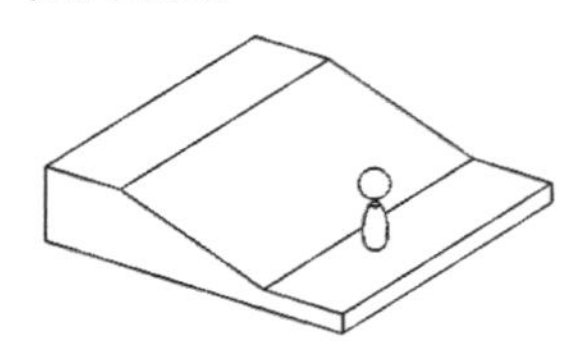

图 8-10 基面要素的限定手段

还可以有铺地材质、肌理、色彩的变化，给人丰富的视觉和触觉感受。在这方面，许多大地艺术家的实践有很大的启发作用。

倾斜限定即基面的倾斜，这种手法既可以限定空间，又可以在不同的空间之间形成联系和过渡关系。它的运用往往是为了能结合场地现有的地形特征，有时也是出于某种意图而进行的艺术处理。

2. 垂直面要素

垂直面要素主要指从竖向上限定空间范围的建筑物、墙体、植物、垂直下落的水体和限定性稍弱的柱廊等，它们构成空间的垂直界面。垂直面要素的意义首先体现在对于公共空间的划分，这种界定使得每一个空间都具有了一定形态，产生清晰的领域感。而当这种围护的等级提升，不仅能够阻挡行为，还能遮蔽视线，就产生了极其封闭的空间感受，这使得空间领域感和形态更为清晰。

按照其类型的不同可以分为建筑立面、独立墙面和绿化界面。建筑立面作为外部空间的围护界面主要是由建筑师设计的，外部环境公共的设计过程中，很少有机会把建筑立面作为单独的设计，尽管如此，在公共空间的设计中，仍然应该把已经存在的周边围护面作为空间整体的一个重要组成部分来加以考虑，这样才能获得有个性而又具有整体感的公共空间。此外，设计师还可以在一定程度上对既有的围护面加以改造，建筑的表皮作为城市公共艺术的载体，使空间的艺术品质得到升华，见图 8-11。

图 8-11　建筑外墙垂直面

除了建筑立面，独立的墙体、围合度较高的植物和限定性稍弱的柱廊都是空间中的围护界面，它们比起建筑更加丰富，也更加灵活。这是在城市公共空间中创造丰富空间、营造生动空间氛围常用和有效的手段。经过设计的独立的墙面，由于其通透性的强弱要比建筑立面具有更大的自由度，采用透空的围栏能将景色从一空间引入到另一空间。在中国古典园林中，围墙上的景窗设置，则把对于视线的“引与堵”的方法高明地应用于独立的墙面。

3. 设施要素

环境设施要素与基面要素、垂直面要素相比，其设计比重相对较小。但因为近人的尺度和实用的功能，其与使用者的关系最为密切，也是外部环境得以正常运转的基本条件，好的环境设施能最直接地体现外部环境设计的人性化。环境设施的设计应兼顾功能、技术、经济与形式、美观、特色，使之成为被公众接受并认可的环境小品。根据现代城市的发展理念，结合环境设施的各要素，环境设施大致可分为信息交流类、公共卫生类、休闲娱乐类、交通安全类、公共艺术类、无障碍类这六大类。每一类系统与设施分别扮演着不同角色，体现出不同的设计特性。

## 8.2　街道空间

作为城市空间与活动的连接体，街道空间是外部环境的第一要素，一方面实现交通上的联络和空间上的通达，另一方面也成为城市公共活动的主要发生地，塑造独特的城市空间魅力。在街道设计中，要结合整体空间布局和人的活动行为开展，通过多种城市设计手段营造良好的街道空间氛围，提高使用者的舒适程度。本节主要介绍街道空间的类型、设计原则及其设计方法。

### 8.2.1　街道的界定与类型

街道和道路作为线性开放空间，承担着交通运输的任务，同时为城市居民提供公共活动场所。其中，道路以交通功能为主，通常是联系城市与外围地区以及地段自身的交通性通路；街道则是承载城市内部公共生活，以步行为主的联络系统，与市民日常生活以及步行活动相关，同时也兼有道路的功能。

国内外相关研究对于道路和街道的描述不同，在谈及分类时，两个概念是混用的，大多以道路指代。道路分类的目的在于方便设计者、使用者和管理者准确把握道路的本质属性和特征，合理地设计、使用和管理城市道路。街道总体上分为三大类：供机动车专用的道路；城市内具有显著交通功能和骨架作用的主干道路和次干道路；为沿途用地提供交通集散和街道活动服务的地方性街道。可以看出，国外对城市道路的分类明显区分为“街”和“路”，见表 8-1。

表 8-1　公共中心道路组织基本形式

| 城市道路分类 | 美国 | 英国 | 日本 | 中国 |
| --- | --- | --- | --- | --- |
| 机动车专用道路 | 高速公路 | 高速公路 | 机动车专用道路 | 快速路 |
| 主要道路 | 城市主要街道 | 高等级街道 | 干线街道 | 主干路 |
| 次要道路 | 城市次要街道 | 居住区街道 | 干线街道 | 次干路 |
| 集散性道路 | 城市集散性街道 | 居住区街道 | 区划街道 | 支路 |
| 地方性道路 | 城市地方性街道 | 居住区街道 | 区划街道 | 支路 |
| 其他道路 | | | 特殊街道 | |

所谓“街”是指需要为沿途用地和建筑提供交通服务和街道活动的道路，大致分为三类：交通通过功能较强、街道活动功能较弱的街道，对应于主要道路；交通功能较弱、街道活动功能较强的街道，对应于地方性道路；交通功能和街道活动功

能均较强的街道，对应于次要道路和集散性道路。

所谓“路”一般是指供机动车专用的道路，强调交通的快速性和通过性，一般不允许行人和非机动车使用。我国将道路分为快速路、主干路、次干路和支路四个等级。快速路是机动车快速通过的主要通道，主干路次之，次干路和支路主要是为道路周边地块提供出入条件和交通集散的道路。

在街道设计中，应在技术上严格区分“街”和“路”的概念，街道的规划要兼顾整体空间布局和人的活动行为，根据二者特性进行有针对性的设计。在强调城市空间复合性的今天，大部分城市片区街道兼有“道路”和“街道”的特征，我们要通过多种城市设计手段营造良好的街道空间氛围，提高使用者的舒适程度，见表 8-2。

表 8-2　街道与道路的区别

| 类别 | 本质 | 功能 | 特点 |
|---|---|---|---|
| 街道 | 开展日常生活的公共场所，有“场所”和“通道”双重性质 | 主要承担城市居民购物、社交、游憩等活动 | 以步行和自行车交通为主、机动车交通为辅，需要较宽裕的人行道尺度及相对较好的步行环境，如商业、绿道、慢行系统等 |
| 道路 | 交通性空间，是不同区域间的联系通道 | 侧重于地区间人与物的运输，以满足车行交通为主，兼顾人行需要 | 通常情况下，交通性越强的道路，生活性越弱，机动车路面所占道路幅面较大，车流量大，非机动车与人行道所占幅面较小 |

### 8.2.2　街道空间设计原则

城市空间营造涉及较为复杂的交通规划和街道空间的设计问题，需要从更大尺度的区域层面综合考虑，在具体设计时以人性化、整体性、特色化作为原则。

1. 人性化原则

街道空间是人们休闲放松的场所，“为人”是街道设计的基本准则。在安全感、舒适感基础上，体现街道空间的人情味，也是真正实现前两者的重要路径。首先，考虑人的亲自然性，多采用自然素材组织空间，通过不同层次的绿化软化相对单调和硬质的线性空间。其次，营造多类型的节点空间，适度节奏的开敞空间将增强街道的吸引力。再次，注重近人尺度的细节设计，从使用者的利益出发，考虑铺地、设施等细节设计，体现人性关爱。最后，关注弱势人群，充分考虑无障碍设计的覆盖层面，努力创造亲切宜人的街道空间，见图 8-12。

图 8-12　Pitt Street Mall

2. 整体性原则

街道是由沿街建筑、绿化、铺装、设施等各种要素构成的有机整体，空间设计要突出其整体性。不仅要注重各类要素位置布局的合理、环境设施配套的完备，还须重视空间环境的质量与活动开展的品质。将街道的周围环境、历史背景、文化条件、建筑风格、功能性质等统筹考虑，形成主次分明、重点突出并富有特色的公共活动场所，见图 8-13。

图 8-13　巴塞罗那，兰布拉大街

图 8-14 佛山岭南新天地

3. 特色化原则

街道的特色建立在可识别性上，环境的连续性和秩序成为人们认识环境的参照，从而使其易于识别。布置合理、外观鲜明的街道空间作为街道中最活跃的部分，应起到导向作用，其自身也会给人们留下深刻的印象。街道空间的个性有利于人们对环境的识别，满足人们的审美需求。设计时应着重研究街道空间的各类特定条件，包括：空间与其环境的特定关系、空间在现状及交通等条件下所限定的形状、街道的公共设施与标志物、铺地材料及图案特征、植物地方性与主题等，见图8-14。

### 8.2.3 街道系统设计

街道空间是一个复杂的大系统，这种复杂性也是街道具有特色和吸引力的关键所在，因此，需要通过系统设计，使街道空间形态在多样中得以统一，变化中得到协调，从而保证它的健康与活力。

1. 功能定位

街道设计首先要明确其功能属性，即功能定位。根据其在城市交通体系中的职能，与周边用地的功能关系，以及人的使用需求等方面，进行综合考虑，确定街道功能定位。不同的功能定位为街道空间提供不同的活动类型，对街道设计提出不同的设计要求。如《上海街道设计导则》中将城市街道按照功能属性分为商业街道、生活服务街道、景观休闲街道、交通性街道和综合性街道。

2. 空间定形

不同的街道功能定位，对空间形态提出了不同的要求。商业街道沿街以中小规模零售、餐饮等商业为主，应保持空间紧凑，强化街道两侧活动联系，保证充足的步行空间。生活服务街道以服务本地居民的生活服务型商业和公共服务设施为主，应集约利用街道，保障充足和带有遮荫的慢行通行空间，提供各类场所和设施。景观休闲街道景观历史风貌突出，沿街设置景观休闲街道，将人行道和沿街绿带进行一体化设计，扩大可使用的休闲活动空间。交通街道应根据步行交通、公共交通、非机动车交通、货运交通、机动交通和静态交通的需求对空间进行统筹分配，并对优先级高的交通方式进行优先保障。

3. 环境细化

街道是由许多要素组成的多维空间，其活动主体包括行人、机动车、非机动车；空间类型包括底界面、侧界面；设施要素包括绿化、照明、信息、休憩、无障碍设施等。这些要素一起构成了复杂而丰富的街道立体空间，应对其进行详细设计。

### 8.2.4　线型设计

城市街道的线型大体可分为直线型和曲线（折线）型两类。不论是直线型还是曲线型，都有它本身的美学特点，应根据场所特点和景观要求对街道线型进行选择。

1. 直线型

直线型街道具有明确的方向性和始终如一的平面线型，空间视线通畅，交通流量与速度相对平稳，基础设施与市政管线铺设便捷。因此大部分城市街道，尤其是交通功能突出的宽幅街道，多采用直线型。在景观上，直线型街道多为从起点至终点的长景，所以历史上许多城市常常通过街道两侧庄严对称的空间布局，营造庆典、纪念和迎宾等具有特殊意义的城市公共街道，并在街道尽端的中央或一侧设置标志建筑制造端部对景，形成视觉焦点，见图 8-15。

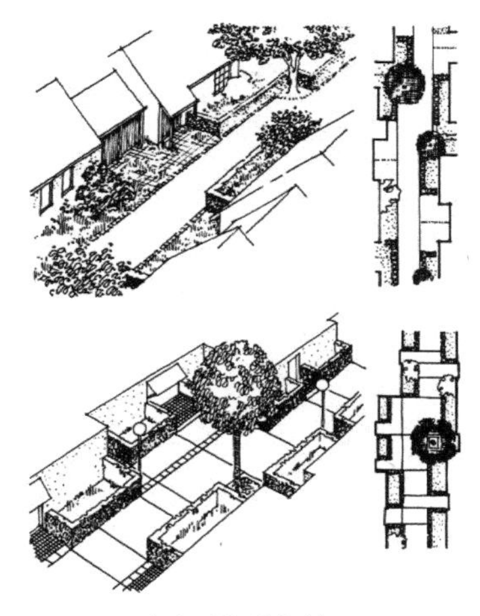

图 8-15　直线型街道实例

直线性空间在城市中很典型，特别是种有行道树的林荫大道有助于划分城市体量。造型良好的林荫大道构成高品质的城市空间，其宽阔的步行区以及与地段相应的种类多样化的周边功能区是其他城市空间无可比拟的，它创造出大城市的公共特性以及开放品质。直路指示出无限的空间，它具有延续的特征。直路上如能看到竖向的标志，人就能获得远景中的方向感。直通的道路对于建立城市区域间的大范围联系以及城市周边区域的关联十分重要。根据建筑结构尺度的不同，宽阔笔直的大街会使人感到自由或恐惧。过长、笔直并缺少划分的道路很难使居民产生归属感，特别是当这种道路缺少人性化尺度、只是一个连续元素的局部时。我们可以通过一个方向错位或封闭的尽端来区分有限的线性空间的长度，通过建立区段、序列以及各区段的个性化处理可以增加空间的亲和感。

2. 曲折型

曲折空间有着与直线空间完全不同的效果，它限制着通向远处的视线，所以难以构成大空间的方向感。曲折空间不会将视线引向远处，却将视线引向近端的跃入视野的街道界面，通过其封闭性构成连续的空间印象。凸出的界面相对内凹的界面有着采光和视野的优势，从街道空间的感知上也更加强烈，使建筑立面容易吸引视线，其形象更为突出。曲折型街道空间能够造成丰富的视觉体验和景观感受，同时强化街道与两侧建筑的空间渗透，见图 8-16。

相对直线空间而言，弯曲空间能将街道的相交以及地形的问题用一条连续的线融汇起来。如果弯曲的方式发生变化，空间的每一段落则获得独立的空间感受。现代城市强调出行效率，曲折型街道的车辆通行能力较弱，一般不太采用这种方式。大部分曲线型街道是适应地形条件形成的，在步行街区的街道设计中较常运用。

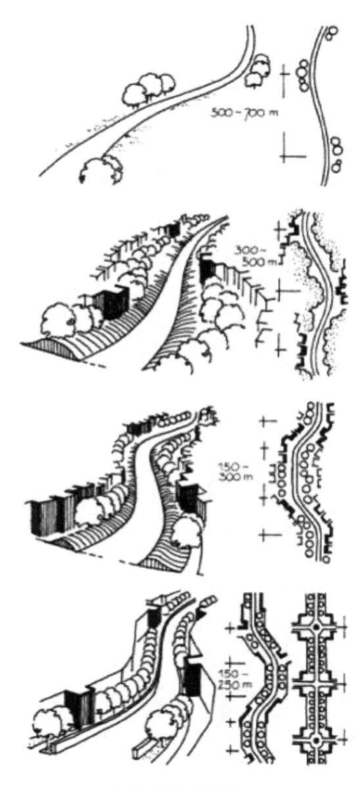


图 8-16　曲线型街道设计

### 8.2.5　界面设计

图 8-17　街道界面包括多种形体要素与自然要素的融合

界面，就字义上来说，指限定某一领域的面状要素。相对于空间来说，是实体与空间的交接面的必要组成部分。对空间构成来说，一方面，界面是实体要素；另一方面，界面与空间相互依存，彼此限定，见图 8-17。

城市街道界面是由建筑群、绿化、设施、小品等形体要素和自然要素组成，是造型、韵律、天际线、光影及其整体的复合，是新界面与旧界面的整体融合。当我们穿越城市街道时，就能感知和观赏到这种由环境与建筑叠加的场景，它担负着城市的认知功能，构成城市的生活，折射出城市的历史，被人们所感知，给人以印象，唤醒和留存人们的记忆。

1. 底界面

图 8-18　底界面与空间依存关系

底界面是街道空间中与人们直接接触的界面，它有划分街道空间领域，组织人流与活动和强化景观视觉效果等作用，它往往通过构成材料的质地、尺度、色彩、形状、色调、光滑度等，为人们提供多样的空间信息，见图 8-18。

（1）空间的划分和界定

街道功能的便捷度与丰富度决定了街区的可达性和宜居性。出于偶然或必然的选择，人们会在城市街道上步行、休息、休闲或工作。不同年龄段的人以不同的方式体验着街道，且需求各不相同，如步行、自行车骑行、乘坐公共交通工具、驾驶私家车、搬运物品等。街道的用户决定街道的空间类型，不同的街道类型底界面的构成和空间界限有所不同（图 8-19），街道设计应该针对不同的使用者，界定各功能空间。

（2）空间的生成和渗透

底界面往往是从形状、高差、色彩、质感、图案等几方面对自然进行限定来营造空间感，限定越强，空间感知也就越强烈，所划定的空间范围也就会更明显。这种空间的特点是在它的范围内有一个连续不断的空间贯通，但从根本上说如此限定的空间相对较弱，也可以说它所限定的空间容易亲近，是平易近人的。这种特点使得底界面所限定的空间微妙而有趣味。空间的渗透主要是指底界面在建筑与街道空间之间的延伸和开放。建筑与街道的关系并非仅仅是“一层皮”的关系，现代建筑的空间是打破封闭的空间界限，使相邻空间发生渗透、联系、过渡、形成富有动感的流动空间，在空间序列上达到层次丰富的效果。通过底界面使建筑空间与街道空间发生关系，产生渗透，包括两种方法：

第一，底界面不同程度的开放。打开建筑界面促进街道空间的开放，使活动和视线穿过，使得相邻空间的渗透成为可能。

第二，底界面限定要素向街道空间的介入。底界面的空间限定要素对于人的活

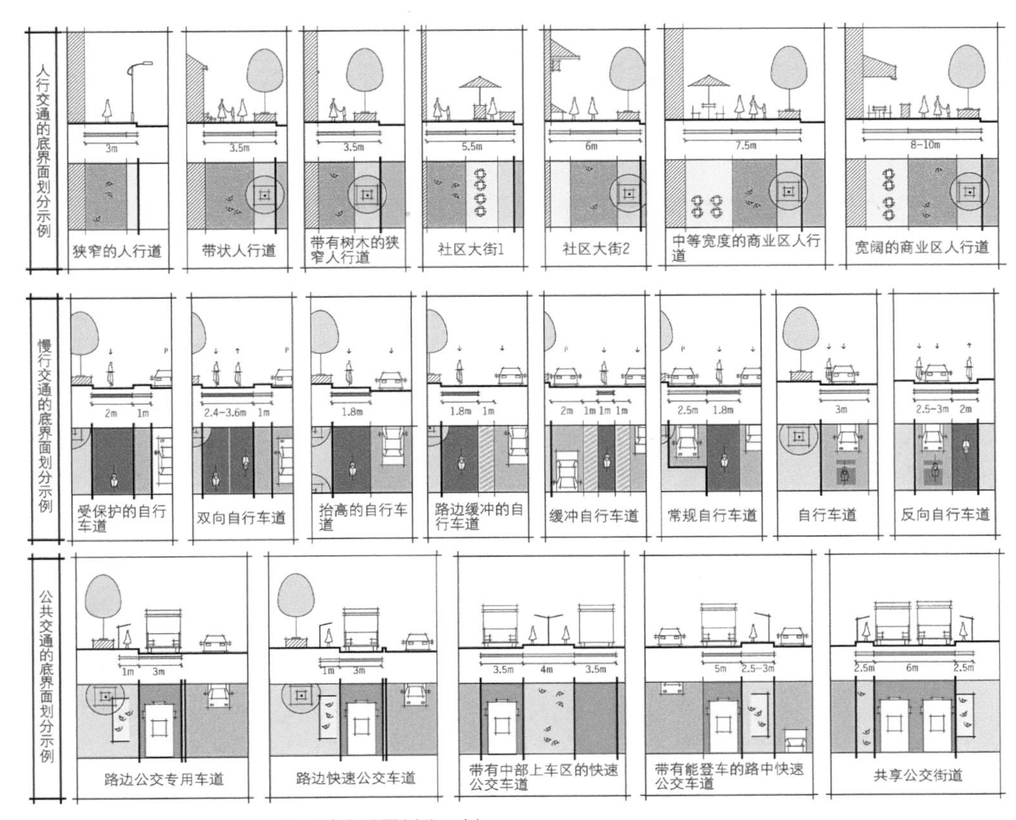

图 8-19　人行、慢行、公共交通的底界面划分示例

动与视线有较强的诱导作用，因此通过底界面向街道空间的延伸，诱导活动、视线的穿过，使建筑空间与街道空间发生联系和渗透。这种渗透作用，一方面可使建筑与街道联系起来，另一方面又是对街道空间的“二次分割”。

（3）空间的过渡

街道空间与建筑空间之间往往存在着巨大的反差，为了消除这两种空间的反差，常在两者之间插入一个中介空间来连接两个原空间，是联系两个原空间的纽带。中介空间对街道空间进行限定，使室外空间细化的设计都有助于街道与建筑空间的过渡。底界面是出入建筑内外、体验建筑序列的重要空间，它往往又是最不经意、最简单的导向性与过渡空间，如一段缓坡、几个小踏步，甚至是一块踏垫都可以给空间带来微妙的过渡和联系。底界面对外部空间的多重限定是室内外空间过渡的重要手段。设计时可用多重质感来限定空间，不同的台阶、铺地、路径、水景和植被以及小品都可以暗示空间范围差异，提示空间的不同性质。

2. 侧界面

沿街建筑构成街道空间的垂直界面，对行人空间体验有着重要影响。首先，建

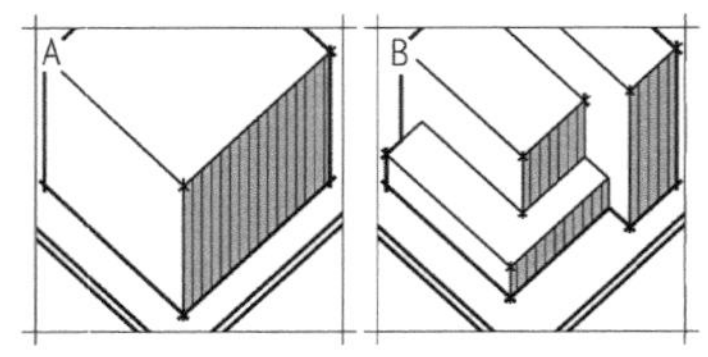


A：巨大体块对街道造成压抑感；
B：体块的变化和后退处理可缩小建筑尺度，并减少建筑对街道的压抑感。

图 8-20　建筑与侧界面的关系

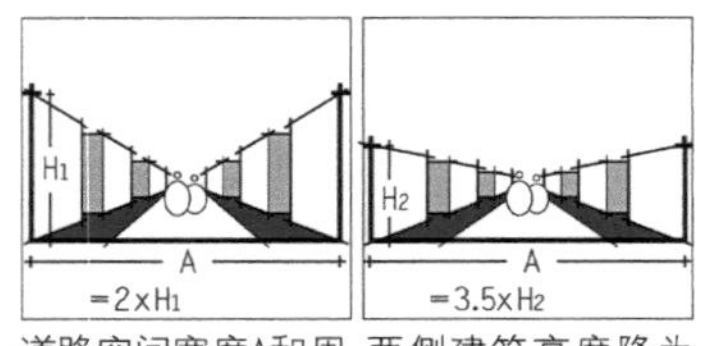


道路空间宽度A和周边建筑高度H1之间的协调比例。　两侧建筑高度降为H2宽度不变，空间形象不理想。

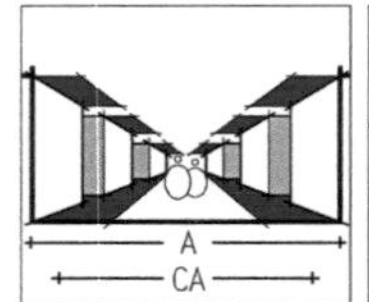


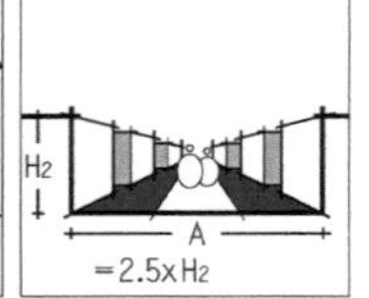


明显的屋顶出挑使人产生道路宽度明显变窄的印象。　作为对比，以当前的协调比例缩窄道路宽度。

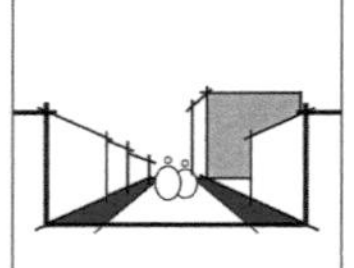

过度空间的有效补充使尺度层次更为精细。　改变建筑节奏，形成使人愉悦的城市形态。

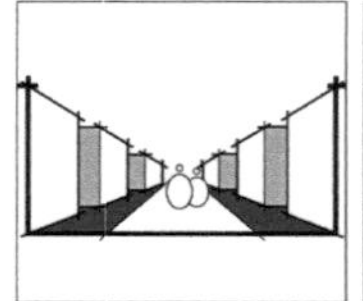

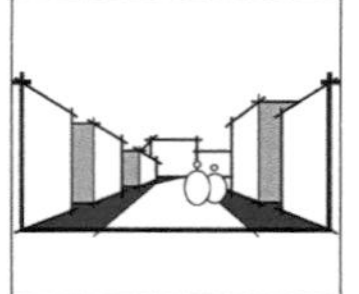

建筑和道路中的明显转折对道路尺度感有着明显的收缩影响作用。

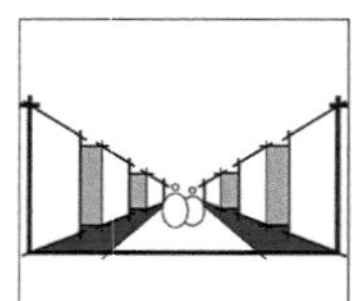

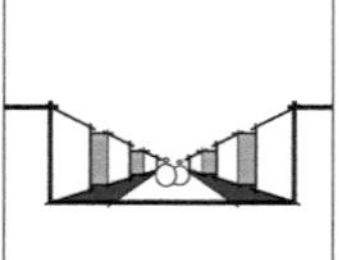

建筑体量改变了道路形象，产生宜人的封闭印象，道路空间测度减少。

图 8-21　街道侧界面空间手法

筑功能在一定程度上制约着街道气氛的形成。所以在满足规划功能的前提下，沿街建筑尤其是位于城市公共中心的街道底层建筑功能（多为商业、零售业）需要保持一定的连续性。一方面，相同的功能有利于建筑底部外立面造型整齐一致，同时行为方式的有效聚集也有利于形成良好的街道气氛。在实际中，人们对街道宽度的感知要素往往不是街道的红线宽度，而是沿街建筑的外墙面，见图 8-21。凹凸不齐的外墙往往给人以空间破碎之感，不利于街道氛围的整体表现，见图 8-20。

为产生较充裕的步行空间，许多街道都采取连续后退的方法。具体分为三类：其一为整个墙面后退，能够更好地吸纳步行人流，同时为街道设施的布置、绿化的栽植、街头公园广场的形成创造条件；其二为建筑底部一、二层墙面后退形成骑楼或柱廊，提供室内外过渡的空间，为市民提供良好的风雨庇护，这种做法在多雨的城市尤为多见；其三为建筑塔楼墙面后退，这种方式主要用于路幅宽度较窄的路，可以通过上部墙面的后退增加街道开放感，获得清新明快的空间感受，见图 8-22。

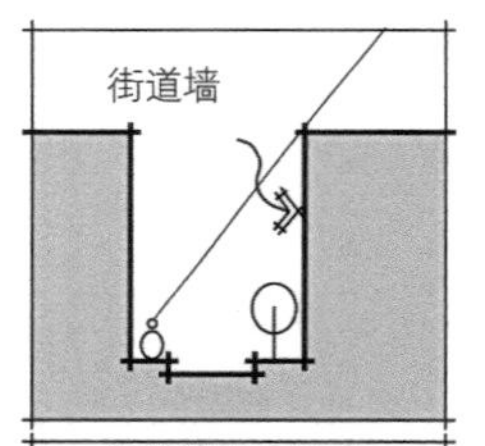


**街道墙基本宽度**

按照人的视域特点确定街道空间的高宽比，接近黄金比。因此，被许多城市确定为街道墙的基本高度，一般高宽比在1:1.25~1:2.0之间

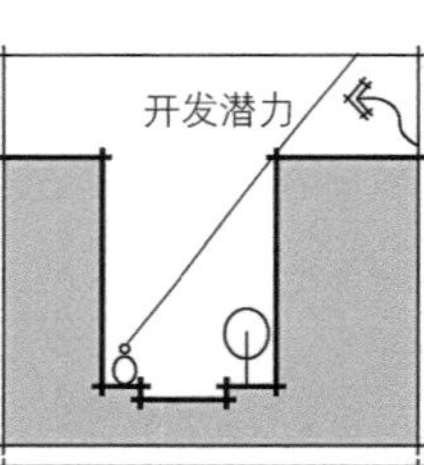


**控制开发量**

以街道墙作为基本高度用景观视线控制最大开发量。大多用于历史保护区

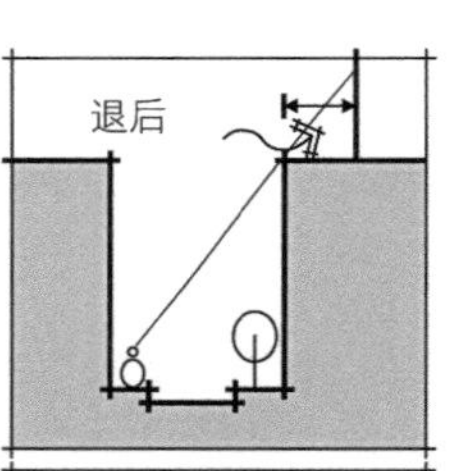


**建筑塔楼后退**

要求街道墙以上的高层建筑塔楼做退后处理，避免对人行道产生压抑感。多用于城市中心区

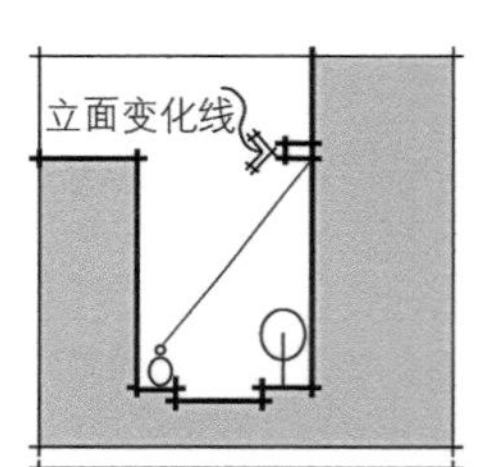


**有效界定**

要求街道与建筑塔楼之间在立面上形成明显分割，并采用对比手法处理，避免对人行道产生压抑感，多用于城市中心区

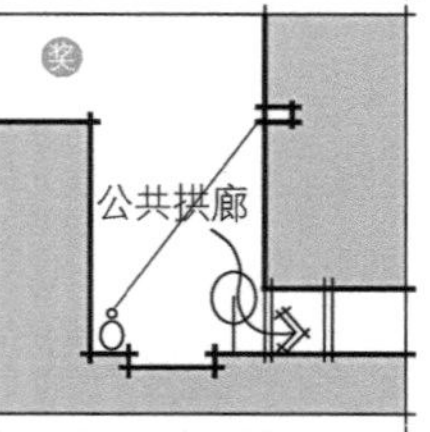


**公共步行廊道**

在街道底层提供公共步行廊道，扩大步行的空间，增加街道活动的多样性，多用于城市中心区的容积率奖励

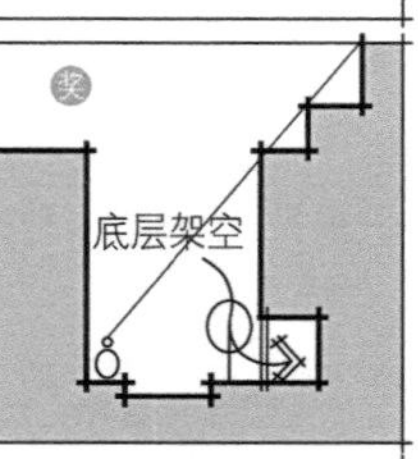


**底层架空**

街道墙底层架空，形成公共步行通廊或公共广场，并提供多种活动支持，多用于城市中心区的容积率奖励

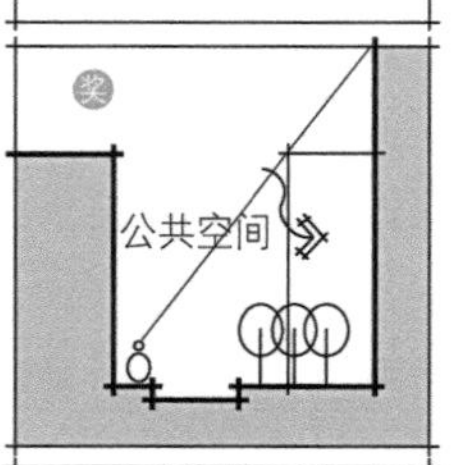


**公共广场**

建筑后退用地红线，形成开放的公共广场，有利于创造丰富多变的街道空间，多用于城市中心区的容积率奖励

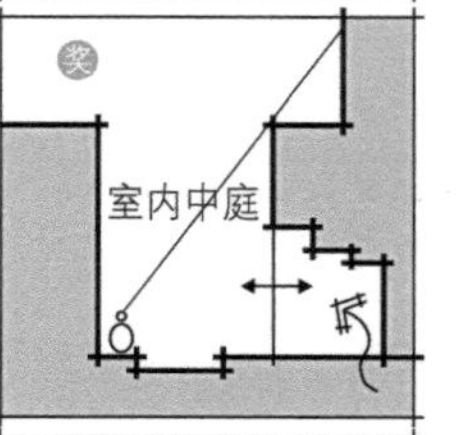


**室内外空间渗透**

采用各种空间的处理手法，使街道墙成为街道空间和建筑室内空间交叉渗透的媒介，增加城市的趣味性

图 8-22　街道后退建筑类型

3. 顶界面

街道空间的顶部界面，指街道建筑、环境要素与天空构成的天际轮廓线，也包括由建筑物屋顶面，即第五立面构成的天际线；顶界面也指由街道和建筑物、构筑物顶面共同构成的城市街道空间的肌理，其主要反映天际轮廓线组合的整体性与连续变化，见图 8-23。

图 8-23　乌尔姆市鸟瞰

（1）建筑立面轮廓

天际轮廓线是城市特色的重要因素，而建筑的立面轮廓正是街道天际轮廓线的主要组成部分，屋顶面在这里更能起到统一和控制作用，现代建筑中往往将设备层、水箱间或电视天线作为建筑顶部与天空的交接物，缺乏有效的过渡和处理。事实上建筑上部（顶部）既是整体设计要素的总结、在视觉上又是建筑立面的终结，同时又是丰富街道天际轮廓线可调整的重要手段。

沿街建筑的屋顶轮廓线是构成街道空间景观的重要因素。古今中外的经典街道实例证明，相对一致的建筑高度易于产生规整统一的感受，过多的变化则显得杂乱无章。对于街道的整体营造，除了建立标志性的建筑和标识以外，其余沿街建筑宜形成一个基本的高度标准，如巴黎、柏林等欧洲名城的沿街建筑基本控制在 21m 左右，这一标准不仅反映在建筑的绝对高度上，更指建筑的檐口等的高度，因为檐口的高度往往是行人观察到的与天空的真实界面。高度一致的檐口能使人们产生和谐的空间感受，整齐划一的裙房檐口可给人以连续的界面空间体验。

（2）街道空间顶部界面

街道空间顶部界面的群体形态构成宜有统一的肌理特征、一致的形式特征和布局方式，同时应强调街道方向的明确性。“相似性”原则是其整体形态构成的一个重要组织原则，它是屋顶界面各部分在某些知觉性方面的相似性的表达。“相似性”原则有助于确定部分之间关系的亲密程度，如大小、形状、位置、空间定向，亮度与色彩相似等。“相似性”所起的作用，并不仅仅局限于使物体看上去“属于一组”相似的单位，而是能够进一步构成某种式样，通过形状、大小、空间、色彩等的相似性，把相互分离的单位组合在一起，见图 8-24。

图 8-24　代尔夫特沿街建筑

顶部界面的群体形态，由许多独立的单位组成，它们有节奏地但又不规则地分布在整个城市轮廓线中，通过相似性或连续性等原则，使相距较近和较远的单位之间建立联系，不仅加强了城市肌理构图的形式效果，更加强了构图的象征意义。在街道空间顶部界面构图中，各种造成相似的因素既可以相互支持，也可以相互独立，如形状上的相似，同时又在大小、色彩方面存在差异，相似与差异建立起来的整体感与可识别性，使得街道空间的顶部界面在丰富多样中达到整体的统一。

## 8.3　广场空间

广场是最古老的城市外部空间形式，起源于公元前五世纪的古希腊，当时称之为“AGORA”，这个字表示集中的意思，又指人群集中的地方。而文艺复兴时期的意大利及法国称之为“PLAZZA”“PLAZA”。J.B. 杰克逊（Jackson）认为“广场是吸引人们聚集的城市场所空间”，凯文·林奇（Kelvin Lynch）认为“广场在高密度的城市中应是一个充满活力的焦点”。意大利建筑师阿尔道·罗西（Aldo Ross）指出：“每一个广场都是一个具有三维及时间特性的空间，是一种物质和社会现象。”

广场作为城市的起居厅，是容纳市民公共活动和展示城市形象的主要场所，与城市的性质最为相近，贴合度最高，广场在大多数情况下位于城市中心，也是各类、各级城市中心的核心组成部分。城市广场集物质性与非物质性要素于一身，从物理空间的层面上看，一个广场必须通过形式设计营造物质空间，从而显现出场所特征；从社会学层面上看，广场的设立也必须满足人的自然需求以及其他非物质层面需求。本章介绍城市广场的类型、特征及空间设计方法。

### 8.3.1　广场的概念与类型

广场指城市中不被建筑物所占用的露天场所，以吸引、组织人们进行休憩、交往、娱乐、集会等各种室外活动，有较为集中的铺装场地面积。其次，广场有明确的边界范围和空间围合，较好地协调周围建筑物、道路、绿化、水体的关系。最后，广场配置一定的设施，提供市民活动的场地，成为城市景观风貌的重要体现场所。广场作为城市公共空间的典型构成，在城市生活中发挥重要的作用。其类型多样，形态各异，可以按照形态和性质等对广场进行分类。

1. 按照形态分类

可分为平面型、下沉型、上升型和空中广场等类型，见表 8-3。

表 8-3　按形态划分广场类型

| 类型 | 平面型广场 | 下沉型广场 | 上升型广场 | 空中广场 |
|---|---|---|---|---|
| 概念 | 指广场主体部分的地面、周边建筑出入口和各种交通流的往来等都位于同一高程面上，或略有上升和下沉的广场形式。平面型广场可以是由主次相辅的多空间构成的复合广场，也可以是沿线型展开的条形广场 | 指广场的主体部分位于自然地坪的下部，与城市既联系密切又有分隔，不易遭受外界环境的干扰，可以避免城市交通噪声影响，形成一个独立、安静的区域。同时容易构成一个内聚向心的空间场，给人一种依托感和领域感 | 指广场主体部分位于自然地坪的上部，可与车行道形成立体交叉，有利于步行者的安全。人们可在不同的层面上活动，别有一番情趣的上升型广场大部分结合地形设置，形成良好的空间感受 | 指设在房屋顶层和高层建筑挑廊上的广场活动空间。它是城市复层化和高层化的产物 |
| 示例 | 哥本哈根超级线性公园 | 北京三里屯 SOHO 广场 | 意大利罗马广场 | 首尔 DCC 大厦广场 |

2. 按性质分类

可分为市政、纪念、商业、休闲娱乐、宗教和交通集散广场等类型，见表 8-4。

表 8-4　按性质划分广场分类

| 类型 | 市政广场 | 纪念广场 | 商业广场 |
| --- | --- | --- | --- |
| 概念 | 市政广场在城市中承担政治、文化集会、庆典、游行、检阅、礼仪以及传统民间节日活动的外部公共开放场所，是市民参与市政和管理城市的象征，是政府与市民对话和组织集会活动的场所 | 纪念广场是以纪念历史人物、历史事件而建造的广场。为突出纪念主题，常在广场设置雕塑、纪念碑、纪念物或纪念性建筑作为标志，创造与纪念氛围相一致的环境气氛 | 商业广场大多位于商业区的核心或入口位置，在城市中分布最广。它的布局形态、空间特征、环境质量及所反映的文化特征都是人们评价一座城市的重要参照。商业广场是商业中心区的精华所在，是一个富有吸引力的城市空间 |
| 示例 |  墨尔本联邦广场 |  罗马人民广场 |  三里屯 SOHO 广场 |
| 类型 | 休闲娱乐广场 | 宗教广场 | 交通集散广场 |
| 概念 | 休闲娱乐广场是城市中供人们休憩、游玩、演出及举行各种娱乐活动的重要行为场所。其布局灵活不拘一格，散布于城市街头。休闲娱乐广场可以是无中心的、片断式的，即每一个小空间围绕一个主题，向人们提供了一个放松、休憩、游玩的公共场所 | 宗教广场是欧洲中世纪城市的典型公共空间，一般位于教堂，寺庙及祠堂前，其空间形制较为明确，尺度适宜，是举行各类宗教活动的场所。中国城市在当代的更新建设与规划中，围绕宗教寺庙前区也出现了一些广场，这些广场的功能比较复合，兼具游览、休闲、集散等功能 | 交通集散广场是在城市重要的交通枢纽前和复杂的交通地段中，用以解决交通集散问题的场地，起着交通、集散、联系、过渡及停车等作用。交通集散广场是进出一个城市的门户，也是体现城市形象的重要场地 |
| 示例 |  万科重庆西九广场 |  意大利罗马圣彼得大教堂广场 |  广州站站前广场 |

## 8.3.2　广场空间设计原则

作为城市公共空间的核心内容和结构枢纽，城市广场应遵循以下设计原则。

1. 整体性原则

城市广场的整体性包含了两个方面内容。一是空间形态的整体性，广场的设计应该纳入整个城市的空间系统。广场本身也要有整体性，其与建筑空间、绿化景观、

图 8-25 整体性原则

活动行为等有机融合，明确场地要素的使用特征及主次关系，使广场成为和谐统一的整体。二是精神层面的整体性，主要是人们对于环境的认知具有一种整体效应，是人的本能对社会整体性的一种独特体会，见图 8-25。

2. 尺度适配原则

广场的生命力来源于人们的活动，若要广场的生命力持久，就需要具备丰富灵动的空间内容和适宜的空间尺度。良好的尺度是人们获得舒适体验的重要因素，广场首先要在尺度上适宜人们的活动和视觉认知，同时要与周边围合物相宜。尺度适配原则是根据广场的使用功能和主题要求，赋予广场合适的规模和尺度，见图 8-26。

图 8-26 尺度适配原则

3. 多样性原则

作为面向市民大众的公共活动空间，城市广场具有一定的主导功能，同时需要考虑多样化的空间形式和特点。城市中的儿童、老人、残疾人以及青年人都有着不同的行为方式和使用需求，所以需要对他们的活动特征以及心理状态加以调查，然后才能在设施的物质方面给予满足，从而充分体现出人性化的设计，见图 8-27。

4. 生态性原则

广场是整个城市开放空间体系中的一部分，它与城市整体的生态环境联系紧密。一方面，其规划的绿地、植被应与当地特定的生态条件和景观生态特点相吻合；另一方面，广场设计要充分考虑场地环境要素，如阳光、植物、风向和水面，趋利避害中保证其本身的生态性，见图 8-28。

图 8-27 多样性原则

### 8.3.3 广场系统设计

城市广场不是单一的空间形态，是一个典型的系统构成，包括功能定位、空间定形和环境细化等。

1. 功能定位

功能定位是广场设计取得成功的前提条件。根据规划地段属性和周边建筑属性确定合适的广场主要功能类型，如商业广场、文化广场、休闲娱乐广场、交通集散广场等。根据城市生活以及人的行为规律合理组织广场内部的各种功能，以构成更为完善的功能组合，如中心广场以集合、展示功能为主辅以适当餐饮、休闲和停车等功能。

图 8-28 生态性原则

2. 空间定形

空间定形是设计的基本内容，是其形成的必要条件。广场的空间形态设计包括结构梳理、空间组织、尺度把握等。首先，应明确广场的出入口位置，关键节点位置，交通组织方式等；其次，应形成具有层次性的序列空间，通过运用暗示、铺垫、对比、引导、再现等空间处理手法，使人们在空间序列中感受场景变化；最后，利用空间的大小、高低、开敞与封闭、差异的形状来确定广场形态和风格。

3. 环境细化

空间环境细部设计可增加广场活力，包括广场的基面、垂直面、绿化以及广场内部的环境设施设计。广场基面设计可以通过改变标高、区分材质、划分图案来创造丰富多变的空间；绿化设计应注重植物种类的选择，以及它们的相互组合；环境设施设计应满足多种活动和人群的需求，各类设施相互间在形式、色彩以及位置安排上相互协调，融为一体。广场系统设计的步骤、内容和图解，见图 8-29。

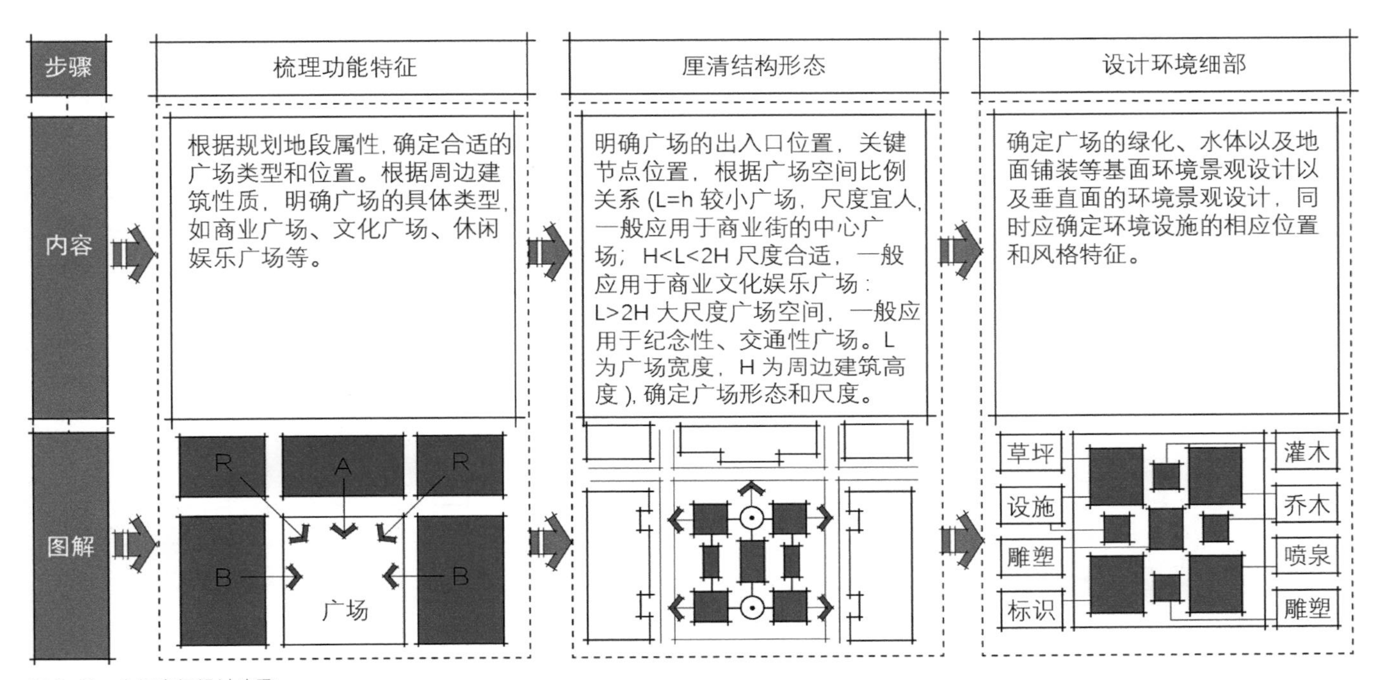

图 8-29 广场空间设计步骤

## 8.3.4 基面设计

广场是由基面和围护面共同界定的外部开放空间，基面支持公共活动的开展，围护面承担空间形象的感知。广场基面的设计内容包括尺度、形态、肌理、地形和序列等方面。

1. 尺度

广场空间尺度的确立要考虑人的视觉认知特征，过大的广场空间会显得空旷、不惬意，过小的广场则会产生压迫感。广场空间的品质显然不会因为其基面尺寸的增大而提高，尺寸的大小对人的感知来讲是相对的，见图 8-30。广场形态首先涉及的是构成元素之间的相互关系，所以，广场的尺寸大小并不绝对重要，重要的是适度。空间品质在很大程度上还取决于广场基面的比例，即空间宽度与深度的关系。作为城市公共空间，广场应为人的视觉感知留下余地，一般来说，适宜的广场基面的长宽比例介于 3∶2 与 1∶2 之间，即观察者的视角从 40° ~90° 。

图 8-30 广场的空间组织设想

扬·盖尔的研究表明，只有当距离在 100m 以内，才能看到人运动和粗略轮廓下的肢体语言。因此，100m 是能够产生交流的最大尺度

2. 形态

形态赋予空间基本性格，其与空间的平衡是非稳定的，不同形态的潜在意向可以表达不同性格的广场。城市广场按形态大致可以分为正方形、圆形、三角形、矩形、梯形和不规则形等，其空间各有特点。各种形态广场的特点和设计方法，见表 8-5。

表 8-5 广场空间的基本形状

| 实例 | 基本形状 | 广场的轴向关系及中心基准点（区域） | 广场空间内偏心基准点（视点）的可能位置 | “相似的”形式元素对广场平面划分的可能性 | “对比的”形式元素对广场平面划分的可能性 |
|---|---|---|---|---|---|
| 正方形的广场形状 | 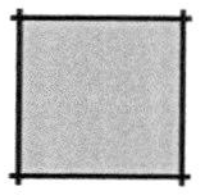 | 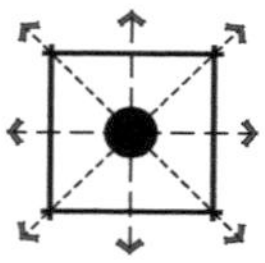 | 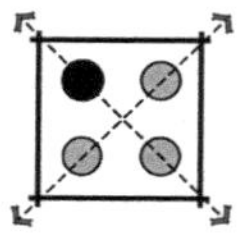 | 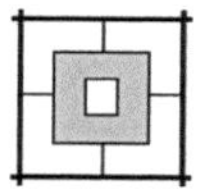 | 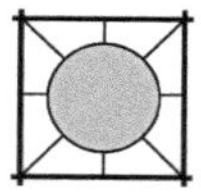 |
| “长方形”的广场形状 | 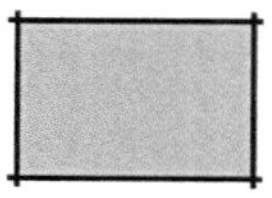 | 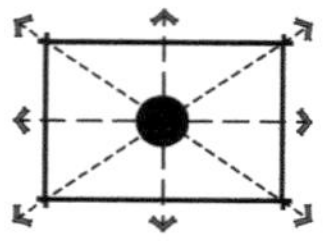 | 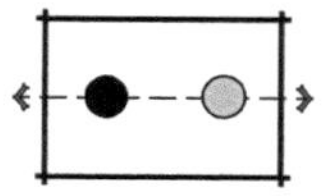 | 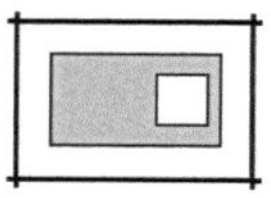 | 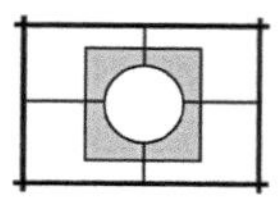 |
| 矩形长条形的广场形状 | 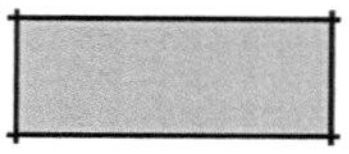 | 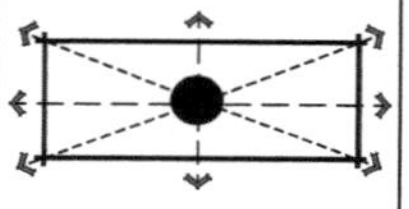 | 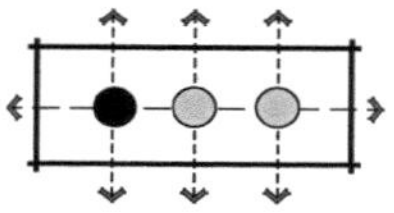 | 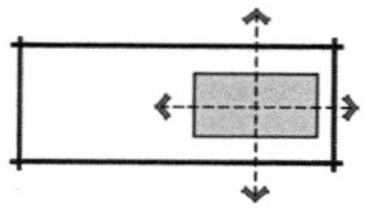 | 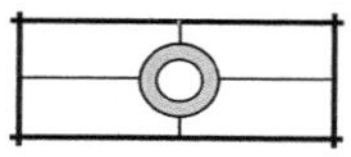 |
| 梯形的广场形状 | 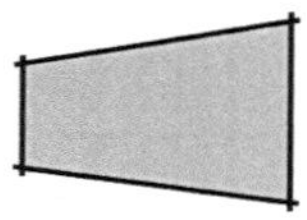 | 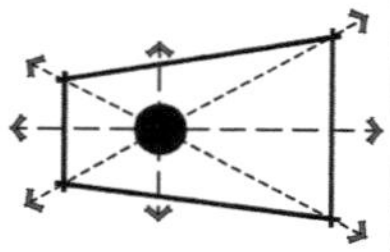 | | 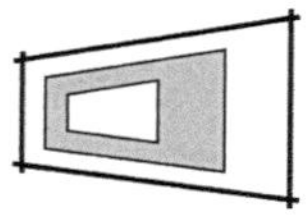 | 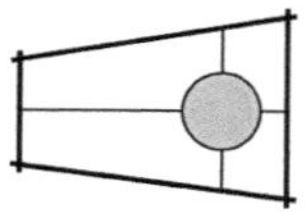 |
| 组合的广场形状（广场系列） | 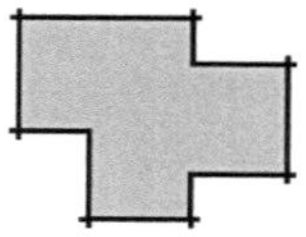 | 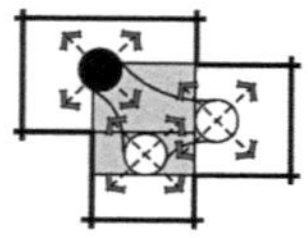 | 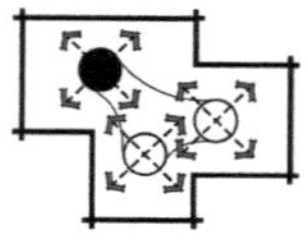 | 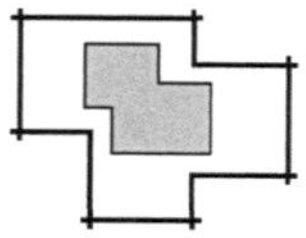 | 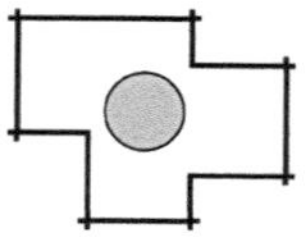 |
| 斜向空间边界的组合广场形状 | 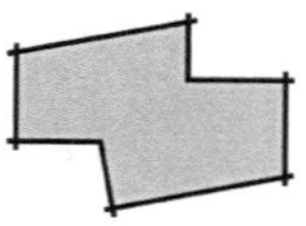 | 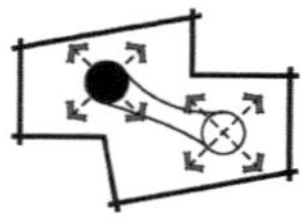 | 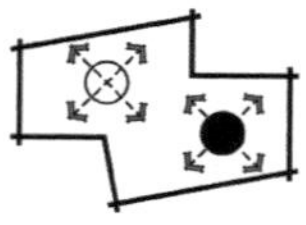 | 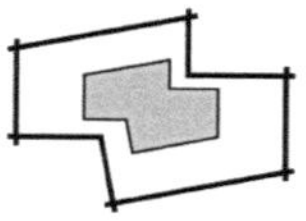 | 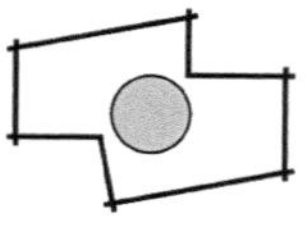 |
| 圆形的广场形状 | | 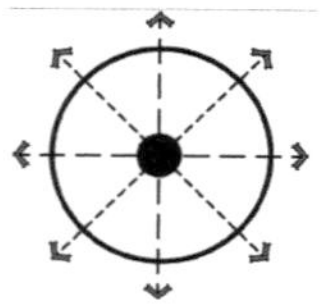 | 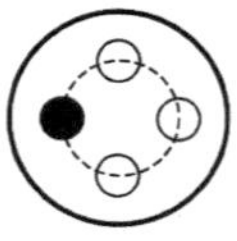 | 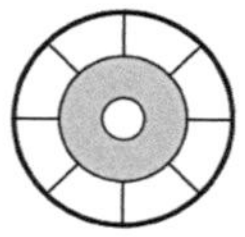 | 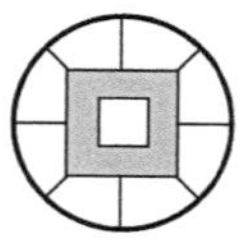 |
| 空间边界动态变化的自由广场形状 | 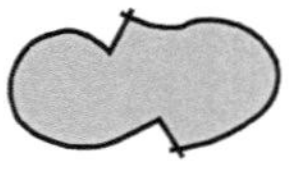 | | 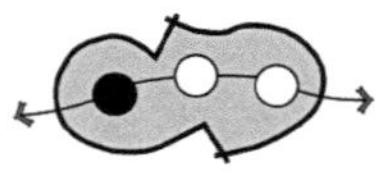 | 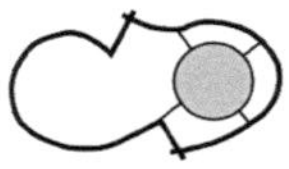 | |

3. 肌理

基面的肌理可以细化或强化空间的效果，但更引人注目的还是基面上的图案造型。肌理从广场空间造型的角度看具有两维的属性，它拥有调整甚至改变由基面形式所确定的空间性格的能力，还能够对广场的尺度感施加影响。在实践中，大面积的广场基面常常被图案造型所分割，通过采用不同的材料、色彩以及设置装饰物来设计组织，见图 8-31。基面的表面结构越细腻，广场空间就越显得宏大。通过基面表皮的造型可以突出空间的轴向性，也可以创造空间的向心性。

图 8-31 表皮肌理示例

对于城市广场造型来讲，连续的基面是构成广场空间整体性的重要前提。因为整体性的基面在透视上保证了连续的空间深度，所以在涉及广场基面划分的时候，要始终注意用一种造型方式作为控制性的形象布满整个基面，否则，广场的整体性极易受到伤害，见图 8-32。

图 8-32 柏林索尼中心广场

4. 地形

地形指广场基面在竖向上的变化，它一般产生于现有的自然因素，也可能被有目的地设置。它对空间的品质同样有着积极的影响，见图 8-33。

基面的微度倾斜对空间感受产生的影响并非微弱，因为人对斜面的感知明显强于对水平面的感知。斜面在起坡的方向自然产生一个主方向，较高一方的重要性明显增加，从视觉心理学的角度看，重要建筑物可以设在最高处，它的意义会因为基面的高起而进一步彰显出来，抬高基面有利于展示纪念物，同时还可以获得广阔的视野。非水平基面的广场会因观察者进入的位置不同而显现出不同的空间效果。如果从低处往高处走，空间体现出“权威”和“优越”感；从高处往低处走空间则反映出“私密”和“安全”感。根据这种经验，重要的建筑物一般都被设在地势较高的一端以提升自身的宏伟特征，圣彼得大教堂就是一个成功的实例。

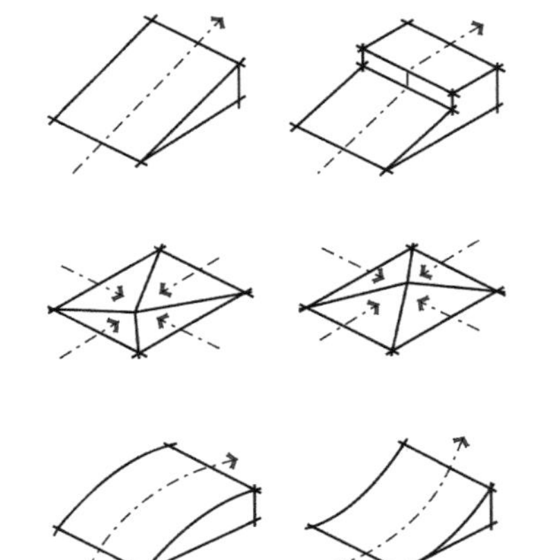

图 8-33 六种地形变化类型

但广场上的活动却受制于这种地势的变化。当坡度低于 4% 时，它看起来像水平的一样，适用于几乎所有的活动；4%～10% 之间的坡度可以清楚地被感知，但人的活动还基本不受阻碍，这样的广场仍然适用于各种不同的活动；坡度超过 10% 时，人会感到非常陡，它只能适用于一些特殊类型的活动。所以，基面坡度在 10% 以下的广场通常比较常见也易于接受，见图 8-34。在设计中有意识地运用地形变化不但具有空间的意义，还能丰富人在广场上的活动方式。

图 8-34 意大利锡耶纳坎波广场

5. 序列

当代城市公共空间能够满足人们多层次、多功能的活动需要，结合城市空间一体化设计，广场在整个公共空间中打破了以往相对单一化的模式，呈现越来越复合的局面，由一个中心广场逐渐演变为系列广场的组合。

（1）直接组合

直接组合是指每个广场单元的空间直接融合，在空间与空间的交接处常常有空

图 8-35　哥本哈根老城广场序列

图 8-36　线性空间、广场组成的城市空间序列

间重叠的现象，相互间没有明确界限，也没有过渡性的空间处理，整个序列几乎可以当作一个不规则的复合空间形态来看待，是一种非常紧凑的组合方式。这种组合方式的特点是从一个空间单元到另一个空间单元的变化不明显，空间的整体性强。但各个单元空间之间在形态上相互影响，致使每个单元空间的形态难以获得准确的把握。同时，单元空间之间的活动会相互干扰。因此，这样的广场序列一般被当作一个广场空间来使用，见图 8-35、图 8-36。

（2）过渡组合

过渡组合是指每个广场单元的空间通过连接体进行沟通的组合方式。连接体的构成可以是实体，也可以是另一种类型的负空间，如街道或过街楼。通过过渡方式组合而成的广场序列不存在广场空间的重叠现象，也没有空间单元的并置，因此这些空间单元也不拥有共同的边界。在通过过渡方式组合而成的广场序列中，每个空间单元具有相对独立和完整的特性，是一种相对松散的组合方式。

### 8.3.5　垂直面设计

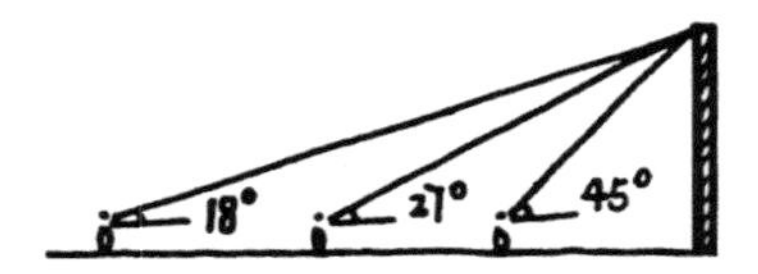


图 8-37　观察对象三种距离关系

如果用 *H* 代表界面的高度，用 *D* 代表人与界面的距离，不同的比例代表不同的感受（图 7-11）。
*D/H*=1 即垂直视角为 45°，可看清实体细部，有一种内聚、安定感。
*D/H*=2 即垂直视角为 27°，可看清实体整体，内聚向心而不至产闲散感。
*D/H*-3 即垂直视角为 18°，可看清实体与背景的关系，空间离散，围合感差。

广场垂直面也称边围，指广场周边的建筑垂直边界、在广场内部形成边界效应的绿化以及标识物形成的垂直边界面。广场边围设计内容包括尺寸、形态、肌理、开口、标志建筑等。

1. 尺寸

广场需要考虑人的尺度，因为广场在一定程度上是为缓解和调剂现代高节奏的城市生活，并让人们共享优美的城市公共环境而建设的。垂直面建筑的尺寸影响广场的尺度感，决定了广场空间的封闭程度。一般来讲，低的边围建筑使广场空间显得宏大，高的边围建筑使之显得狭小。但这种空间必须与广场基面的大小联系起来观察，因为广场的空间效果不仅仅取决于广场的大小，还取决于广场的深度与边围高度的比例关系。卡米罗·西特（Camillo Stte）曾指出，广场最小尺寸应该等于它周边主要建筑的高度，而最大尺寸不应超过主要建筑高度的 2 倍，见图 8-37。

2. 形态

图 8-38　边围的垂直边界形式

边围的形态对空间效果同样有着强烈影响。边围形态的第一个层面是其轮廓中与广场基面的平行边界。它可以是水平的，也可以是斜向的；它可以是连续的，也可以是折线形。总体上看，边围建筑的整体与统一会强化广场空间的严密与封闭，加强空间的方向性，见图 8-38。

边围造型的第二个层面是其轮廓与广场基面的垂直边界。它可以构成一个封闭的墙面，也可以形成一排柱廊；它可以构成自由的实体，也可以是树阵：它决定了边围是完全封闭的，还是拥有开口以及开口的形式。如果边围是一排柱廊，空间的围合程度就取决于柱之间的距离。无论如何，一道不间断的墙面比带开口的墙面具有更好的封闭性，见图 8-39。

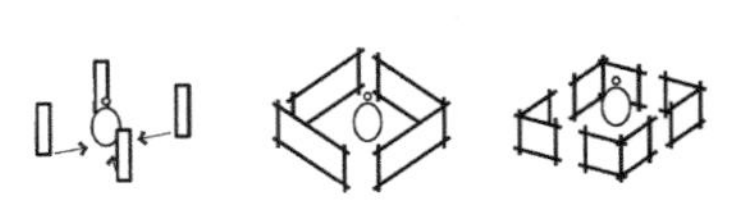

图 8-39 边围的垂直边界形式

边围造型的第三个层面是边围各组成部分自身的几何形式。对称的边围造型带给广场安稳与宁静，从而产生权威感；不对称的造型则带来紊乱与动感。因为对称是均衡与稳健的象征，非对称则意味着干扰与失误。利用对称的造型可以建立重点、创造方向感。如果广场边围的某个部分是对称的，广场空间的方向性将在这个对称部分的轴线上得到强化，见图 8-40。

3. 肌理

边围的表面造型也称作边围肌理。与广场基面的造型相似，边围表面造型对广场的效果起着细化的作用，但它对空间品质无决定性的影响。与广场基面完全不同的是，边围表面不承载人的活动，所以它的塑造完全不受竖向变化的制约。广场的边围一般是建筑的立面，所以它不可能是光滑的墙面，即使在简洁的现代建筑中也很少出现。建筑立面拥有色彩、材质、几何结构、划分等两维特性，以及阳台、窗洞等三维元素，而装饰物的种类相对繁多，如基座、分隔线脚、壁龛、墙柱以及大量工业化广告设施。所以，作为建筑立面的边围呈现出具有立体或浮雕感的肌理，它使广场空间在原有的关系上获得一种新的尺度，创造了独有的品质。

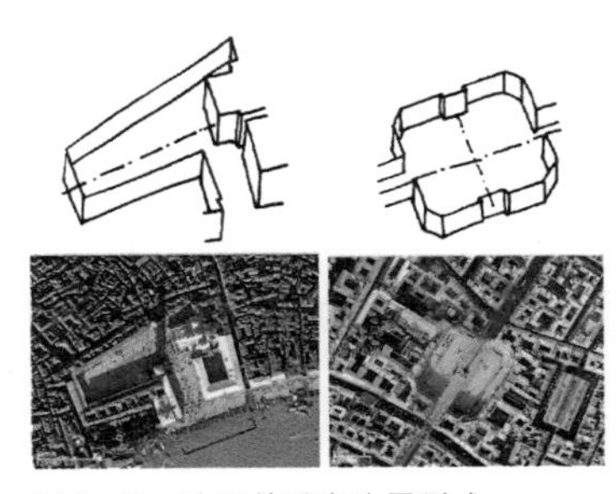

图 8-40 边围的垂直边界形式

4. 开口

城市广场是典型的城市公共空间，具有鲜明的形象特征，开口是广场城市公共性及社会交往的象征。开口集中了运动的目标以及视线走向，是内外联系的桥梁，决定了城市和广场的关系。开口的目的是保证活动者的进和出，但开口的设置应注意尽量减少对广场空间品质的负面影响。因此，巧妙的开口设置和设计显得非常重要。为保证视觉或空间的连续性，只需在从一个区域到另一个区域的交接处安排一次竖向标高的变化便可创构成出入口的效果。对广场空间自身的品质而言，开口的位置至关重要，因为它是广场的人口，它决定了进入广场后行动路线的开端，并因此参与了对广场感受的影响。从视觉心理学的角度看，开口的选择最好能使视线通向某个对景，而且朝内、朝外都是如此。广场的空间效果很大程度取决于道路或广场与出入口宽度的空间比例关系，见表 8-6。

图 8-41 巴黎卢浮宫

表 8-6 广场空间比例关系

| 广场空间效果取决于道路与广场及出入口宽度的空间比例关系 | |
|---|---|
| 相对弱化的广场效果，道路或广场的空间断面没有太大的区别 | |
| 突出广场的效果，道路或广场的空间断面明显区分 | |
| 非常突出的广场效果，没有过渡空间或门户建筑 | |

5. 标志建筑

标志建筑可以是大尺度、大体量的实体，装饰繁多或色彩特殊的纪念物，或是在广场内占据着特殊位置的物体，也可以是造型平凡、但社会意义突出的建筑。广场中的标志建筑一般应是具有特殊意义的实体，欧洲中世纪的市政厅与教堂的共存关系标志着集市广场在城市政治生活以及精神生活中的中心地位，也因此成为整个社会生活的中心，见图 8-41。

一般来讲，在开口的视线方向上设置标志建筑比较有利，因为人在进入广场空间以前便能够看到这幅宏伟的图画，从而产生好奇心。标志建筑可以构成广场空间强有力的内聚点，也可以为穿越广场的道路提供一个终点。标志建筑的位置与广场空间的相对关系对空间品质有着不同的影响，见表 8-7，对三种不同位置关系分别讨论：

表 8-7 广场与标志建筑的关系

| 类型 | 特点 | 图示 | 案例 |
|---|---|---|---|
| 场内的标志建筑 | 当标志建筑物在广场内部独立存在时，它的空间影响是最大的，它产生一种空间内聚力，甚至可以决定空间。一个独立存在于城市空间里的教堂最能证明这一点，如巴黎的协和广场，当标志建筑物位于广场中央时，它将控制整个广场 | 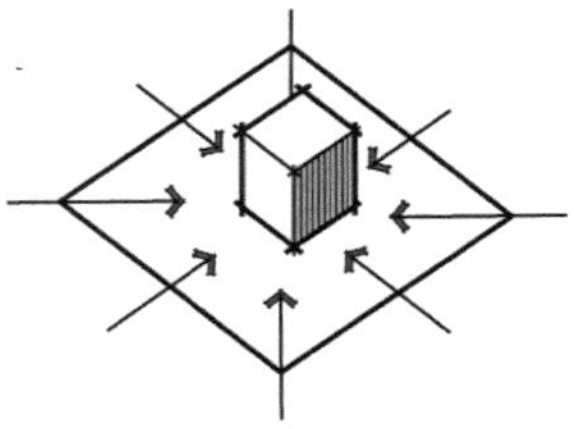 |  |
| 边围的标志建筑 | 标志建筑也常常被融合进广场的边围组织中，这样的广场空间趋向于在标志建筑方向上产生轴向性。可以断定的是，标志建筑的造型越是脱离边围而独立存在，它对广场空间的影响就越大，空间在这个方向上的轴向性就会得到加强 | 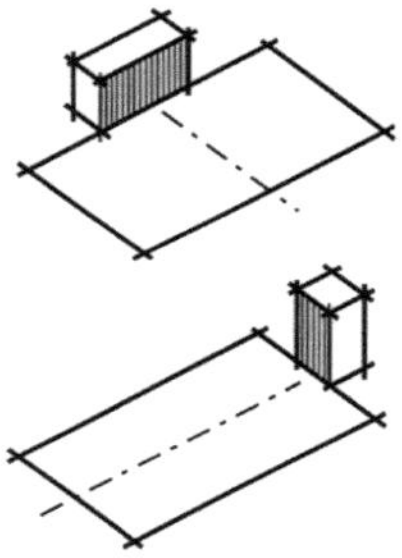 |  |
| 场外的标志建筑 | 广场空间以外的标志建筑对空间的影响同样重大，因此常被纳入边围的范畴进行分析。一个位于广场外的高耸地标，如果不在广场空间的轴线上，它对广场空间的轴向性将产生明显的干扰；反之，则会加强广场空间的轴向性。这种以自然或人工景观控制广场视线的手段，类似于中国传统空间组织手法中的借景 | 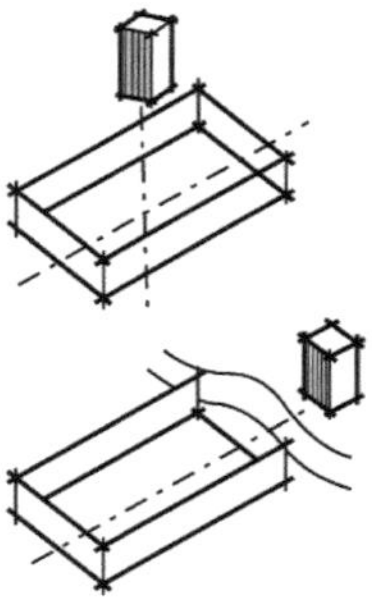 |  |

## 8.4　绿地水体

作为城市空间整体环境的柔质基础之一，绿地水体既能营造小气候，提供观赏价值，分隔空间，也可作为人们进入活动的场所和交往空间；它是人的意志、观念、习俗以及审美的物化表现，也是展示城市公共空间整体环境水平和居民生活质量的一项重要指标。本节主要介绍城市公共空间中绿地水体的分类特征、系统设计以及空间设计方法。

### 8.4.1　绿地水体的界定与分类

城市高密度空间环境给生活其中的人造成有形或者无形的压力。绿地水体扮演着减压剂的角色，使人的身心都得到舒缓和放松，有效地调节紧张的生活节奏。

1. 绿地空间

绿地空间的介入能够有效的改善片区的生态小气候，调节区域温度、湿度及通风条件，净化空气，创造良好的城市生态环境。绿地是城市公共空间中重要的环境要素，恰当的使用地域植物能够丰富城市个性特质，形成独具特色的植物观赏群落。绿地作为城市中重要的空间形式之一，提供多样的空间体验效果，一方面可以与广场、街道等空间组合形成丰富的空间序列，另一方面，可以通过乔灌木在不同空间尺度的搭配，形成多样的围合、半围合、开放空间，引导视线，限定行为，形成焦点。因此，结合各类型的绿色空间塑造充满活力、趣味及人文关怀的场所，是城市设计的主要内容之一。城市公共空间绿地按形态与分布特征分为面状绿地、线状绿地以及点状绿地三类，见表 8–8。

表 8–8　绿地分类

| 类型 | 定义 | 特点 |
|---|---|---|
| 面状绿地 | 面状绿地主要指综合公园和专类绿地，指对公众开放、可以开展各类户外游憩活动、规模较大、综合性功能的绿地空间 | · 是城市公共中心的集中绿地，直接影响公共中心的空间结构；<br>· 内部功能比较齐全，人们在这种环境中可以实现游憩、娱乐、观赏、运动等各种需求；<br>· 分布上不均衡，日常使用的便捷性和适应性不如建筑周边绿地和街道绿地；<br>· 带状公园往往结合具有一定宽度的线性要素，如河流、线性历史遗迹、生态保护廊道等形成，与综合公园相比，具有系统性、网络化的特征 |
| 线状绿地 | 线状绿地指在道路红线内部、道路两旁及分隔带内种植树木和绿篱，布置花坛、林荫步道、街心花园及道路交叉绿岛等。它们是构成道路景观的重要元素 | · 受场地（交通、绿化、地形等）条件的影响，用地较为局促；<br>· 按照人们游览、行进的方向呈线形布局，具有明显的方向性；<br>· 是组织城市室外公共活动的主脉络，延伸到公共中心的各个角落，具有连续性，功能更完善，分布也更集中 |
| 点状绿地 | 点状绿地主要指各类公共建筑外部空间的小型绿化广场、庭院、小游园等公共绿地形式，还包括位于道路红线外，独立存在的街头绿地。它们是城市室外环境景观的主要构成 | · 占地面积较小，功能相对单一，空间构成较统一，有主要景观，易成为周围环境的中心；<br>· 布局灵活，分布广泛，在功能上更贴近人们的公共生活，满足人们需求；<br>· 通常是片区的节点空间，表达一定范围环境的主题，有些也作为特定环境的空间标志，如某些政务中心前的大面积绿地、一些高层建筑周边的绿地等 |

2. 水体空间

水体在不同文化和社会背景下，形成了极其丰富的表现形式。静止的水、流动的水、喷发的水、跌落的水，构成城市景观和环境设施设计中最有魅力的主题，见表 8-9。

表 8-9　水体分类

| 类型 | 静水 | 流水 | 落水 | 喷泉 |
|---|---|---|---|---|
| 特征 | 水面基本不流动的开阔水体 | 沿水平方向流动的水流 | 突然跌落的水流 | 在水压作用下喷头喷出的水流 |
| 形态 | 静止流、紊流 | 溪流、渠流、漫流、旋流 | 叠流、瀑布、水幕、管流 | 射流、冰塔、冰柱、水雾 |
| 定义 | 静水的特点是宁静、祥和、明朗。它的作用是净化环境、划分空间、丰富环境色彩、增加环境气氛。静水的景观特质体现在色彩、波纹和光影三个方面 | 流水包括河、溪、涧以及各类人工修建的流动水景。形态分自然式流水和规则式流水。如运河、输水渠等，多为连续的有急缓深浅之分的带状水景 | 落水是指水源因蓄水和地形条件的影响而产生跌落，发生水高差的变化。水由高处下落，受落水口、落水面构成的不同而呈现丰富的下落形式，如线落等 | 喷泉是由压力水通过喷头而形成。水流受压后，以一定的速度、角度、方向喷出的一种水景形式，呈现出动态的，具有强烈情感的特征 |

图 8-42　长沙巴溪州中央公园

## 8.4.2　绿地水体空间设计原则

绿地水体在城市公共空间中承担了大部分的生态涵养、景观观赏、空间游憩的作用，其在空间组织中发挥着重要作用，设计中应遵循以下原则：

1. 生态性原则

要求景观植物在系统中的生态作用得到充分发挥。根据植物的生态特征、生活习性以及四季变化等因素，在已有的空间资源内将植物合理配置，形成多层次、多结构、多功能的稳定的植物群落。这样的绿色景观对气候的调节、风沙的防固、空气的净化、水源的涵养、土壤的改良以及噪声的吸降发挥着不可替代的作用，见图 8-42。

图 8-43　长沙巴溪州中央公园

2. 多样性原则

物种越多样，城市绿地植物群落对环境的适应和自我调整能力就越强。应尽可能配置丰富的植物种群，增强绿地整体的抗干扰能力，维护生态系统的健康。设计应注意使植物在每个季节可以有差异变化，应针对植被的形态特征，调整疏密关系及轮廓线变化等，形成丰富多样的植物景观，见图 8-43。

图 8-44　曼尼托巴广场景观

3. 在地性原则

绿化水体设计应以场所的自然过程为依据，这些自然过程包括阳光、地形、风水、土壤、植被及能量等，将这些因素结合到设计中，从而维护绿地水体空间的健康运行。同时兼顾风俗习惯、宗教信仰、文化认知等不同地域特性对绿地水体的思考，发挥绿地水体的场所性特征，见图 8-44。

4. 功能性原则

城市绿地设计应满足公众游览、休闲、游戏、健身和娱乐等功能需求。根据不同的功能需求划分场地的尺度、形状和私密程度，辅以不同的设计手法，使之适用于各种活动。如对于居住区绿地中的儿童活动区域，应结合儿童的心理特点，色彩应鲜艳，空间应开敞，体现轻松、欢快的景观气氛；并应兼顾看护家长和老人的需求，在活动区域的周围设置一定数量的花坛、座椅和可遮阳的树木，供休息之用，见图 8-45。

图 8-45　泰国北标府 mittraphao 高速路旁开放型城市公园

5. 经济性原则

城市绿地必须同时具有经济性，以最少的人力、物力、财力和土地的投入收获最大的生态效益和社会效益。设计要充分利用现状地貌与植被，坚持以“适应本地生长的乡土树种为主，引进外来树种为辅”的原则，制定合理的乔、灌、花、草比例，以体现植物的观赏、生态和经济价值。

### 8.4.3 绿地水体空间系统设计

绿地水体空间的设计跨度较大，既有大型城市公园，也涉及小型的独立绿地，应建立设计的基本流程，包括功能定位、空间定形和环境细化三个层次。

1. 功能定位

绿地水体空间的功能定位需要遵循城市整体层面的绿地系统布局，结合绿地水体空间所处的地理位置、规模大小、服务对象等，确定绿地水体类型以及主体功能属性。如不同类型的市级公园、区级公园、社区公园等。在城市地块中，绿地水体需要结合整体地块属性的人群活动需求、景观特征确定合适的功能定位。

2. 空间定形

绿地水体空间作为较独立的公共空间，其空间形态设计应从形态构成、空间组织和景观序列等方面入手。首先，明确整体空间形态，包括自由式、规则式和混合式；其次，确定出入口位置、停车场位置、功能布局和交通组织方式；再次，充分利用地形和植物配置，形成良好的景观序列关系。

3. 环境细化

绿地水体空间根据不同的分区特征，确定绿化、水体以及地面铺装等环境要素设计。种植设计是绿地设计的主要内容，因此合理的种植设计是绿地空间设计的首要内容。从平面布局上，可以分为规则式布局和自由式布局两类，见图 8-46；从垂直空间上，种植可以划分空间、形成边界并引导空间，见图 8-47。

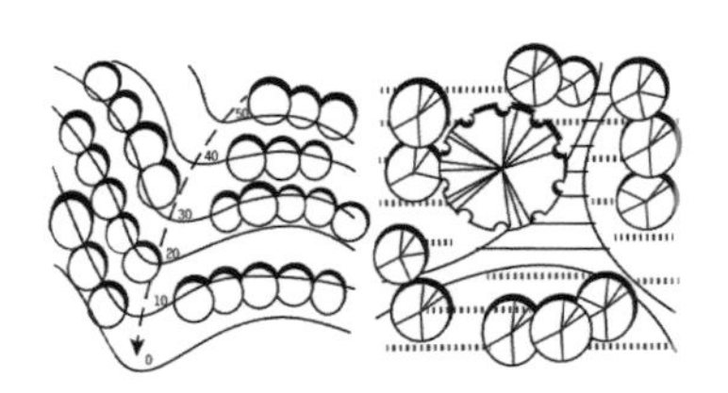

图 8-46　绿化植被的平面设计

首先，绿化植被设计应考虑植物对于场地空间格局的影响。其次，配植树木的大小、高低应与所在环境的尺度及空间层次相宜。再次，注意结合当前地段的特点进行配置，城市中心区域通常被大面积建筑和道路所覆盖，区域小气候比郊区气温高，噪声、粉尘、烟雾等危害较大，合理选择具有降噪、吸尘、净化空气

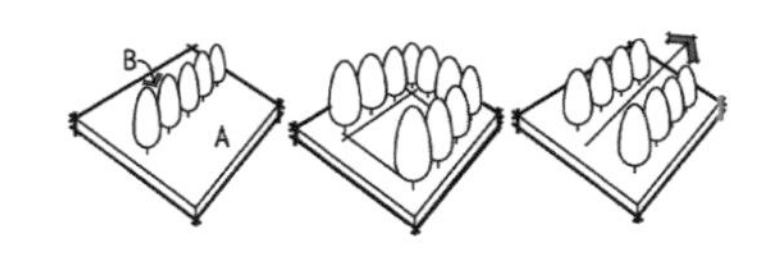


图 8-47　绿化植被的垂直界面设计

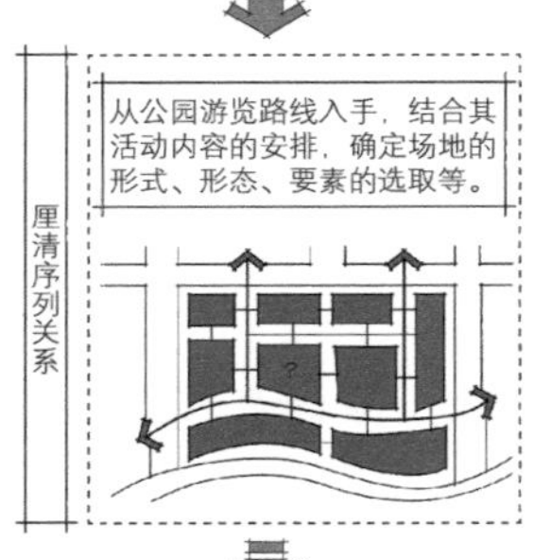


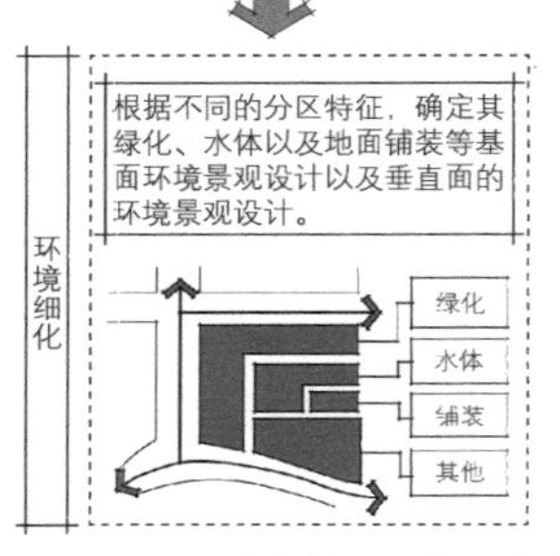


图 8-48　绿地水体空间的设计步骤

作用的植物能够适当缓解城市中心区域的环境压力。最后，应考虑植物本身物理特征、季相变化、文化内涵等，了解当地植物的特性，如植物的尺度、形态、色彩、类型、生态习性和栽培方式等。绿地水体空间系统设计的步骤、内容和图解，见图 8-48。

### 8.4.4　绿地空间设计

结合城市绿地点、线、面三种不同类型，分别介绍其设计方法。面状绿地设计包括形态构成、空间组织和边界处理三个方面；线状绿地设计包括功能和形式两方面；点状绿地设计包括独立街头绿地和附属建筑的绿地两方面。

1. 面状绿地设计

面状绿地以公园绿地为主，其整体布局形态是由多种因素形成的，不同的自然条件、设计理念与公共中心类型都影响着整体的格局。从形态来看，可以分成自由式、几何式以及混合式，见表 8-10。城市公园绿地设计的目的之一是营造向公众开放且适宜于游憩等活动开展的场所。任何一处公园绿地都是一个综合体，具有多种功能，面向各种不同使用者。这些各不相同的功能和人群需要各自适合的空间和设施，必然需要将公园绿地进行一定的分区和序列组织。

（1）分区

公园分区规划首先明确其在城市空间中的角色，使之成为片区的有机构成；其

表 8-10　面状绿地整体形态设计

| 类型 | 特点 | 图示 | 要点 |
| --- | --- | --- | --- |
| 自由式 | 自由式公园绿地能够有效的调节以几何型为主要特征的城市中心整体空间氛围，营造亲切、活泼自然的活动空间，增强公共中心的宜人性 | | · 广场、道路、建筑等多以活泼多变为特点；<br>· 地形、水体处理也以自由曲线为主；<br>· 植物配置避免成行成排栽植，树木不修剪，配植采用孤植、丛植、群植、密林等方式；<br>· 避免对称布局，易于形成富有层次感和趣味性的空间 |
| 几何式 | 几何式公园绿地与城市片区有很高的匹配度，能够强化片区的空间秩序，塑造鲜明的空间形象 | | · 在公园平面中设计主轴线及若干次轴线等，广场、建筑均依轴线布局，遵循理性法则；<br>· 常运用大量的绿篱、丛林划分或组织带，有时布置成大规模的花坛群；<br>· 树木配植以等距离行列式、对称式为主，树木修剪整齐，常模拟建筑形体、动物造型或单纯的几何形体，常设计绿篱、绿墙、绿门、绿柱类的景观小品 |
| 混合式 | 混合式绿地具有更强的适应性，可以适应城市公共中心的设计理念和空间类型进行适当的选择，形成相得益彰的空间方案 | | · 设计不应拘泥于某种固定的形式，因地制宜采取适当的策略和设计手法；<br>· 混合型公园绿地完全是融合自由式和几何式两类的设计手法，只是在两者的比例上要注意最好有主次差别，以免布局显得混乱 |

次是根据功能设定进行整体规划，按照所要开展的活动项目和服务对象，即儿童、年轻人、老人等不同年龄人群的游园需求与行为特征进行规划。同时，根据公园所在地的自然条件如地形、土壤状况、水体、原有植物、已存在的建筑物或历史古迹、文物情况，尽可能地“因地、因时、因物”而“制宜”，并结合各功能分区本身的特殊要求，以及各区之间的相互关系、公园与周围环境之间的关系来进行通盘考虑，见表 8-11。

表 8-11　公园分区特征和要素构成

| 分区 | 功能与特征 | 要素构成 |
| --- | --- | --- |
| 出入口区 | 公园的形象界面，人群集散的场地 | 公园大门、停车场、管理用房、休息设施、标识设施等 |
| 文化娱乐区 | 公园中的闹区，分区建筑比较多，包括俱乐部、影视中心、音乐厅、展览馆、露天剧场、溜冰场和其他一些室内及室外活动场地等 | 活动场地、硬质铺装、休息设施、标示设施、照明设施等 |
| 观赏游览区 | 分区性质最接近传统园林，公园中观察游览区最好有较大面积，往往选择山水景观优美地域，结合历史文物、名胜，强调自然景观和造景手段 | 水体要素、植被要素、园路、景墙、铺装、雕塑、休息设施、标示设施、游戏设施、照明设施等 |
| 休息区 | 休息区一般选择具有一定起伏地形或水体旁边，要求原有树木茂盛，绿草如茵，可在公园多处设置。休息区提供给游人的活动项目以静态为主 | 水体要素、植被要素、休息设施、标识设施、游戏设施、照明设施等 |
| 儿童活动区 | 专为儿童服务的活动场地，其活动性质多以运动为主，有专业厂家生产和设计配套设施 | 儿童游戏器材、沙坑、水面、健身设施、休息设施等 |
| 管理区 | 管理区是功能性区域，通常会有办公楼、车库、食堂、宿舍、仓库等办公、服务建筑，也有花圃、苗圃、生产温室等生产性建筑与构筑物 | 铺装、绿化、照明等 |

（2）序列

在公园绿地设计中，避免在游线上设置一系列的相似空间，应突出步移景异的空间效果。利用地面的高差、植物配置、景墙设置等界定空间。景区与线路的关联设计是产生良好序列的主要因素，序列可以被定义为一系列连续可感知的因素，能够带给人们丰富的体验。

空间序列可以是随意的，也可以是特意组织的，它可以是刻意营造的漫不经心，也可以为了某种目的而设计得高度条理化，见图 8-49。精心构思的序列是一种极为

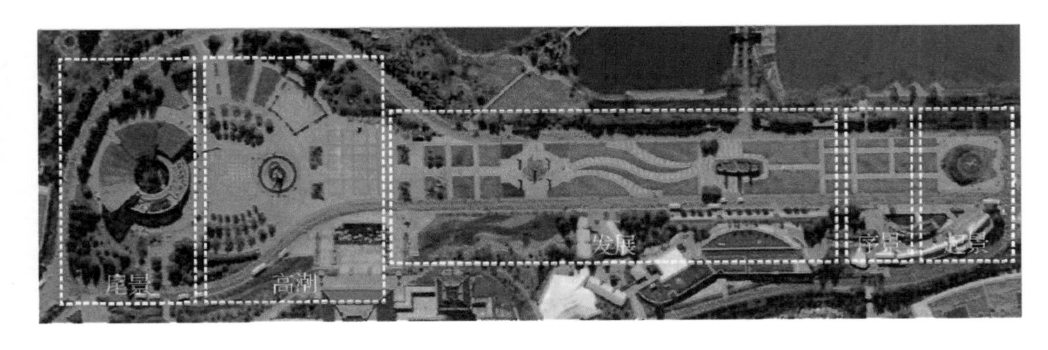


图 8-49　三段式空间序列实例

三段式：①序景—起景—发展—转折—②高潮—③转折—收缩—结景—尾景

图 8-50　显性边界

图 8-51　隐性边界

有效的设计手段，它能激发运动、指示方向、创造节奏、渲染情绪、展现或“诠释”空间中的某个或一系列实体，建立整体的环境意象。

（3）边界处理

边界空间是指绿地与城市空间的交接空间，既有限定空间的作用，也能够形成区域的心理边界。在现代城市中，城市绿地具有公共性，基本都是免费向公众开放的。但是这些空间仍然需要保护自身不因过度使用而被破坏，所以边界也就必须承担相应的分隔作用。边界在对空间进行划分的同时，也对游人的视线、观赏序列和公众行为进行相应的引导。边界的设计直接影响人们使用空间的方式，使得公共绿地成为相对独立的空间区域。

- 显性边界

设计中常见的显性边界是绿篱、矮墙、台阶等。绿篱和树丛的设置一方面起着绿化作用，另一方面分隔空间，营造空间气氛，形成较为私密的领域。椅凳的布置也都可以以绿篱为依托，特别是以较高的绿篱或树丛为依托，形成安全私密的空间。另外还可以采用其他手段形成边界的变化效果，如利用高差、色彩、质地分隔两个空间，景观要素的色彩在很大程度上影响到整体环境的空间品质。在其运用过程中要把握变化与统一相结合的原则，统一使空间更具完整性，产生适度均衡的效果，见图 8-50。

- 隐性边界

在城市片区的面状绿地与城市中其他区域绿地有所差异，其布局往往与其他类型的用地空间相结合，因此在边界处理上将其弱化，而成为街道空间、广场空间、建筑空间等的延伸，没有特定的空间处理。通过绿化量的增加、绿化形式的变化来构成隐性的心理暗示，见图 8-51。

2. 线状绿地设计

城市线状绿地特指沿着道路所形成的绿地景观，道路骨架系统是这一绿地形式设计的重要依据。按照空间特征分为：主干路绿地、次干路绿地、支路绿地，见表 8-12。按照功能特征分为：交通型、生活型、景观型。

表 8-12　不同空间类型的线状绿地设计

| 类型 | 主干路绿地 | 次干路绿地 | 支路绿地 |
| --- | --- | --- | --- |
| 作用 | 主要为机动车交通服务的街道空间，这里的线性空间主要作用是连接出行地和目的地 | 为机动车、非机动、行人等多种交通方式并行的街道空间提供服务，进行多种交通空间的划分，营造亲切宜人的环境 | 为以步行为主的街道空间提供服务。是城市景观形象的重要载体 |
| 设计要点 | 利用对称的形式突出线性空间关系。在道路交叉口周围需考虑绿化景观对于行车视距的影响，适当降低或者减少绿化 | 可以结合自行车和步行空间进行绿化环境的设计，需要注意步行系统的连续性，不要被道路冲断，也要考虑两侧建筑对行人的影响 | 需要根据周边用地及空间进行综合考虑，一般情况下由于道路红线的限制，较少采用连续的绿地环境设计 |

3. 点状绿地设计

点状绿地在城市空间中往往作为活跃街道空间变化、丰富建筑空间组织的重要空间节点，在改善局部环境、增强空间辨识度方面具有重要作用。点状绿地按空间类型分为道路附属绿地和建筑周边绿地，按布局方式分为围合式和半围合式，见表8-13。

表 8-13 点状绿地设计

| 类型 | 按空间类型分 | | 按布局方式分 | |
|---|---|---|---|---|
| | 道路附属点状绿地 | 建筑周边点状绿地 | 完全围合式 | 半围合式 |
| 特点 | 位于街角空间，道路节点，空间转折点等区域。其主要功能在于为人们提供休憩和娱乐的场地，往往规模较小 | 依托建筑单体或者群体进行布置的绿地空间。其主要功能在于烘托建筑形象，提示建筑入口空间，是公共外环境和建筑室内环境的过渡空间，在一定程度上兼顾人们的休闲需要 | 处于建筑群的中心，空间上完全被建筑包围。成为由建筑或者建筑群划分的半公共空间，空间设计具有较强的自身内部特征 | 周边没有完全被建筑包围，通常有至少一面面向城市开放空间。是外部公共空间的重要组成部分，应适当考虑其与周边环境的关联 |

点状绿地的规模不大，其植物配置对景观效果的影响很大。种植树木的大小、数量、位置、组合关系应与所在场地的尺度及空间层次相适应，见表8-14。

表 8-14 植物常见配置形式

| 形式 | 布局特点 | 树种选择 | 形式 | 布局特点 | 树种选择 |
|---|---|---|---|---|---|
| 孤植 | | 树形整体高大；树冠开阔舒展；一般有特殊风采；宜选择花、果、叶观赏价值高的树种。如银杏、槭树 | 林植 | | 宜选择乔木，树冠开阔，树形规则统一，能产生整体的景观空间意向，常选择一些具有独特花、果、叶观赏效果的树木 |
| 对植 | | 宜采用乔木，一般采用同一树种，并注重树木的形状和体量 | 列植 | | 可采用同一树种，但考虑到冬、夏的变化，也可以用两种以上的间栽。可选用常绿树与落叶树 |
| 丛植 | | 可选用两种以上的乔木搭配栽植或乔灌木混合配置，庇荫用的树丛通常采用树种相同，树冠开展的高大乔木 | 环植 | | 多选用灌木和小乔木，形体上要求规整并耐修剪。树木种类可以单一，亦可两种以上间栽 |
| 群植 | | 树种的色调、层次要丰富多彩。树冠线要清晰而又富于变化 | 篱植 | | 树种对环境应具有较强的适应性，叶形小，枝叶密集，萌发力强，耐修剪；应具有开花结果或针刺的特性 |

### 8.4.5 水体空间设计

水体形态多样，动态与静态，规则与曲折。根据空间所要表现的主题氛围，把握水体空间的尺度。外向性的空间，水体空间尺度可大；内聚性的空间，水体空间尺度可小，但要宜人。根据设计风格，可以在空间表达中加入水的要素，并且利用水的多样性，增加空间的可持续性与意象性。如利用静水拓展空间，用流水联系分割空间，用叠水加强空间氛围。

水体与建筑、绿地、驳岸结合共同构成水体空间，包含水域空间、沿岸空间、近水空间等。水体与其他造景元素结合，共同构成景观空间。水体与建筑结合，可以体现建筑特色；与植物结合，可以营造空间氛围；也可以在水体周围运用驳岸，搭配植物、小型建筑来烘托水景。沿岸空间是水体空间设计的重点，存在于海滨区域、城市河道或公园景观水面中。沿岸空间设计主要指水陆之间的景观界面设计，其设计手法可以大致划分为以下几种空间类型，见表 8-15。

表 8-15 水体沿岸空间设计手法

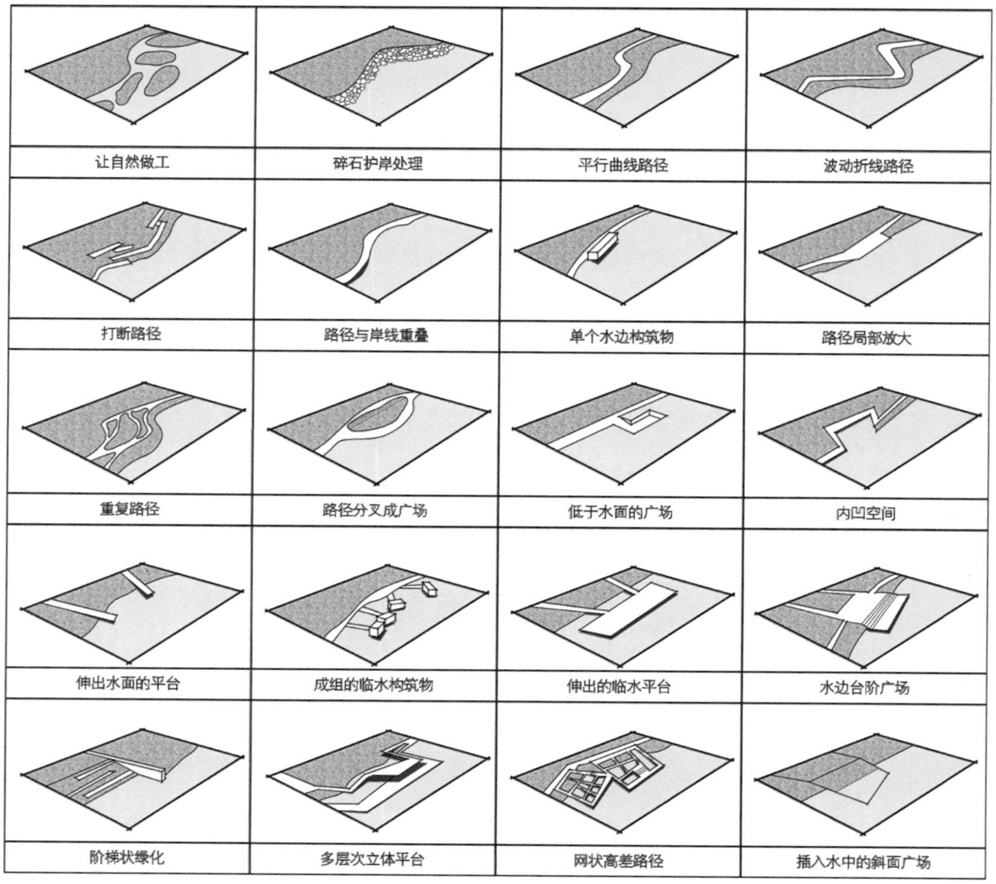

| | | | |
|---|---|---|---|
| 让自然做工 | 碎石护岸处理 | 平行曲线路径 | 波动折线路径 |
| 打断路径 | 路径与岸线重叠 | 单个水边构筑物 | 路径局部放大 |
| 重复路径 | 路径分叉成广场 | 低于水面的广场 | 内凹空间 |
| 伸出水面的平台 | 成组的临水构筑物 | 伸出的临水平台 | 水边台阶广场 |
| 阶梯状绿化 | 多层次立体平台 | 网状高差路径 | 插入水中的斜面广场 |

## 8.5 环境设施

环境设施作为组成城市人居整体环境的基本要素之一，它距离人们最近，与人们的生活关系也最为密切，可以说市民的所有户外活动都离不开环境设施的参与。一处小小的设施在点缀城市环境、美化城市空间方面也有意想不到的效果。另外，形态优美、色彩雅致的环境设施往往会成为公共空间的视觉中心、起到画龙点睛的作用。所以道路、广场、公园以及社区等公共空间中的各种设施往往要配合适当的地点，反映特定功能的需求。交通标志、行人护栏、公共艺术、照明灯具以及广告牌等设施应进行整体设计，体现良好的景致。公共空间中供人休憩的座椅以及划分人车界限的栏杆、界石、路标和装饰环境的花池、花镜、树池等设计要综合考虑所处环境的特点，彰显环境的特色。

### 8.5.1 环境设施的概念与类型

“环境设施”这一词条产生于英国，直译为“街道的家具”。在欧洲，称其为“城市元素”。在日本，被理解为“步行者道路的家具”或者“道的装置”，也称“街具”。在我国，可以理解为“环境设施”，也称为“城市环境设施”。

多种多样的环境设施有力地支持着人们的室外生活，如作为信息装置的标识牌和广告塔等；交通系统的公共汽车候车厅、人行天桥等；为了创造生态环境而设置的花坛、喷泉等。在城市街道、公园、商业开发区、地铁站、广场、游乐场等公共场所设置各种环境设施，有利于提高生活便利性，并彰显城市的现代气息。

当然，仅仅把环境设施作为城市必备的“硬件”来处理是远远不够的。现代环境设施是一个综合的、整体的、有机的概念。通过系统地分析、处理，整体地把握人、环境、环境设施的关系，才能形成环境最优化的设施构成系统。

现代社会的生活丰富多样，促进了多样化环境设施的出现。环境设施一般可从三方面来分类，即从使用方面，管理经营方面，生产制作方面进行分类。根据我国的具体情况，参考公共景观规划设计、环境艺术设计、工业设计、视觉传达设计及数字设计等专业，依据基础环境设施设计的概念，结合环境设施的各要素而组成的系列性体系，可大致将环境设施分为六大类，见表8-16。

表8-16 环境设施的类型

| 类型 | 分项 |
| --- | --- |
| 信息交流类设施 | 环境标识、广告招牌、信息设施等 |
| 公共卫生类设施 | 垃圾箱、饮水装置、公共厕所等 |
| 休闲娱乐类设施 | 街头座椅、游乐与健身设施等 |
| 交通安全类设施 | 照明灯具、公交候车亭、自行车停放架、限制设施等 |
| 公共艺术类设施 | 雕塑、壁画、水景、花池等 |
| 无障碍类设施 | 无障碍道路、设施、标识等 |

图 8-52 服从整体

图 8-53 取其特色

图 8-54 立其意境

图 8-55 比例适度

图 8-56 巧其点缀

图 8-57 寻求对比

### 8.5.2 环境设施设计原则

环境设施作为外部空间营造的重要功能要素，在具体设计时应遵循以下原则。

1. 服从整体

环境设施应与其所处的空间环境和谐统一，避免与环境中其他要素在形式、风格、色彩上冲突。结合所处环境特征确定设施的形式、内容、尺寸、规模、位置、色彩、肌理等方面的选择及方式。无论是小设施还是大设施，虽各有特性，但彼此之间应相互作用，相互依赖，将个性纳入共性的框架之中，体现出统一的特质，见图 8-52。

2. 取其特色

公共环境设施的设计应具有其独特的可识别性。因其功能上的差异性，在设计之初各类设施的特点要分明，才能保证公共设施使用的高效。一个城市的公共环境设施能表现最基本的城市居民生活习惯，因此，在设计的时候要考虑到此城、此地、此景的空间在地性，切忌千城一面的工业化流线生产，见图 8-53。

3. 立其意境

引入环境设施形成意境美，使其不仅在功能上满足人们对产品的使用需求，同时也在精神层面有所表达。通过材料、造型、色彩等外部形式来表达设施的内涵美，使其具有一定的审美价值，见图 8-54。

4. 比例适度

把握环境设施个体的形态结构与整体空间环境的主从、对比关系等，使环境设施具有良好的比例和尺度。着重考虑人使用的合理性，提高环境设施的使用效率。在符合人使用比例协调的前提下，注重色彩、材质的比例调和，结合施工过程中的各种技术要求，形成使用舒适、造型新颖、具有艺术美感的公共环境设施作品，见图 8-55。

5. 巧其点缀

环境设施大多以点状分布于街道，中心广场处，对于公共环境起到了一定的整合与点缀美化的作用。在设计时，对设施之间的位置距离、主题要素、尺度比例等着以重视，把握环境设施中细节与细节的呼应关系，整体与局部的框架关系，见图 8-56。

6. 寻求对比

通过大小、方向、虚实、高低、宽窄、长短、凹凸、曲直、多少、厚薄、动静以及奇偶等对比手法突出其本身的特征和内涵；设施与环境在要素、尺度、或虚实等方面运用对比的手法，使设施呈现出更加整体性、特色化的空间特点，图 8-57。

### 8.5.3　环境设施设计要素

环境设施设计是将形态、功能、材质以及成本几大要素组合在一起来指导其设计、开发和生产过程的。

1. 形态要素

环境设施的形态要素分为两大部分。首先是造型要素，即点、线、体的组合方式。“点”作为建构环境设施的基本要素，在布局方式上以个体设施为单位进行点缀，从而形成一种聚散开合、疏密有致的视觉效果；“线”在环境设施中的应用一方面是作为座椅、路灯、护栏以及景观构筑物等设施的基本构成要素，另一方面是线性的布局，如线形行道树、绿篱、景观小品等构成了公共空间特有的景观形态。“体”在环境设施的应用也体现在两方面，一是由面围合而成的封闭或半封闭空间，如报亭等，二是通过封闭实体的连续延展，形成具有面特征的设施。其次是色彩要素，即色彩的要素与意象。色彩与形态的关系非常密切。在设计中，通常利用色彩增强环境设施形态的表现力，同时对整体环境起到烘托作用。在运用色彩时，需要对不同地区的民族文化等因素有所认识，结合色彩心理学的相关知识，综合考虑色彩在造型中的调配。

2. 功能要素

城市环境设施的功能要素包括四个方面：使用功能、环境意象功能、装饰功能和附属功能。功能设计主要着力于研究公共空间、城市环境和人群行为之间的相互关系，突出对使用者细致入微的关怀和对城市性格的表现，着眼于场所的营造。究其目的可以分为三个层次。第一，满足人们城市公共活动的基本需求，第二，构筑一个更符合现代人意愿的公共生活环境，第三，创造人与人、人与物、物与物之间的交流媒介。宜人的环境设施，对于提高综合空间整体使用效率、增加视觉动感功效、丰富环境语言和增加时代人文气息，具有不可替代的作用。

3. 材料要素

环境设施所用的材料十分丰富，大体分为金属材料、无机非金属材料、复合材料、自然材料、高分子材料等。正确、合理、艺术地选用材料是环境设施设计的关键。材料的选择应考虑以下因素：满足设计实体的功能；适应环境的需要；符合工艺加工的技术条件；不同等级的设计应选择不同档次材料；同等条件下，尽可能选用价格低的材料，降低成本。当然，对于环境设施设计而言，如果都使用超高级材料，那么无论从材料性能、经济价值而论，都是难以适应的。如休息座椅不论是使用木材或铝板，都可以拥有相同的机能，其差别只在承受重量的多少、耐用时间的长短、成本的高低等方面。

### 8.5.4 不同类别的环境设施设计

环境设施设计是一项复杂且涉及内容较广的工作，为了使设计师对环境设施设计有一个更加清晰的概念，下面将从各类环境设施设计的相关要点逐一进行阐释，见表 8-17。

表 8-17 环境设施的类别与设计要点

| 设施 | 类别 | 概念 | 设计要点 |
| --- | --- | --- | --- |
| 信息交流类 | 环境标识 | 是城市环境信息的重要媒介，传达有助于理解环境和行动的信息手段 | · 信息量宜少而精，不宜多而杂；<br>· 环境信息的图形符号尽量采用通用性和标准化的形式；<br>· 巧妙运用色彩带给人的心理影响 |
| | 广告招牌 | 人们获取各种生活信息和商品资料的设施 | · 充分考虑与建筑物的结合方式；<br>· 尺度大小与依托的店面和公共空间的尺度大小为设计依据；<br>· 设计户外广告尽量采用耐腐蚀的材质和坚固的结构形式 |
| | 信息设施 | 设置于公共空间、为人们提供信息和资讯的设备 | · 色彩、造型考虑所在地区环境、功能需要，做到艺术与科技的结合；<br>· 设施放置的位置必须醒目、易达，且不能对行人交通和景观环境造成妨碍；<br>· 用材应经久耐用，不易破损，方便维修 |
| 公共卫生类 | 垃圾箱 | 收集垃圾和日常生活废弃物的设施 | · 应从规划、设计、使用以及维护管理等方面考虑；<br>· 力求使垃圾箱具备活力性、感觉性、适合性以及管理性等四种性能；<br>· 考虑后续垃圾处理和清洁的方便性 |
| | 饮水装置 | 为人们提供饮水或盥洗之用的设备 | · 考虑饮水设施设置的合理性，应与购物以及休息设施相结合；<br>· 考虑饮水设施尺度的合理性，必须符合人的基本尺度；<br>· 考虑饮水设施的艺术性，力求与公共艺术结合 |
| | 公共厕所 | 是城市环境中必不可少的设施之一 | · 注重适用、卫生、经济、方便等，在造型上力求与所处环境融合；<br>· 建设数量由设置场所的人流活动频率以及密集程度来确定 |
| 休闲娱乐类 | 街头座椅 | 是各类场所给人提供休息的重要设施之一，同时也是重要的装饰景观 | · 按照人体工程学的设计规范，通常设计座高 40cm，座宽 40～45cm，靠背倾角 100°～110°；<br>· 在材料选择上，要求防水、坚固耐用，适合工业化生产，不污染环境；<br>· 在坐具位置的安放上，注意人与人之间的距离，尽可能使坐具远离行人，避免坐者受到车行道上尾气、噪声、灰尘的影响；<br>· 采用共用的手法，将坐具与其他设备进行集约化设计，缩小占地面积，增加设施间的共用性 |
| | 游乐设施 | 供青少年儿童使用的健身、游戏设备 | · 安全性是游乐设施的第一要务；<br>· 它的形态、结构以及色彩必须适应儿童的生理和心理需求；<br>· 不宜脱离社区设置在远离居住区的公园和广场上 |
| | 健身设施 | 设置在社区、公园或广场中的体育健身器材 | · 从外形、结构、负荷力、稳定性、设施安装等方面确保安全性 |

续表

| 设施 | 类型 | 概念 | 设计要点 |
| --- | --- | --- | --- |
| 交通安全类 | 照明设施 | 为公众提供基本的照明，渲染环境氛围，装饰与美化环境的设施 | · 需要考虑光线的投射角度，以免对场地之外的环境造成光污染；<br>· 明确灯杆安装的位置、高度和间距以及灯具最大光强的投射方向；<br>· 装饰性灯具要求具有较高的艺术性和美学性，造型独特、线条优美、制作精良 |
| | 公交候车亭 | 作为公交停靠点以及乘客候车、换车的设施 | · 在设计时需要选择合理的空间位置，根据具体环境设置站台的大小、高度，保证车站可容纳适当的人数和车辆；<br>· 设计公交站牌时要考虑站牌的高度，宽度以及站牌上字体的颜色和大小；<br>· 合理安排座椅、靠板数量、尺寸以及摆放位置，尤其是针对老弱病残孕等人群；<br>· 在道路上设置候车亭时，上下行对称的站点宜在道路平面上错开布置 |
| | 自行车存放架 | 自行车存放设施 | · 在满足停放功能的同时，亦要注重他的美观性和艺术性，使其成为集功能与艺术于一体的城市公共艺术品 |
| | 限制设施 | 城市中用以阻拦、隔离、规范或引导行人、车辆有序行驶的设施 | · 要能够经受冲击；<br>· 其高宽比应给人以粗壮、牢固之感，造型要有特色；<br>· 设置间距和布阵形态需反应场所空间的特点以及阻拦或引导要求 |
| 公共艺术类 | 雕塑 | 展示城市形象的名片，把整个城市的个性和特色充分阐扬出来，引起人们的关注和记忆 | · 风格和手法要注意所设置区域的特征；<br>· 题材和形式要体现场所精神；<br>· 雕塑的造型、体量或色彩与整体环境相呼应 |
| | 壁饰 | 提升城市品质的装饰物 | · 能够对依附建筑起到烘托和美化作用；<br>· 内容、形式要和建筑的特征和使用功能相一致 |
| | 水景 | 是展示城市景观和环境魅力的主题设施 | · 要充分考虑喷水效果；<br>· 依据公共空间的面积，综合衡量水池的形态、大小、水深等因素；<br>· 精心选择、处理池底和护岸材料的质感、肌理和色彩 |
| 无障碍设施 | 儿童 | 为儿童提供活动场地的设施 | · 设置儿童活动器械应注意棱角的磨圆处理，沙坑四周竖围沿，防止雨水灌入；<br>· 在活动场所设置隔离设备，要考虑儿童心理，栅栏要通透，绿化不宜选择带刺的植物；<br>· 楼梯扶手高度，侧栏杆垂直装饰线之间的距离都应该专门设计 |
| | 老年及轮椅使用者 | 创造健全平等交流的空间环境 | · 为老年人提供适当规模的绿地及活动场所，设置健身器材、花架、阅报栏，避免烈日暴晒和风雨侵袭，标志应色彩明显、字号加大，方便辨认；<br>· 步行道路的高差处、入口处应有坡道，有扶手，台阶踏步宽度不少于 30cm，高度不大于 15cm，加设照明设备；<br>· 在公共场所为轮椅使用者提供专用车位，应设置在靠停车场出入口的位置上，与人行道衔接，设置国际通用标志 |
| | 弱视弱听人群 | 建立助听系统，设置盲道 | · 为聋哑人建立助听系统，在音响讯号上加上视觉讯号，并加大音量。强化符号和图像。提供文字电话（TDD）设备。提供传真；<br>· 为视力障碍者的步行设置盲道，尤其在道路交叉口要注意盲道的连续性。避免悬挂物体和突出物体等容易引起撞击的危险因素，使用盲文及有盲文的标志 |

## 课后思考

1. 城市主要的外部空间类型及设计原则是什么？
2. “街”与“路”的概念辨析及街道设计方法是什么？
3. 城市街道、广场、绿地空间设计的步骤、重点和操作方法是什么？
4. 环境设施设计的类别和设计要点是什么？

## 推荐阅读

1. [日]芦原义信. 外部空间设计[M]. 尹培桐译. 北京：中国建筑工业出版社，1985.
2. [德]罗易德，[德]伯拉德. 开放空间设计[M]. 罗娟等译. 北京：百花文艺出版社，2006.
3. [美]克莱尔·库珀·马库斯，[美]卡罗琳·弗朗西斯. 人性场所——城市开放空间设计导则[M]. 俞孔坚，王志芳，孙鹏等译. 北京：北京科学技术出版社，2020.
4. [丹麦]扬·盖尔，[丹麦]拉尔斯·基姆松. 公共空间·公共生活[M]. 汤羽扬等译. 北京：中国建筑工业出版社，2003.
5. [日]芦原义信. 街道的美学[M]. 尹培桐译. 南京：江苏凤凰文艺出版社，2017.
6. [美]阿兰·B·雅各布斯. 伟大的街道[M]. 王又佳，金秋野译. 北京：中国建筑工业出版社，2016.
7. 美国国家城市交通官员协会. 城市街道设计指南[M]. 南京：江苏凤凰科学技术出版社，2018.
8. [英]克利夫·芒福汀. 街道与广场[M]. 北京：中国建筑工业出版社，2004.
9. 蔡永洁. 城市广场[M]. 南京：东南大学出版社，2006.
10. 李卓，何靖泉，刘巍. 城市公共设施设计[M]. 武汉：华中科技大学出版社，2019.
11. 鲍诗度，王淮梁，孙明华. 城市家具系统设计[M]. 北京：中国建筑工业出版社，2006.

# 第9章

# 构思过程表达

设 计 成 果 的 图 示 呈 现

# 本章导读

## 01 本章知识点

- 城市设计的相关图纸内容；
- 城市设计表达的相关诉求；
- 分析图的基本分类、表达过程以及要素；
- 成果图纸的分类和表达重点；
- 城市设计导则内容与常见表达方式。

## 02 学习目标

在了解城市设计表达完整过程的基础上，理解图纸与设计的必要性关联，明确图纸表达的重点及表达的目标。

## 03 学习重点

了解分析图纸、成果图纸和设计导则在图纸表达时的特点和差异。

## 04 学习建议

- 本章内容是城市设计的成果呈现，是对城市设计中最重要内容和过程的图示总结，包括分析图纸、成果图纸与设计导则三部分内容。分析图纸呈现城市设计的全过程，包含设计基本情况的图纸描述，设计的思路形成与设计最终方案的解释；成果图纸是城市设计表达的核心，充分反映和介绍设计师的空间构想和空间结果，是城市设计方案的重要载体；设计导则内容关系到城市设计的控制和实现，反映城市设计最准确的空间诉求，只有了解了城市设计成果图示的方法才可能开展和完成完整具体的设计工作。
- 本章需要相关知识背景的拓展阅读，理解不同规模不同类型的城市设计，在成果内容和成果要求上的差异。
- 对本章“成果图示表达”的学习可以参考设计美学、视觉传达等的相关文章和读物，深刻理解视觉表征与设计内核、表达内容与阅读需求之间的关系，这是城市设计工作的最后一步也是，城市设计内容传播的开始。

## 9.1　分析图纸

图纸，是城市设计最传统、最直接的表达形式。设计师利用图纸完成“自我交际”——反思并精确的表达自我思想和“有效沟通”——将设计内容精准传递给设计受众。城市设计中，有一类图纸对具体对象和设计内容以一定的方式进行概括性表达，以便他人理解设计对象的具体情况和现实条件、设计者的设计思路和设计意图等，即分析图纸。在大量的设计行为中，分析图可为设计者表达设计的依据、原则；设计的方式、方法；设计的概念、内容；设计的动机、目的等许多方面。分析图作为形象化的思维结构为城市设计中的关键性设想提供了对象和视觉载体，促进了设计全过程、各阶段的思维交流与共享。分析根据其内容、设计风格、表达要求的不同呈现出不同的方式。

### 9.1.1　城市设计的分析内容

城市设计涉及的分析内容按照先后分为以下三阶段：发现问题阶段，即对设计地段现实条件认知和问题研判阶段；设计构思阶段，即方案目标策略选择和设计构思分析阶段；成果呈现阶段，即对设计成果的分析呈现阶段。这三个阶段具有时间性的关系，不同阶段的分析内容有其不同的特点。

1. 发现问题阶段

此阶段是对城市设计现场调查和资料分析阶段所涉及内容的收集、描述、辨析和总结阶段，包括背景陈述和问题总结两类图纸。首先是针对城市设计工作的开始，对项目所在基地的区位、地形、历史、文化等要素进行基本的描述分析。其次是对现状相关问题的总结描述，区分现状问题的主次关系，明确地段核心问题。

背景陈述类：主要包括以下四项，第一，区位因素。分析基地和其所在城市或区域的基本地理区位、周边状况等内容，包括宏观区位分析、中观区位分析、微观区位分析三方面。第二，环境因素。分析基地所在地的自然和人文要素，对环境要素的分析，帮助我们认识到一个城市区别于其他地区的根本特性，环境因素主要包括自然因素和人文因素两方面。第三，发展因素。分析影响城市和地段未来发展的最主要的经济和社会因素，包括由国家与社会发展计划、国土规划、区域规划从宏观角度上确定的城市性质（如政治中心、工业中心、科技中心等）、主要支柱产业（如石油城、商业城市、旅游城市等）、用地的规模、人口数量等，以及城市规划中所规定的中远期规划等内容，见图 9-1。此外高铁的通车、大型遗址公园的修建、城市举办的大型活动等重大城市变革也被划定为此类发展动力因素。第四，城市空间特质因素。针对城市设计最为关注的城市空间体系进行分析研究，包括平面、立面及三维空间构成等。

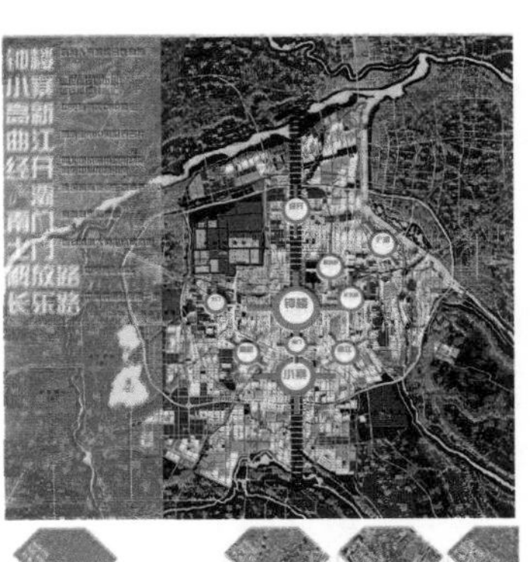


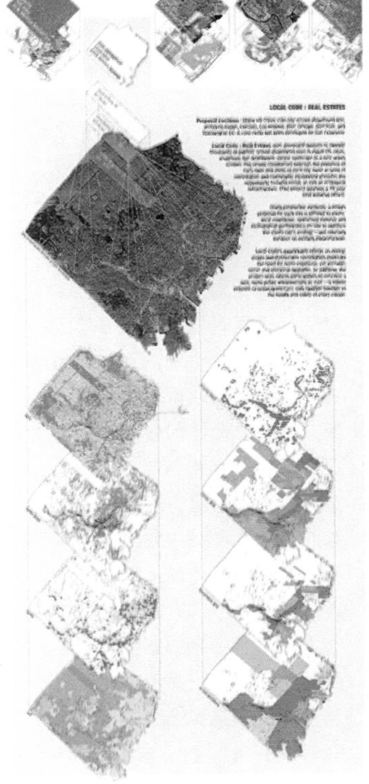


图 9-1　陈述阶段的分析图纸

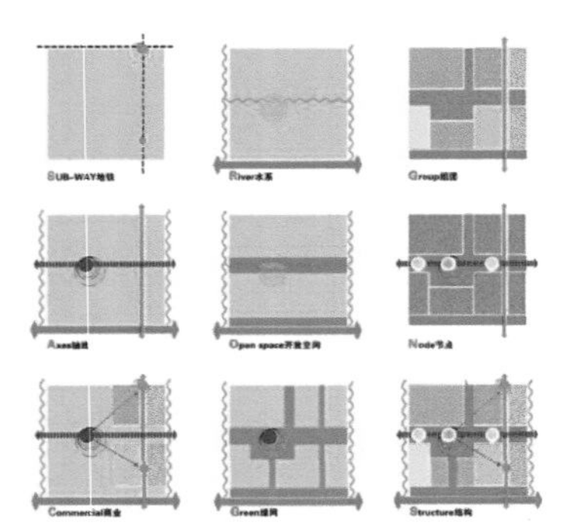

图 9-2　设计构思阶段的分析图纸

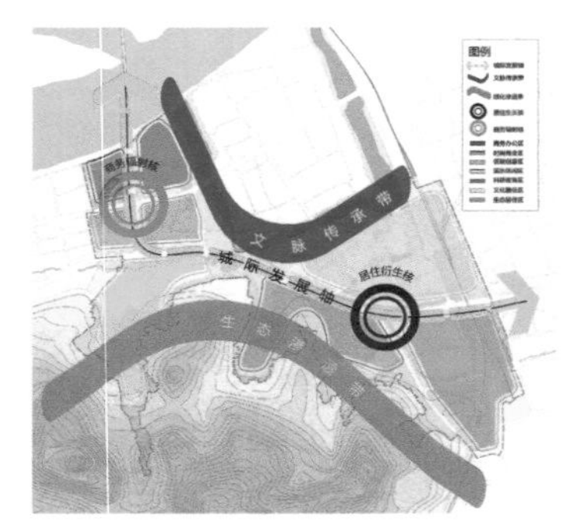

图 9-3　成果呈现阶段的分析图纸

问题总结类：针对背景陈述类图纸进行分类综合分析，提出相应问题，并区分问题的内外、因果、主次关系，一般主要以 SWOT 的方式呈现，包括机遇、挑战、优势、劣势。

2. 设计构思阶段

此阶段是提出目标概念并针对概念完成具体形态设计，推敲和选择方案，对城市空间体系进行建构的阶段。我们将此阶段分为两个方面：其一，是设计目标的确定，提出相关空间概念的过程；其二是对空间方案的生成过程。主要分析内容包括：

目标策略类：在对城市的背景空间特质进行分析并且得出相应结论之后，使用相应的空间意向图纸或文字内容对相应图纸进行表述。

方案生成类：开始提出的城市设计概念或判断结论总是具有不确定性和不完全性，需要设计者去不断地分析、构造、评价。由此又可能激发出新的设想、构思，直至设计最终完成。在此过程中的分析图不同于成果类的分析图，其使命是迅速高效完成信息的表达和交换，将思维过程纳入整个城市设计体系中，见图 9-2。

3. 成果呈现阶段

此阶段是针对城市设计方案结果进行成体系分析的阶段。不同层面的城市设计，其分析内容和深度也有所不同。主要分析内容包括：

第一，规划结构类：分析城市平面布局。包括设计空间结构的分析、平面分区布局、交通、景观的分析，是对方案整体结构的剖析和层级抽象。还包括相应子系统如慢行流线、景观视线、公共空间等的布局分析，对绿化植株、城市小品家具选定的意象分析等。图纸需反应设计整体和局部的关系、局部与局部的关系、重点与次重点的关系，见图 9-3。

第二，形态分析类：分析城市空间形态。包括对地块退线、入口，建筑群体的高度、密度等的控制分析，以及天际线、城市立面、剖面等，给出适宜建设的指标体系。

### 9.1.2　分析图的表达过程

城市设计分析图的绘制表达，必须同时完成以下两个过程，即内在过程和外在过程两个部分。内在过程即分析的内容，从认识、分析、提取、抽象进入表达；外在过程则是分析的图示语言，从事物、关系、要素、符号形成形象，见图 9-4。内在过程是动词化的过程，而外在过程是名词化的过程。具体包括以下四个环节。

设计认知环节：包括对图纸内容的认识和内容间各个要素关系的梳理。这个过程是城市设计的过程。不同的图纸涉及的表达内容皆不相同，认识图纸内容，理清关系是图纸清晰传达的前提条件。

分析图绘制的思维模式不是一个概念化、程式化的模式，其实它是一个复杂的由理论到实践的过程。它是把感性素材经过理性分析，或是把理性的概念和抽象的词义用感性元素替代，并转换成具体的某种信息，这是一种对思维的再选择和对实践的再创造过程。在培养设计师进行分析思维训练的过程中，人的思维是沿着“发散—集中—再发散—再集中”的顺序进行的，这种递转性的重复传输，使思维在运动中前进，同时不断地吸收、容纳新知识，直到最后产生一个表达的想法。

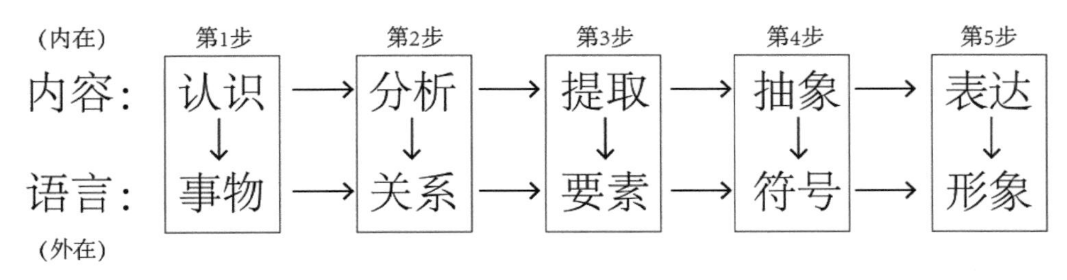

图 9-4 城市设计分析图的表达过程

元素提取环节：是将分析图中涉及的关系要素提取出来的过程，例如结构图被提取成分区元素、轴线元素、核心原点元素；绿化景观分析就被提取成景观带元素、景观节点元素。

符号选择环节：是将提取出的元素符号化的过程，选择合适的表达分析要素的符号，轴线用线表达、核心用点表达、分区用面表达。

视觉传播环节：是综合图纸表达的结构关系、符号选择、通过色彩要素的搭配，符号语言的修饰综合表达的过程。

图 9-5 影像地图作为分析图底

### 9.1.3 分析图的视觉形式与视觉结构

人的社会属性决定了我们不是孤立的个体，必须通过信息传播进行沟通互动。图形、图像、图式作为视觉媒介，不受地域、语言、文字障碍而获得人们的共识，是设计最直接、最便捷也是最广泛的传播途径。城市设计分析图纸表达的重点在于读图的过程——视觉认知，这种认知包含视觉形式（内容）与视觉结构（关系）两个层面。

1. 视觉形式

分析图纸视觉形式的重点在于图底、符号、色彩及其三者的综合。

图底：我们常见的分析底图主要包括影像地图、行政地图、城市设计平面图纸、城市设计三维图纸、现状照片等。其中影像地图和行政地图直接反映制图对象地理特征及空间分布，信息量巨大且多用于对基本信息的陈述，见图 9-5。现状照片真实直观，能够准确快捷地表现涉及地段及其周边的现实情况，多用于环境相关要素的分析。城市设计平面图纸和三维图纸直观反映设计方案的空间生成过程和空间结果，多为推敲阶段和成果阶段的分析底图。

符号：分析图中的符号表达并没有严格的符号模式，每个设计者都可以根据自己对方案的理解、创造和运用各种各样的符号语言，丰富分析图的传达效果。尽管形式灵活多变，同样存在大量达成共识的、能够表达城市设计特定含义的符号元素，方便设计者与他人交流。城市设计分析中常见的符号主要为以几何点、线、面为代表的图形符号，还包括色彩符号、文字符号等。这些符号既表达轴线、节点、区

“图底”是分析图展现的基础，它起到凸显图面、明确分析内容的作用，分析图的准确表达离不开对图底的选用和适当地处理；“符号”是分析图所展现的内容，是分析图认知的核心要素，它起到明确分析内涵的作用，符号元素的提取和组织是对设计方案的系统阐释和解读；“色彩”在分析图中不仅起到美的装饰作用，色彩本身也传达着城市设计的意义和内涵，在专业内，很多颜色具有特定的指示意义。

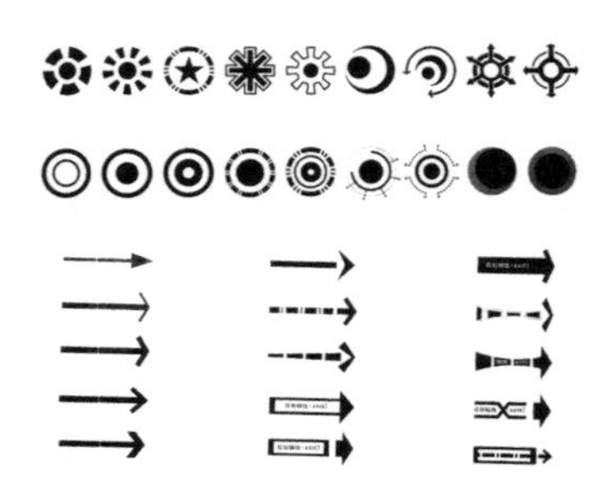

图 9-6　常见的空间符号

域、边界、道路等空间意义，也表达功能、行为、内涵等抽象的象征意义，见图 9-6、图 9-7。

色彩：是分析图纸具表现力的因素之一，大多数人都能从颜色表达中感到愉悦。对于分析图而言，色彩所表达的不仅是美学关系本身，而是其作为一种指代要素所指代的城市设计内容，具体地说，就是一些约定俗成的城市设计色彩认知，比如我们常常用黄色表示居住，绿色表示景观，红色表示商业等，见图 9-8。

2. 结构关系

分析图最重要的是对逻辑关系的梳理和表达。因此，图形符号的形状、线形、色彩等方面的处理首先需要明晰其形态逻辑，不能轻重不分、主次不清，否则会造成分析图表达重点不明确，图不达意等问题。绘制分析图时我们主要处理以下三种关系。

图 9-7　常见的象征符号

组合：组合就是要将分析图表达同一种类型内容的要素组合在同一个层级，包括点的组合方式、线的组合方式、面的组合方式。比如道路都是用线来表示，分区都是用面来表示，见图 9-9。

对比：对比的手法是为了突出分析图中最重要的元素，一方面，我们会将同一组合内的要素依据其重要性，通过大小、颜色、虚实、粗细的划分，区分同组合内的要素关系。另一方面，分析对象的复杂性决定了我们在处理分析图时会用到多种不同的元素，且这些元素间的关系是层层递进的。因此，为了让人们根据视觉要素自然的将阅读内容根据符号区分出层次，绘图者要在组合的基础上运用对比手法，区分不同内容的表达层次。按表达层次来划分，分析图中最重要的元素是点元素，然后依次是线元素、面元素、图底元素，见图 9-10。

图 9-8　文字与色彩符号共用

要做好分析图，应明确所要分析的内容是什么。是具体的客观存在对象，还是抽象的空间形态；是不同区域的相互关系，还是分析对象的服务半径；不同的分析对象的区别是什么，相互之间是类比还是对比。要得出正确的分析图，必须是在客观内容正确，主观设计合理的基础上获得的。只有这样，才能进行下一步，即用恰当的图解语言进行表达。

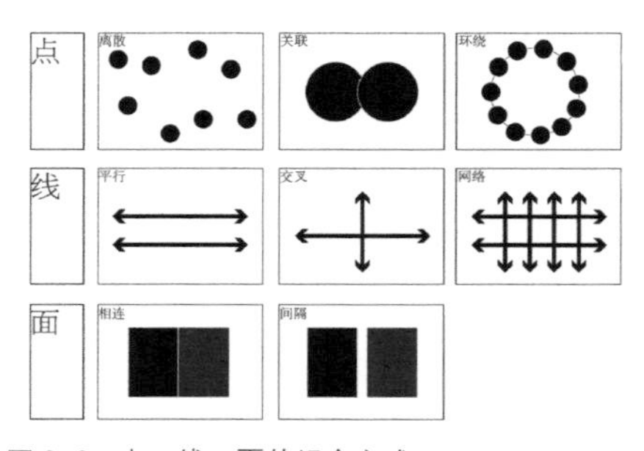


图 9-9　点、线、面的组合方式

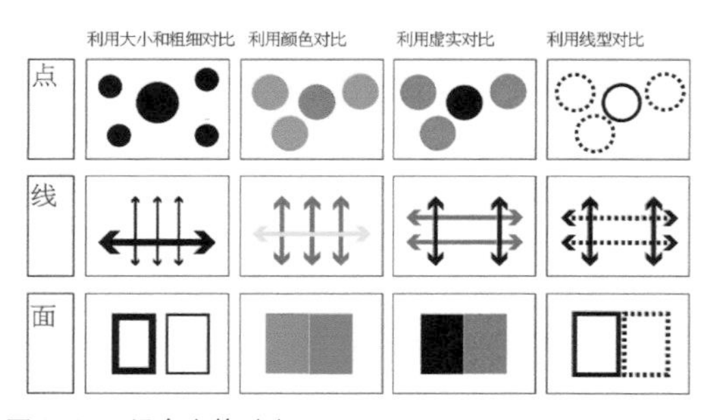


图 9-10　组合内的对比

修饰：符号的修饰是分析图中不可缺少的内容，除了本体符号的表达以外，修饰符号的作用也不能忽略，它是平衡活跃图面的重要手段，文字注释也是图面中不可缺少的元素，修饰的符号不可以做太多的复杂的处理，因为它们不是表达的重点，适当的处理会起到锦上添花的作用。

## 9.2　成果图纸

成果图纸是对前期设计过程及想法的整理、提炼和升华，需要高度的精准性、合理性、可读性与示范性，其表达目标在于，为多方利益主体提供一个可以共同交流、探讨设计方案的基本语境。对于城市设计而言，其成果图纸主要包括空间设计和非空间设计两部分内容，空间设计类成果涵盖与城市物质空间环境建构相关的多个维度，如建筑、场地、景观、道路设计等，综合表现出设计者在地段整体风貌管控、总体规划布局、重要节点塑造等方面的概念和意象。非空间设计类成果作为空间设计的必要补充，从制度设计、活动设计等软质层面体现城市设计的动态性、综合性、可持续性特征，不断拓展“设计”的内涵和范畴，创造性地应对城市发展建设过程中面临的多种问题。对城市设计成果的内容、形式、要点进行分类梳理，将有助于设计方案的全面、清晰表达。

### 9.2.1　空间设计成果表达

对于物质空间环境在整体风貌管控、总体规划布局、重要节点塑造等方面的综合考量是城市设计需要处理的主要内容，这些内容通过不同层级、不同维度的空间设计方案予以回应，并最终以不同类型的成果图示进行呈现。结合空间设计的具体指向，可将城市设计的成果图示划分为五种主要类型，即：空间布局类图示、系统规划类图示、风貌形象类图示、建筑空间类图示以及典型节点类图示，针对各类成果图示的表达内容、形式及要点进行梳理与总结。

1. 空间布局类图示

空间布局类图示用以阐述设计地块内所有建筑、道路、场地和环境的地理位置、平面形态及排布方式，是城市设计成果中针对“各类空间要素平面组织关系”进行表达的核心图纸，也是体现设计者对于地块内整体空间设计与地块周边环境关系处理的主要图纸，见图 9-11、表 9-1。

表 9-1　空间布局类图示的表达内容、形式及要点

| 图示类型 | 表达内容 | 表达形式 | 表达要点 |
|---|---|---|---|
| 空间布局类图示 | 准确表述设计地块内所有建筑、道路、场地和环境的地理位置、平面形态及排布组织关系，标注指北针、比例尺等阐明方位与尺度的基本参照信息，同时，适当表达设计地块周边建筑及环境布的局情况 | 总平面图 | 通过色彩留白、明暗对比、添加阴影等表达技巧强化建筑、道路、场地、环境的层次关系，避免要素之间混沌不清；通过文字标注或索引标注方式对核心空间的布局设计进行说明；通过色彩饱和度对比、表达深度区分等技巧体现设计地块内外的划分及关系 |

图 9-11　总平面图示例

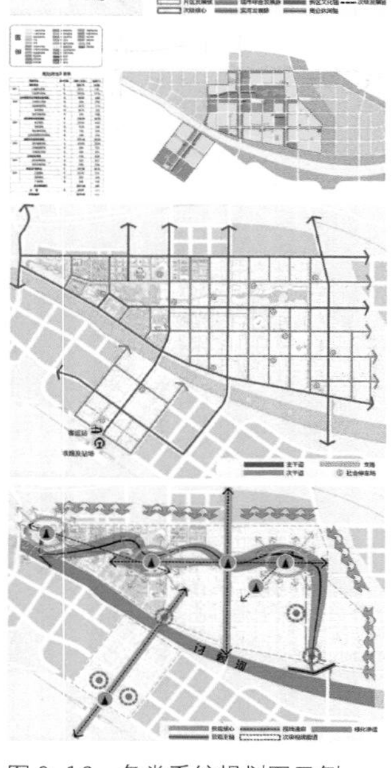

图 9-12　各类系统规划图示例

2. 系统规划类图示

系统规划类图示是对设计地块内各类空间系统要素及其组织方式的抽象、提取与凝练，通过点、线、面等图示语言的综合运用，直观、简要地表述城市设计中"自上而下的空间系统规划"结果，见图 9-12、表 9-2。

表 9-2　系统规划类图示的表达内容、形式及要点

| 图示类型 | 表达内容 | 表达形式 | 表达要点 |
|---|---|---|---|
| 系统规划类图示 | 对于设计地块内空间整体的"核、轴、架、区、带、网"等结构要素组织关系的呈现 | 总体规划结构图 | 通过颜色、线型区分及线、面结合等表达方式突出空间结构的核心要素，强化要素之间的层次关系 |
| | 明确表述设计地块内各类用地的产权边界及其排布组织关系，附图例及用地平衡表 | 土地利用规划图 | 根据《城市用地分类与规划建设用地标准》相关规定，准确标注各类用地颜色及代码 |
| | 明确表述设计地块内的城市主干道、次干道、支路、高速公路、快速路、立交、公交站点、地下通道入口等的布局组织关系 | 道路交通系统规划图 | 通过颜色和线型粗细的差异，区分不同级别的道路表达方式，借助圆圈、三角等符号标注公交站点、地铁入口、地下通道入口等与道路的位置关系 |
| | 对于设计地块内的景观轴线、核心节点以及各类绿地的分布组织关系进行呈现 | 绿地景观系统规划图 | 通过颜色、线型区分及点、线结合等表达方式突出景观系统的核心要素和层级关系 |
| | 对于设计地块内的不同层级的公园、广场、滨河廊道等开放空间的分布组织关系进行呈现 | 开放空间系统规划图 | 通过相似色相呈现同一类型中不同层级的开放空间，通过反差色相呈现不同类型的开放空间 |

3. 风貌形象类图示

作为城市设计成果中针对"地块整体外部形象"进行阐释的核心图纸，风貌形象类图示借助不同形式的效果图，表达设计者对于建筑群体及外部环境在三维形态、体量、色彩、质感、氛围等方面的综合意象，见图 9-13、表 9-3。

图 9-13　鸟瞰及轴测效果图示例

表 9-3　风貌形象类图示的表达内容、形式及要点

| 图示类型 | 表达内容 | 表达形式 | 表达要点 |
|---|---|---|---|
| 风貌形象类图示 | 对于设计地块内建筑群体及外部环境的三维形态、体量、色彩、质感、氛围等进行直观的整体意象呈现，同时，适当表达与设计地块周边建筑及环境的相互关系 | 鸟瞰效果图 | 视角及视高选择应根据城市设计中重点内容的呈现效果进行确定；不同尺度的设计地块对应不同深度的表达方式，地块尺度较大时，应突出整体意象的"氛围营造"，地块尺度较小时，应突出整体意象的"造型关系" |
| | | 轴测效果图 | 视角及视高选择应尽量减少表达要素的重叠频率，避免选择某些特殊视角而造成画面信息杂糅或空间尺度失真；可通过色彩深浅、描线勾边等技巧强化表现核心内容，形成画面层次感 |

### 4. 建筑空间类图示

建筑空间类图示用以阐释沿街建筑群体在垂直方向上连续的形态、体量及高差变化，同时，表现出设计者对于建筑室内外空间关系以及建筑、场地、环境相互组织方式的综合考量，是城市设计成果中针对“沿街连续形态组合”进行表达的核心图纸，见图 9-14、表 9-4。

图 9-14　连续立面及剖面图示例

表 9-4　建筑空间类图示的表达内容、形式及要点

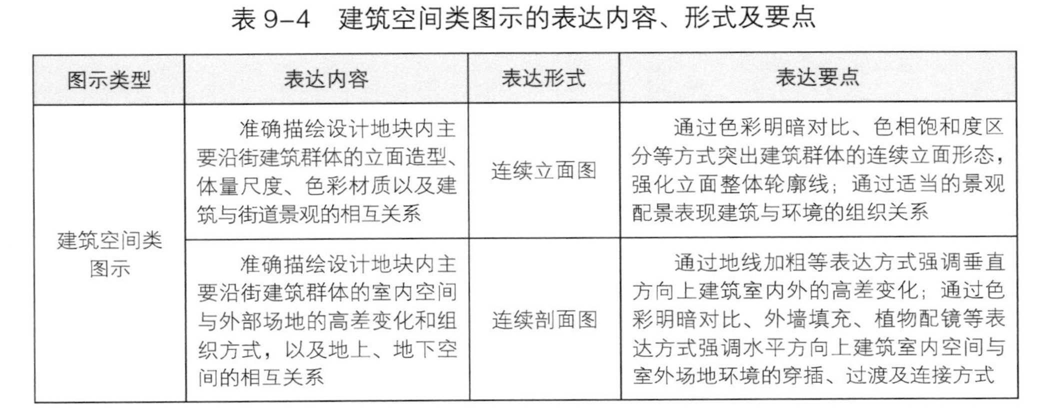

| 图示类型 | 表达内容 | 表达形式 | 表达要点 |
|---|---|---|---|
| 建筑空间类图示 | 准确描绘设计地块内主要沿街建筑群体的立面造型、体量尺度、色彩材质以及建筑与街道景观的相互关系 | 连续立面图 | 通过色彩明暗对比、色相饱和度区分等方式突出建筑群体的连续立面形态，强化立面整体轮廓线；通过适当的景观配景表现建筑与环境的组织关系 |
|  | 准确描绘设计地块内主要沿街建筑群体的室内空间与外部场地的高差变化和组织方式，以及地上、地下空间的相互关系 | 连续剖面图 | 通过地线加粗等表达方式强调垂直方向上建筑室内外的高差变化；通过色彩明暗对比、外墙填充、植物配镜等表达方式强调水平方向上建筑室内空间与室外场地环境的穿插、过渡及连接方式 |

### 5. 典型节点类图示

作为城市设计成果中对于“重点地段空间环境意象”进行阐释的核心图纸，典型节点类图示通过二维的功能空间布局表达与三维的空间形态组合表达，综合呈现重点地段建筑、场地、环境、人群活动所共同形成的完整“场景”，直观反映了设计者对于“人 - 建筑 - 场所 - 设计”的思考和态度，见图 9-15、表 9-5。

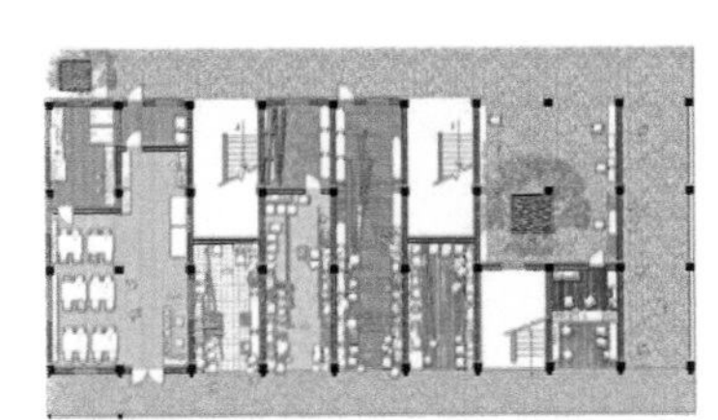

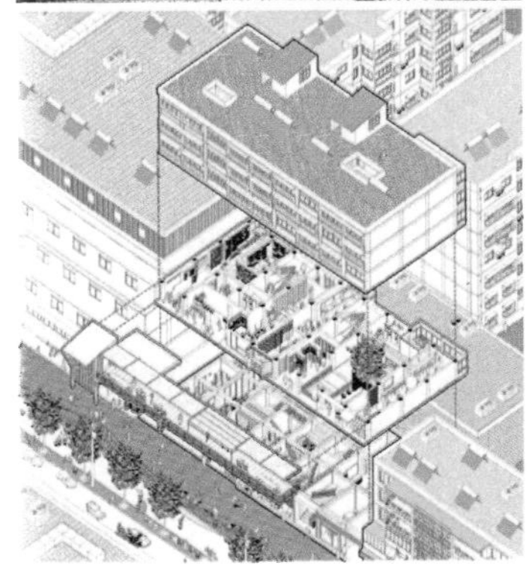

图 9-15　典型节点设计图示例

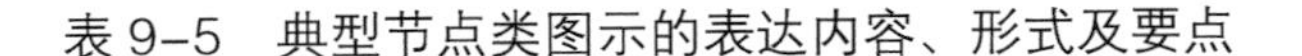

表 9-5　典型节点类图示的表达内容、形式及要点

| 图示类型 | 表达内容 | 表达形式 | 表达要点 |
|---|---|---|---|
| 典型节点类图示 | 对于重点地段建筑及场地设计的空间布局、功能组织、流线安排、形态处理等进行准确表达 | 建筑及场地设计的平、立、剖面图 | 应着重表达建筑、场地、环境在水平和垂直方向上的相互关系，强化室内外空间的关联属性 |
|  | 从人视站点呈现物质空间环境建成后的整体效果及其与人群活动的相互关系 | 局部人视效果图 | 视角选择应突出空间环境设计的核心概念；注重建筑界面、场地、环境的一体化表达，避免单纯的建筑空间形态呈现，通过适当的人物与活动加入，强化“场所营造”的特征与氛围 |
|  | 对于重点地段建筑设计室内、室外空间效果的综合呈现，同时，表达建筑及场地设计与真实城市环境之间的相互关系 | 轴测爆炸图 | 视角及视高选择应尽量减少表达要素的重叠频率；通过颜色区分、明暗对比等方式表达室内与室外、重点与一般的空间层次；结合人物活动、绿化配景强化节点空间的整体氛围 |

### 9.2.2 非空间设计成果表达

在城市设计范畴内，单纯的物质空间设计往往无法应对多维度的现实发展诉求，需要配合“软性”的制度设计、活动设计等共同实现。然而，当前的城市设计成果大多围绕物质空间设计展开，囊括规划图、技术图、效果图等多种类型，却较少呈现“软性设计”的解决方案，不能完整体现城市设计的动态性、综合性、可持续性特征，应当强化对于非空间设计内容的成果表达。

1. 活动策划类图示

城市空间存在的意义在于为人的多样活动提供适宜的场所，静态的物质空间设计配合动态的活动组织安排，可更大程度地释放场所活力。活动策划的成果表达应清晰呈现与活动设计、实践方式、预期效果相关的各项内容，见图 9-16、表 9-6。

图 9-16 活动策划设计图示例

表 9-6 活动策划类图示的表达内容、形式及要点

| 图示类型 | 表达内容 | 表达形式 | 表达要点 |
|---|---|---|---|
| 活动策划类图示 | 对于活动性质、设计概念、实施目标等进行清晰呈现 | 平面海报、UI 设计等 | 采用能引起共鸣的图像或文字方式突出活动设计的“核心”概念，借助简要文字说明强化关键信息 |
| | 对于活动具体实践所涉及的人员、流程、资源、实现方式等进行清晰呈现 | 活动流程示意图 | 按照实践操作的步骤，分步阐述涉及的人员、资源、组织方式等，通过关键词或图标提示，强化行动目标 |
| | 对于在具体空间中开展活动的场景效果进行呈现 | 活动场景效果图 | 人物活动状态应与预期设计的活动内容保持一致，突出表达活动特点 |

2. 制度设计类图示

合理的制度设计是开展可持续城市建设的重要前提，也是权衡各方主体利益、实现“设计 - 管控 - 建设 - 发展”良性循环的有效保障。制度设计的成果表达应清晰呈现与制度建构、运作模式、空间对接相关的各项内容，见图 9-17、表 9-7。

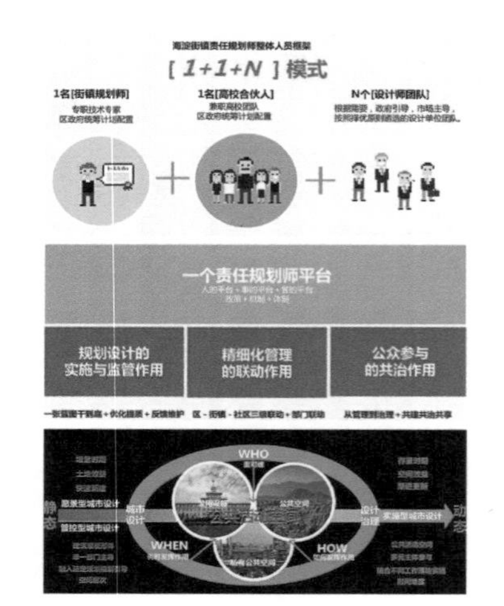


图 9-17 制度设计图示例

表 9-7 制度设计类图示的表达内容、形式及要点

| 图示类型 | 表达内容 | 表达形式 | 表达要点 |
|---|---|---|---|
| 制度设计类图示 | 对于制度设计的核心概念及其所涉及的人员组织架构、资源平台、工作职责等进行清晰呈现 | 模式图、逻辑框图 | 提炼制度设计的核心关键词，通过图文并茂的方式对抽象的机制设计进行可视化呈现 |
| | 表述制度在运行过程中与具体的人、资源、规则等的持续互动方式 | 制度运作流程图 | 按照制度运作的具体步骤，分步阐述涉及的人员、资源、规则、组织方式等，提炼行动过程中的关键要素 |
| | 对于制度运作与城市空间管理、建设的相互关系进行阐释 | 模式图、逻辑框图 | 将制度设计的各个关键点与空间建设的具体环节进行准确对接 |

## 9.3　设计导则

设计导则是我国现阶段较为常见的城市设计实践成果，也是城市设计精细化管理的重要依据。作为实施管理政策的指引，设计导则为政府和规划管理部分提供一种长效的技术管理支持，通过对设计成果向管理文件的转换，确保设计成果得到有效实现；作为空间形态建设的指引，设计导则通过“二次订单”的导控，对特定地区和特定元素提出综合设计要求，引导土地合理利用，促进建筑与城市的融合，保障公共空间环境的优良品质。因此，设计导则是“终极蓝图的理想方案”和“错综复杂的现实因素”以及“行之有效的管理政策”之间的重要桥梁。

### 9.3.1　设计导则的导控内容

城市设计导则与我国的城市规划体系相结合，贯穿了城市设计工作的全过程。大体上可以分为四个层级：总体设计导则、片区设计导则、地块设计导则和细部设计导则，每个层级都有不同的导控要点，见表 9-8。

表 9-8　城市设计导则的分层内容

| 层级 | 目标 | 内容 |
| --- | --- | --- |
| 总体设计导则 | 为城市规划各项内容的决策和实施提供一个基于公众利益的总体形体设计准则 | · 明确城市设计的总体目标，对城市空间环境建设提出发展和控制思路；<br>· 研究城市总体空间格局，提出有助于构成明晰形态和结构的设计框架；<br>· 划定城市的特色片区、重点片区和一般片区，强化城市空间特色；<br>· 对开放空间、道路交通、绿地景观、竖向轮廓、视线廊道、城市风貌、城市色彩、天际线、照明等影响城市空间环境的各个专项系统进行宏观管控 |
| 片区设计导则 | 通过衍生要素的完善控制，为不同城市片区实施导控，建立片区的城市意象 | · 在总体设计导则指引下，对城市中心区、历史文化区、滨水区、交通枢纽区、步行商业街等重点地区和具有特殊意义的区域，明确其城市设计的空间愿景；<br>· 对不同片区导控要素如土地开发、空间组织、城市形体、场所活动等，进行有针对性的深化和拓展，形成片区的导控要素集；<br>· 对片区各类要素提出具有针对性、方便管理和下一层次设计使用的导则 |
| 地块设计导则 | 通过数据化的指标和清晰的图示对建设地块上的空间形态要素进行定量控制 | · 对地块开发进行平面和空间效果的控制引导，亦可作为控规的附加图则；<br>· 空间结构导引中规定土地使用性质和构成比例，明确空间形态要素设计要求；<br>· 建筑设计导引中确定建筑退界、建筑高度、建筑体量、建筑风格等若干子项进行规定或建议；<br>· 室外环境设计导则中规定开放空间的类型、位置、活动，规定环境设施的形式、位置和品质，建议各类环境要素的组合关系 |
| 细部设计导则 | 一般用于指导具体的建筑、景观环境工程设计 | · 从场址、建筑效果、建筑构件、步行空间、细部景观等方面入手，对一个城市广场、一栋建筑、一个街头绿地、街心花园或者一组建筑群及其周围空间的具体细节进行指导 |

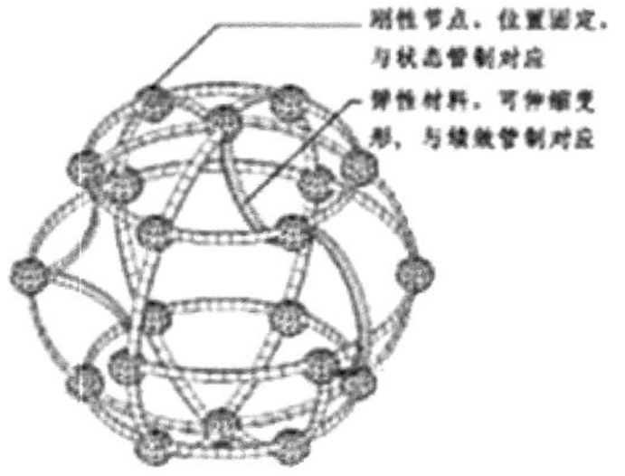

图 9-18　城市设计导则控制模型

### 9.3.2　设计导则的表达特点

城市设计导则是“城市设计最基本也是最富特色的成果形式”，是为城市设计实施所建立起一种整体的技术性控制框架。其具有刚性特质，与法定规划控规中的部分内容存在交叉和重叠；同时具有弹性特质，对城市设计的整体效果进行适度引导，以保证不使最坏的结果产生。两者刚柔并济，相互结合，使得设计导则呈现一种有限理性的弹性控制，即在一定的形变范围内允许任意形变，见图 9-18。

城市设计导则的表达和其内容的良好贯彻执行有着很大的关系。基于以上特点，设计导则表达应严密准确、简明扼要、层次分明，采用严谨的法律语言表述和精准的图表 / 图则的表达，而不囿于繁多的细节中不可自拔。其中，规定性导则要求相对苛刻，是必须强制执行的指令性描述；而绩效性导则形式较为灵活，限定了一定的设计效果，却为后续设计提供了灵活的设计途径。同时应具备可操作性，避免出现言而无物，形同虚设的现象。

### 9.3.3　设计导则的表达形式

城市设计导则不会提出一个完美的最终限定，而是从整体的角度出发，对特定阶段中的关键要素进行限定，通过文字、图表、图示、图则等多种表达方式，以控制和引导的方式促进城市设计朝着更加合理的方向进展。一般而言，偏重总体描述的设计导则以文字表达为主，图示说明作为补充；偏重具体形态设计导则是从三维空间提出控制要求，以图示为主，文字部分进行简要说明。在设计导则编制过程中，应结合不同的区域、控制要素采用图文并茂的多样表达形式。在可以进行创造性设计的区域应尽量放宽限制，促进灵活性，张弛有度，在保证设计整体水平的同时激发个性设计。

1. 文字说明

文字或条文说明是设计导则常见的表达方式。对城市设计整体目标或某一要素的导控强度应进行恰当的文字描述，以进行导控内容和导控力度的有效传达。文字描述采用的方式主要有：提前说明，如“以下 xxx 条为强制性内容”；采用加粗、下划线等字体变化，如“以下文字下划线为强制执行的内容”；采用词汇语气变化，如“必须”“严禁”用以强制控制，“应”“不应”或“不得”用以严格导控，“宜”“不宜”“可”用以有条件许可，“鼓励”用以引导支持。

“应在保护苏州古城风貌和历史景观的基础上，展现苏州历史积淀和文化内涵。适当通过传统工艺等技术手段，在古城内和运河沿线重点历史地段修缮历史建筑，修补历史景观。鼓励在旧城更新中使用现代建筑设计手法和新建筑材料，使新建筑融入古城环境。形成“古意足”“苏而新”“新而苏”的古城建筑风貌；以及古朴、厚重的古运河界面形象。”

——《苏州市城市设计导则》

2. 系统图示

设计导则中的系统图示是针对城市设计各类系统，对其主要的导控信息用系统图纸进行表达。如开放空间系统图（开放空间总体结构、类型等）、道路交通系统图（道路的分类、分级、断面等）、绿地景观系统图（绿地系统、景观结构、景观视廊等）、视线天际线系统图（高度分区、密度分区、城市意象等）、城市色彩控制图（分区色彩、各类建筑色彩等）……系统图示的方式要求内容的全面性——对能够清晰表达区域城市设计骨架的各系统要素进行描述；图示语言的标准化——导则各个层级间同一导控内容的图示，以及与控规、城市设计方案分析图也应尽量图示方式一致；图示语言的可读性——图底关系明确，图示层级清晰，不同要素的表达方式尽量有所区别。

3. 地块图则

地块图则能直接与土地建设实践开发相挂钩，并肩负着设计到则转化成规划设计条件的使命，其主要有三种类型。一种是作为与控规相结合的图则，以补充控规中的指标量化内容，完善控规的控制引导手法；一种是转化成《建设用地规划许可证》中的规划设计要求，对地块建设起到直接导控作用。地块图则的表达方式要求准确全面、精简直接，能直接反映开发建设的诉求，见图 9-19。

图 9-19　某控规中城市设计导则内容

4. 模型组合

模型组合是通过一系列的用地模块和建筑模型组合模拟控制要素期望达到的空间意向，通过直观的模型引导下一步设计成果。这种方式在用地开发及补偿政策、建筑组群空间形态、建筑高度组合、景观环境利用等方面比较常用。其表达方式要求通俗易懂，确保大多数人能明白设计导控意图，也会从正反两面表达，列出正面清单和负面清单，直观地告诉人们应该如何选择，见图 9-20。

图 9-20　北京西城区对传统风貌区的建筑形态导引

5. 意向图示

意向图示是城市设计导则中常用的表达方式之一，通常以图片的方式对设计目标进行描绘，来引导人们向设计意图方向靠近。这种方式以一种建议的方式去描绘设计意图，可读性很强，便于大众理解，但是控制效力不高，常被作为效果图对待。此外，其对图片的要求很高，如果图片选择不到位，则无法有效传达设计要求。

## 课后思考

1. 城市设计的技术图纸主要包括哪些内容，各自有哪些特点？
2. 如何通过清晰的图示逻辑来梳理、传达城市设计的整体思路？
3. 如何通过有效的图示语言来引导控制城市设计的效果？
4. 不同规模、不同类型、不同阶段的城市设计在图纸表达上应该有哪些区别？
5. 城市设计图纸应该在设计全过程如何充分发挥承上启下的作用？

## 推荐阅读


1. 彭建东，刘凌波，张光辉．城市设计思维与表达[M]．北京：中国建筑工业出版社，2016.
2. [美]罗恩・卡斯普利辛．城市设计——复杂的构图[M]．朱才斌，许薇薇译．北京：机械工业出版社．2016.
3. 金广君．当代城市设计创作指南[M]．北京：中国建筑工业出版社，2015.
4. 朱文一．空间・符号・城市—— 一种城市设计理论城市形态[M]．台北：淑馨出版社，2006.
5. 赵亮．城市规划设计分析的方法与表达[M]．南京：江苏人民出版社，2013.
6. [美]威廉・瑞恩，西奥多・柯诺瓦．美国视觉传达完全教程[M]．忻雁等译．上海：上海人民美术出版社，2008.
7. [日]佐佐木刚士．版式设计原理[M]．武湛译．北京：中国青年出版社，2007.
8. 赵亮．城市规划设计分析的方法与表达[M]．南京：江苏人民出版社，2013.
9. 上海市规划和国土资源管理局，上海市交通委员会，上海市城市规划设计研究院．上海市街道设计导则[M]．上海：同济大学出版社，2016.
10. 北京市规划和国土资源管理委员会规划西城分局，北京建筑大学和清华大学．北京西城街区整理城市设计导则[M]．北京：中国建筑工业出版社，2018.
11. 唐燕，李婧，王雪梅，于睿智．街道与街区设计导则编制实践——北京朝阳的探索[M]．北京：清华大学出版社，2019.

# 图表来源

第 1 章

图 1~4. 改绘；图 5~6. 当当网；图 7. 自绘；图 8. 自绘；图 9.《城市中国》03 试刊；图 10. 新浪新闻；图 11. 当当网；图 12. 自绘；图 13~16. 新浪微博；图 17. 自绘；表 1. 自绘 .

第 2 章

图 1~4. 自绘；表 1~3. 自绘 .

第 3 章

图 1~3. 新浪微博；图 4. 谷德设计网；图 5. 自绘；图 6. 改绘；表 1~4. 自绘 .

第 4 章

图 1. 改绘；图 2.《西安城市总体规划（2008-2020 年）》；图 3.《城市规划原理》；图 4. 自绘；图 5. 自摄；图 6. 城和市的语言 - 城市规划图解词典；图 7. 新浪微博；图 8. 自绘；图 9.《全球街道设计指南》；图 10. 自绘；图 11.《上海市城市总体规划（2017-2035 年）》；图 12. 西安市规划局；图 13~14. 自绘；图 15~16. 学生作业；图 17. 改绘自《城市设计》；图 18~19. 都市酵母网站；图 20. 自摄；图 21. 新浪微博；图 22. 面向城市规划编制的大数据类型及应用方式研究；图 23. 谷歌地球；图 24~25.Esri 中国；图 26. 自绘；图 27.《城市意象》；图 28. 规划设计学中的调查方法；图 29. 改绘自《建筑语汇》；图 30. 自绘；图 31~32. 城市规划中的 GIS 空间分析方法；图 33. 国匠城讲座 - 新数据环境下的城市规划实践应用体系；图 34. 基于微博数据的深圳居民生活空间研究；图 35. 新浪微博；图 36. 杨俊宴 - 作为总规专题的总体城市设计探索；图 37. 新浪微博；图 38. 国匠城；图 39. CADESIGN 设计；图 40.《景观城镇景观设计》；图 41.《外国近现代建筑史》；图 42. 类型学思路在历史街区保护与更新中的运用；图 43~44 改绘；图 45~46. 城市建设空间规划方法——空间句法分析；图 47.《图解城市设计》金广君；表 1~14. 自绘 .

第 5 章

图 1. 自绘；图 2. 学生作业；图 3~4. 自绘；图 5~7. 学生作业；图 8~11. 视觉中国 .

第 6 章

图 1~4. 自绘；图 5~6 新浪微博；图 7~10.（上）自绘，（下）新浪微博；图 11.《城市设计思维与表达》；图 12~13 新浪微博；表 1~3. 自绘；表 4.《城市居住区规划设计标准》（2018）；表 5~6. 自绘；表 7.《城市居住区规划设计标准》（2018）；表 8~10. 自绘；表 11.《城乡用地分类与规划建设用地标准（征求意见稿）》；表 12~19. 自绘；表 20. 商业中心区城市设计策略研究 . 重庆大学 . 李明燕；表 21~22.

自绘；表 23.《城市综合交通体系规划标准》GBT 51328-2018；表 24.城市中心区规划设计理论与方法；表 25.彭建东，刘凌波，张光辉编著.《城市设计思维与表达》中国建筑工业出版社，2016.

第 7 章

图 1~11.自绘；图 12.《城市广场》蔡永洁；图 13.自绘；图 14.自摄；图 15.新浪微博；图 16~19.自摄；图 20.新浪微博；图 21~22.自绘；图 23.ArchDaily；图 24~26.谷德设计网；图 27.新浪微博；图 28.谷德设计网；图 29~31.新浪微博；图 32~35.谷德设计网；图 36~41.新浪微博；图 42.《建筑的元素》；图 43.新浪微博；图 44~47.《建筑的元素》；表 1~5.自绘.

第 8 章

图 1.新浪微博；图 2~6.筑龙学社；图 7.自绘；图 8~9.筑龙学社；图 10.自绘；图 11.http://www.hi-id.com；图 12.http://www.mt-bbs.com；图 13.http://www.mt-bbs.com；图 14.自摄；图 15~16.《城市设计》普林茨；图 17~18.《外部空间设计》；图 19.自绘；图 20.《图解与城市设计》；图 21.《城市设计》普林茨；图 22.自绘；图 23~24.自摄；图 25~28.新浪微博；图 29.自绘；图 30.《人性化的城市》杨·盖尔；图 31~32.新浪微博；图 33.自绘；图 34.新浪微博；图 35.《伟大的街道》阿兰·B·雅各布斯；图 36.《城市设计》普林茨；图 37~40.《城市广场》蔡永洁；图 41~45.新浪微博；图 46~49.自绘；图 50.陕西传媒网；图 51~57.新浪微博；表 1.《“街”、“路”概念辨析与街道设计基本理念城市交通》高克跃；表 2~4.自绘；表 5.《城市设计》普林茨；表 6.《城市广场》蔡永洁；表 7~17.自绘.

第 9 章

图 1.谷德设计网；图 2.《莘庄城市规划与设计》；图 3~4.自绘；图 5.谷德设计网；图 6~12.自绘；图 13.谷德设计网；图 14~16.学生课程作业；图 17.北京规划自然资源公众号；图 18.《美国现代城市设计运作研究》；图 19.《郑州航空港经济综合试验区城市设计导则》；图 20.《北京街道更新治理城市设计导则》；表 1~8.自绘.

# 参考文献


[1]［美］刘易斯·芒福德．城市发展史——起源，演变和前景[M]．倪文彦，宋俊岭译．北京：中国建筑工业出版社，2008．

[2]［英］埃比尼泽·霍华德．明日的田园城市[M]．金经元译．北京：商务印书馆，2010．

[3]［美］斯皮罗·科斯托夫．城市的形成：历史进程中的城市模式和城市意义[M]．单皓译．北京：中国建筑工业出版社，2005．

[4]［英］埃蒙·坎尼夫．城市伦理：当代城市设计[M]．秦红岭，赵文通译．北京：中国建筑工业出版社，2013．

[5]［澳］亚历山大·R·卡斯伯特．城市形态：政治经济学与城市设计[M]．孙诗萌等译．北京：中国建筑工业出版社，2011．

[6]［英］帕特里克·格迪斯．进化中的城市：城市规划与城市研究导论[M]．李浩等译．北京：中国建筑工业出版社，2012．

[7]［挪］诺伯舒兹．场所精神：迈向建筑现象学[M]．施植明译．武汉：华中科技大学出版社，2010．

[8] 张庭伟，田莉．城市读本[M]．北京：中国建筑工业出版社，2013．

[9]［美］约翰·J·马休尼斯，文森特·N·帕里罗．城市社会学：城市与城市生活[M]．姚伟，王佳译．北京：中国人民大学出版社，2016．

[10]［美］马克·吉罗德．城市与人——一部社会与建筑的历史[M]．郑炘等译．北京：中国建筑工业出版社，2008．

[11]［美］艾琳．后现代主义城市[M]．张冠增译．上海：同济大学出版社，2007．

[12]［美］凯文·林奇．城市形态[M]．林庆怡译．北京：华夏出版社，2001．

[13] 李昊．城市公共空间的意义——当代中国城市公共空间的价值思辨与建构[M]．北京：中国建筑工业出版社，2016．

[14]［美］埃德蒙·N．培根．城市设计[M]．黄富厢，朱琪译．北京：中国建筑工业出版社，2003．

[15]［美］唐纳德·沃特森，艾伦·布拉特斯，罗伯特·G．谢卜利．城市设计手册[M]．刘海龙等译．北京：中国建筑工业出版社，2006．

[16]［英］玛丽昂·罗伯茨，克拉克·格里德．走向城市设计——设计的方法与过程[M]．马航，陈馨如译．北京：中国建筑工业出版社，2009．

[17] 王建国．城市设计[M]．北京：中国建筑工业出版社，2009．

[18]［美］伊恩·伦诺克斯·麦克哈格．设计结合自然[M]．黄经纬译．天津：天津大学出版社，2006．

[19] 美国城市规划协会．城市规划设计手册——技术与工作方法[M]．祁文涛译．大连：大连理工大学出版社，2009．

[20] 金广君．当代城市设计探索[M]．北京：中国建筑工业出版社，2010．

[21]［美］艾伦·B·雅各布斯．美好城市[M]．高杨译．北京：电子工业出版社，2013．

[22]［美］简·雅各布斯．美国大城市的死与生[M]．金衡山译．南京：译林出版社，2006．

[23]［美］多宾斯．城市设计与人[M]．奚雪松译．北京：电子工业出版社，2013．

[24] 陈振宇．城市规划中的公众参与程序研究[M]．北京：法律出版社，2009．

[25] 刘宛．城市设计实践论[M]．北京：中国建筑工业出版社，2006．

[26] 庄宇．城市设计的运作[M]．上海：同济大学出版社，2003．

[27] 杨一帆．为城市而设计——城市设计的十二条认知及其实践[M]．北京：中国建筑工业出版社，2016．

[28] 吴志强，李德华．城市规划原理[M]．北京：中国建筑工业出版社，2010．

[29] 上海市城市规划设计研究院．城市设计管控方法——上海控制性详细规划附加图则实践[M]．上海：同济大学出版社，2018．

[30] 王世福．面向实施的城市设计[M]．北京：中国建筑工业出版社，2005．

[31] 唐燕．城市设计运作的制度与制度环境 [M]．北京：中国建筑工业出版社，2012．

[32] 段进．空间句法在中国 [M]．南京：东南大学出版社，2015．

[33] 龙瀛，毛其智．城市规划大数据理论与方法 [M]．北京：中国建筑工业出版社，2019．

[34] [ 美 ] 罗伯特・M・格罗夫斯，弗洛伊德・J・福勒．调查方法 [M]．重庆：重庆大学出版社，2017．

[35] 甄峰．基于大数据的城市研究与规划方法创新 [M]．北京：中国建筑工业出版社，2015

[36] 赵景伟．城市设计 [M]．北京：清华大学出版社，2013．

[37] 段进．空间研究 3：空间句法与城市规划 [M]．南京：东南大学出版社，2007．

[38] 吴庆洲．规划设计学中的调查分析法与实践 [M]．北京：中国建筑工业出版社，2005．

[39] 李和平等．城市规划社会调查方法 [M]．北京：中国建筑工业出版社，2004．

[40] 章俊华．规划设计学中的调查分析法与实践 [M]．北京：中国建筑工业出版社，2005．

[41] [ 美 ] 凯文・林奇，加里・海克．总体设计 [M]．黄富厢，朱琪，吴小亚译，南京：江苏凤凰科学技术出版社，2016．

[42] [ 美 ] 汤姆・梅恩．复合城市行为 [M]．丁俊峰，王青，孙萌，郝盈等译，南京：江苏凤凰科学技术出版社，2019．

[43] 赵景伟．城市设计 [M]．北京：清华大学出版社，2013．

[44] [ 西 ] 奥罗拉・费尔南德斯・佩尔，哈维尔・莫萨斯．城市设计的 100 个策略 [M]．赵亮译，南京：江苏凤凰科学技术出版社，2018．

[45] [ 日 ] 小嶋胜卫．城市规划与设计教程 [M]．李小芬，顾珂译，南京：江苏凤凰科学技术出版社，2018．

[46] 卢济威．城市设计创作——研究与实践 [M]．南京：东南大学出版社，2012．

[47] [ 德 ] 普林茨．城市设计——设计方案 [M]．吴志强等译，北京：中国建筑工业出版社，2010．

[48] 莫霞．冲突视野下的可持续城市设计本土策略 [M]．北京：上海科学技术出版社，2019．

[49] [ 美 ] 约翰・伦德・寇耿，菲利普・恩奎斯特，理查德・若帕波特．城市营造——21 世纪城市设计的九项原则 [M]．俞海星译，南京：江苏人民出版社， 2013．

[50] 唐燕，李婧，王雪梅，于睿智．街道与街区设计导则编制实践——北京朝阳的探索 [M]．北京：清华大学出版社，2019．

[51] [ 美 ]John．M．Levy．现代城市规划 [M]．张春香译．北京：电子工业出版社，2019．

[52] 田莉等．城市土地利用规划 [M]．北京：清华大学出版社，2016．

[53] 陆红生．土地管理学总论 [M]．北京：中国农业出版社，2015．

[54] [ 美 ] 伯克．城市土地使用规划 [M]．吴志强译．北京：中国建筑工业出版社，2009．

[55] 彭震伟，张尚武等．城市总体规划 [M]．北京：中国建筑工业出版社，2019．

[56] 吴志强．城市规划原理 [M]．北京：中国建筑工业出版社，2011．

[57] [ 日 ] 日笠端，日端康雄．城市规划概论 [M]．南京：江苏凤凰科学技术出版社，2019．

[58] 杨俊宴．城市中心区规划设计理论与方法 [M]．南京：东南大学出版社，2013．

[59] 文国玮．城市交通与道路系统规划 [M]．北京：清华大学出版社，2013．

[60] 徐循初，汤宇卿．城市道路与交通规划 [M]．上海：同济大学出版社，2007．

[61] 彭一刚．建筑空间组合论 [M]．北京：中国建筑工业出版社，2008．

[62] 沈克宁．建筑类型学与城市形态学 [M]．北京：中国建筑工业出版社，2010．

[63] 程大锦．建筑：形式・空间和秩序 [M]．刘丛红译．天津：天津大学出版社，2008．

[64] 汪丽君．建筑类型学 [M]．天津：天津大学出版社，2005．

[65] 徐岩，蒋红蕾，杨克伟．群体建筑设计 [M]．上海：同济大学出版社，2000．

[66] [ 德 ] 扬・凯博斯．设计与居住 [M]．马琴，万志斌译．北京：中国建筑工业出版社，2019．

[67] 胡纹．居住区规划原理与设计方法 [M]．北京：中国建筑工业出版社，2010．

[68] 周洁. 商业建筑设计[M]. 北京:机械工业出版社, 2013.
[69] 皮耶·冯麦斯. 建筑的元素[M]. 台湾:原点出版社, 2017.
[70] [德]弗兰克·彼得·耶格尔. 旧与新:既有建筑改造设计手册[M]. 黄琪译. 北京:中国建筑工业出版社, 2017.
[71] [日]芦原义信. 外部空间设计[M]. 尹培桐译. 北京:中国建筑工业出版社, 1985.
[72] [德]罗易德, [德]伯拉德. 开放空间设计[M]. 罗娟等译. 北京:百花文艺出版社, 2006.
[73] [美]克莱尔·库珀·马库斯, [美]卡罗琳·弗朗西斯. 人性场所——城市开放空间设计导则[M]. 俞孔坚, 王志芳, 孙鹏等译. 北京:北京科学技术出版社, 2020.
[74] [丹麦]扬·盖尔, [丹麦]拉尔斯·基姆松. 公共空间·公共生活[M]. 汤羽扬等译. 北京:中国建筑工业出版社, 2003.
[75] [日]芦原义信. 街道的美学[M]. 尹培明译. 南京:江苏凤凰文艺出版社, 2017.
[76] [美]阿兰·B·雅各布斯. 伟大的街道[M]. 王又佳, 金秋野译. 北京:中国建筑工业出版社, 2016.
[77] 美国国家城市交通官员协会. 城市街道设计指南[M]. 南京:江苏凤凰科学技术出版社, 2018.
[78] [英]克利夫·芒福汀. 街道与广场[M]. 北京:中国建筑工业出版社, 2004.
[79] 蔡永洁. 城市广场[M]. 南京:东南大学出版社, 2006.
[80] 李卓, 何靖泉, 刘巍. 城市公共设施设计[M]. 武汉:华中科技大学出版社, 2019.
[81] 鲍诗度, 王淮梁, 孙明华. 城市家具系统设计[M]. 北京:中国建筑工业出版社, 2006.
[82] [美]罗恩·卡斯普利辛. 城市设计——复杂的构图[M]. 朱才斌, 许薇薇译. 北京. 机械工业出版社. 2016.
[83] 彭建东, 刘凌波, 张光辉. 城市设计思维与表达[M]. 北京:中国建筑工业出版社, 2016.
[84] 朱文一. 空间·符号·城市——一种城市设计理论城市形态[M]. 台北:淑馨出版社, 2006.
[85] 赵亮. 城市规划设计分析的方法与表达[M]. 南京:江苏人民出版社, 2013.
[86] [美]威廉·瑞恩, 西奥多·柯诺瓦. 美国视觉传达完全教程[M]. 忻雁等译. 上海:上海人民美术出版社, 2008.
[87] [日]佐佐木刚士. 版式设计原理[M]. 武湛译. 北京:中国青年出版社, 2007.
[88] 赵亮. 城市规划设计分析的方法与表达[M]. 南京:江苏人民出版社, 2013.
[89] 上海市规划和国土资源管理局, 上海市交通委员会, 上海市城市规划设计研究院. 上海市街道设计导则[M]. 上海:同济大学出版社, 2016.
[90] 北京市规划和国土资源管理委员会规划西城分局, 北京建筑大学和清华大学. 北京西城街区整理城市设计导则[M]. 北京:中国建筑工业出版社, 2018.

# 后记

城市设计教学与城市建设实践关联密切，时效性显著，课堂教学具有较大的开放度和难度，如何让建筑学学生建立较为完备的城市设计观念意识和技术方法，适应建设发展新形势对专门人才的需求对教学是一个很大的挑战。本教材针对课堂教学的实际需求，结合编写团队长期以来的城市设计基础研究与工程项目实践，在设计教学教案和讲义的基础上，历时两年多的反复讨论和集中编撰而成。西安建筑科技大学李昊老师负责整体的框架搭建和内容统筹，各章执笔人如下：第 1、2 章，李昊；第 3 章，李昊、周志菲；第 4、5 章，李昊、徐诗伟；第 6 章，李昊、贾杨；第 7、8 章：李昊、张洁璐、吴珊珊；第 9 章，李昊、贾杨、叶静婕、吴珊珊。各章排版、校核、绘图、照片采集：周志菲、徐诗伟、贾杨、张洁璐、叶静婕、吴珊珊、郝昊田、孙高源、卢宇飞、刘珈毓、吴越、武伯菊、同晓舟、赵月、高健、李滨洋、何琳娜、王宇轩、高晗、黄婧、杨琨、郑智洋、张若彤、赵逸白、马悦、赵苑辰。

本书参考了大量的图书著作、国内外相关研究成果、照片图像等，在注释和参考文献中尽可能予以标识，但部分文字和图片来源无法准确查明出处，在此一并感谢。如有涉及版权问题请与出版社及作者联系，以备修正。